"十三五"职业教育国家规划教材

建筑工程测量

（第2版）

主　编　成　华　彭春辉
参　编　冯社鸣　孙竹良　包媛媛

北京理工大学出版社
BEIJING INSTITUTE OF TECHNOLOGY PRESS

内容提要

本书根据教学目标和学生的学习特点，以及学生就业后的工程测量岗位工作职责和职业能力的要求，紧密联系生产实际社会实践，突出应用性和实践性，以模块化为组织形式进行编写，突出实用性，内容主要包括认识建筑工程测量、坐标测量、高程测量、建筑施工测量、变形观测与竣工测量、地形图及其应用及相关实训表格。

全书通俗易懂、精练实用、通用性强，可作为各院校进行测量放线工初、中级技能考证的培训教材，也可作为建筑工程测量等相关专业技术人员的参考资料。

图书在版编目（CIP）数据

建筑工程测量 / 成华，彭春辉主编. —2版. —北京：北京理工大学出版社，2019.10（2021.7重印）

ISBN 978-7-5682-7788-4

Ⅰ.①建… Ⅱ.①成… ②彭… Ⅲ.①建筑测量 Ⅳ.①TU198

中国版本图书馆CIP数据核字（2019）第240830号

出版发行 / 北京理工大学出版社有限责任公司
社　　址 / 北京市海淀区中关村南大街5号
邮　　编 / 100081
电　　话 / （010）68914775（总编室）
（010）82562903（教材售后服务热线）
（010）68948351（其他图书服务热线）
网　　址 / http：//www.bitpress.com.cn
经　　销 / 全国各地新华书店
印　　刷 / 定州市新华印刷有限公司
开　　本 / 787毫米×1092毫米　1/16
印　　张 / 12.75
字　　数 / 296千字
版　　次 / 2019年10月第2版　2021年7月第2次印刷
定　　价 / 30.00元

责任编辑 / 张荣君
文案编辑 / 张荣君
责任校对 / 周瑞红
责任印制 / 边心超

前言

FOREWORD

本书是根据《国家中长期教育改革和发展规划纲要（2012—2020）》的具体要求，在江苏省联合职业技术学院建筑协作组的安排下，结合职业院校人才培养方案、本课程的课程标准、工程测量岗位工作职责和职业能力的要求，紧密联系实际，突出应用性和实践性，以模块化为组织形式进行编写的。

本书在内容上注重测量基本计算和仪器的基本操作，做到计算步骤明确，内容简明，通俗易懂，实用性强，使学生在学习完本书后能够做到理论联系实际，分析和解决工程测量中遇到的实际问题。

本书的主要内容包括认识建筑工程测量、坐标测量、高程测量、建筑施工测量、变形观测与竣工测量、地形图及其应用及相关实训表格。在编写各章节时，既对常用的测量仪器（水准仪、经纬仪、钢尺）进行详细的阐述，又对电子经纬仪、全站仪、GPS 定位、自动安平水准仪等测量现代仪器进行了介绍。同时，在编写过程中，大量参考了优秀教材和测量规范，并结合日常教学、测量放线工考证和技能竞赛方案，针对建筑工程等专业的特点编写了本书。

本书的教学时数建议按 64 学时，并安排 2 周的综合实训。各校可根据实际情况及不同专业特点灵活安排。

本书可作为学校进行测量放线工初、中级技能考证的培训教材，也可作为建筑工程测量等相关专业技术人员的参考资料。

由于编者水平有限，且时间仓促，书中难免存在错误和不妥之处，

FOREWORD

恳请读者批评指正，并提出宝贵意见，以便修改，使之趋于完善和提高。

编　者

目录

CONTENTS

项目一

认识建筑工程测量

学习目标

1. 了解建筑工程测量的任务和作用；
2. 掌握测量的基本工作、基本原则和工作程序；
3. 了解控制测量、碎步测量的概念及测量工作的基本要求。

任务描述

建筑工程测量是针对工程建设的一项工作，其主要工作包括角度测量、距离测量和高程测量，在实际工作中需遵循一定的程序和原则。

夯实基础

测量工作与我们的生活学习密切相关，工程建设、旅游导航时需要的地图等，都需要测量人员精心的工作，为我们提供服务。

一、测量学的概念

测量学是研究地球表面的形状和大小以及确定地面点之间相对位置的科学。测量学包括大地测量学、普通测量学、海洋测量学、摄影测量学和工程测量学等分支学科。其中，大地测量学是基础和根本，为其他分支学科提供最基础的测量数据和资料。普通测量学是研究在较小区域内的测绘工作，由于测区范围较小，为方便起见，可以不考虑地球曲率的影响，把地球表面当作平面对待。工程测量学是研究工程建设与自然资源开发中在规划、勘测设计、施工放样与运营管理等各个阶段进行的测量理论与技术的学科。建筑工程测量属于工程测量学的一部分。

测量学是一门历史悠久的科学，早在几千年前，由于当时社会生产发展的需要，我国、埃及和希腊等古代国家的人民就开始创造与应用测量工具。在古代，我国就发明了指南针、浑天仪等测量仪器，并绘制了相当精确的全国地图。随着社会生产的发展，测量技术逐渐应用到社会的许多生产部门。17 世纪发明望远镜后，人们利用光学进行测量，使测绘科学迈进了一大步。自 19 世纪末发展了航空摄影测量后，又使测量学增添了新的内容。自 19 世纪 50 年代以来，由于现代光学、激光、电子学理论、电子计算机、遥感及空间技术在测绘学中的应用，出现了一系列测距仪、全站仪、准直仪和卫星定位的仪器等现代测绘仪器设备。惯性理论在测绘学中的应用，又创造了陀螺定向、定位仪器。因此出现了把地形测量从白纸测图变为数字测图的技术，从而使测量工作迅速地向内外业一体化、自动化、智能化和数字化方向迈进，使测量工作成为当今信息社会的重要组成部分。近年来，我国的测绘事业取得了蓬勃的发展，在人造卫星大地测量、航空摄影、精密工程测量、测量仪器研制及测绘人才培养等方面都取得了不俗的成绩。我国的测绘科学技术已跃居世界先进行列。

二、建筑工程测量的任务和作用

建筑工程测量是研究建筑工程的勘测、设计、施工、竣工及运营等阶段所需的各种观测数据，对其进行记录计算，绘制图形，标定各种测量标志并配合各阶段施工的一门学科。其任务主要包括测图、用图、放样和变形观测四个方面。

1. 测图

测图又称为测定，是指使用各种测量仪器和工具，通过测量和计算，得到一系列测量数据，或把地球表面的形状和大小按一定的比例尺和特定的符号缩绘到图纸上，供规划设计部门使用，以及工程施工结束后，测绘竣工图，供日后使用。

2. 用图

用图是指根据图面的图式符号识别地面上地物和地貌，然后在图上进行测量，从图上取得工程建设所必需的各种技术资料，以解决工程设计和施工中的有关问题。

3. 放样

放样又称为测设或放线，是指把设计图纸上工程建筑物的平面位置和高程，用一定的测量仪器和方法测设到实地上去的测量工作。作为施工的依据，是建筑工程施工的重要一环。

4. 变形观测

对某些有特殊要求的建筑物或构筑物，在施工过程和使用阶段中，还要测定有关部位在建筑自身荷载和外力作用下，随时间而产生变形的规律，监视其安全性和稳定性，其观测成果是验证设计理论和检验施工质量的重要资料。

建筑工程测量是直接为工程建设服务的，起着至关重要的作用，比如在勘测设计阶段为工程设计提供详细的地面资料；在施工建设阶段将设计好的建筑物测设标定于实地并指导施工和变形监测；在竣工阶段进行竣工测量，为工程的扩建、改建提供竣工图；在运营管理阶段进行维护测量，以便对工程进行维护保养，确保运营安全。因此，建筑工程测量涵盖工程投资建设的各个阶段，建筑企业必须要积极构建测量质量管理体系，以此保障测量工作质量，保障建筑工程质量。同时还要积极应用现代测量技术，提高测量工作精度，以新技术的应用提高测量质量，为建筑工程各阶段提供良好的服务，有效保障建筑工程质量。

对于建筑工程专业的学生，学习本课程之后应熟练掌握常用普通测绘仪器(水准仪、经纬仪、钢尺、全站仪)的操作方法；能够熟练地进行高程的测量与计算，角度的测量与计算，距离的测量与计算；熟练掌握建筑施工测量，建筑物抄平、放线的测量工作，以及建筑物变形观测的方法及实施程序；能进行小范围平面控制测量的外业实施与内业计算，能测绘大比例尺地形图；并具有一定的施工现场专业处理能力和能运用所学测量知识为专业工作服务。

任务实施

一、测量的基本工作

众所周知，地球的自然表面是坑洼不平、不规则的，是由高山、丘陵、平原、盆地及海洋等起伏状态组成的。陆地上最高的山峰珠穆朗玛峰海拔 8 848.13 m，海底最深的海沟太平洋西部的马里亚纳和菲律宾附近的海沟深达 11 022 m，但这些与地球的平均半径 6 371 km来比较，是可以忽略不计的。由于整个地球的海洋面积约占 71%，陆地的面积约占 29%。所以我们把地球的形状想象为一个处在静止状态的海洋面，延伸通过大陆后所包围的形体，如图 1-1 所示。假想静止不动的水面延伸穿过陆地，包围了整个地球，形成一个闭合的曲面，这个曲面称为水准面。水准面是受地球重力影响而形成的，它的特点是面上任意一点的铅垂线都垂直于该点的曲面。水面可高可低，因此符合这个特点的水准面有无数个，其中与平均海水面相吻合的水准面称为大地水准面，如图 1-2 所示。在测量上，我们通常将铅垂线作为测量工作的基准线，将大地水准面作为测量的基准面。

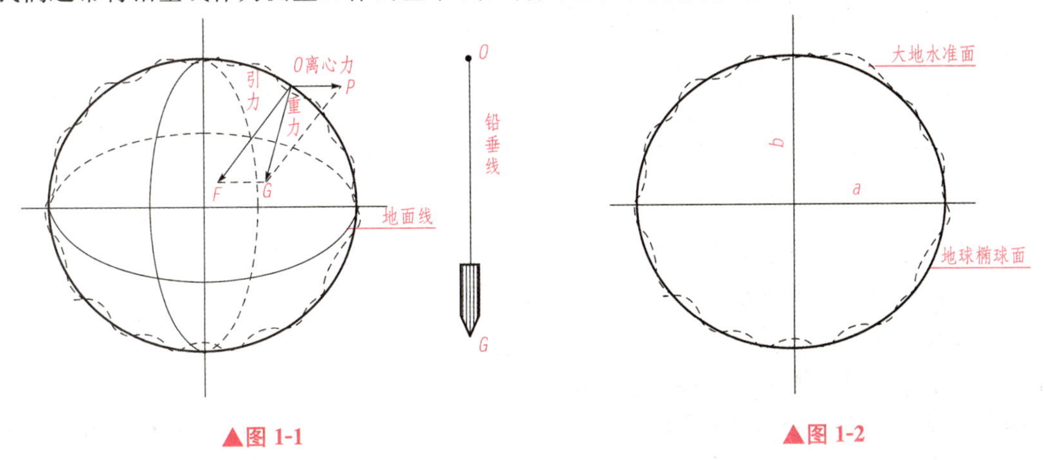

▲图 1-1　　▲图 1-2

由几何学的原理可知，地球上的物体都可以看成是由无数个点组成，也就是通常意义上的点动成线、线动成面、面动成体。所以测量工作的实质就是确定所测对象的特征点位置。地面上任一点的位置通常用空间直角坐标系(X，Y，Z)来表示。在测量中用该点的平面(或球面)位置以及该点的高程来表示。点的平面位置的表示方法主要有地理坐标、高斯平面直角坐标和独立平面直角坐标等，它表示地面点沿基准线投影到基准面上的位置。高程表示地面点沿基准线到基准面的距离。

综上所述，测量的基本工作可以分为地面点的坐标测量和高程测量，在具体的实际工作中，对于点的坐标表示往往采用极坐标的形式，也就是确定待测点到已知点的水平距离 D 和待测点与已知方向形成的水平角 β，故而坐标测量包括角度测量和距离测量，如图 1-3 所示。高程测量是不能直接测量出来的，一般采用测量两个点的高差 h，从而推算出高程。由此可见，水平距离、水平角和高差是确定地面点位的三个基本要素。水平距离测量、水平角测量和高差测量是测量的三项基本工作。作为测量人员必须熟练掌握这三项基本工作的测量。

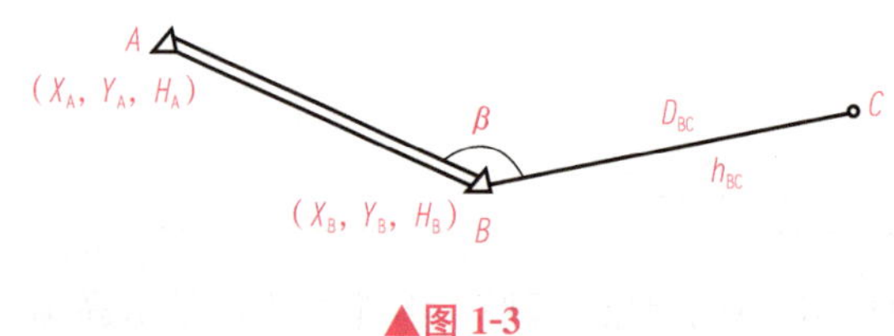

▲图 1-3

二、测量工作的原则和程序

无论是测绘地形还是施工放样，都不可避免地会产生误差。为了限制误差的传递，保证测区内一系列点位之间具有必要的精度，测量工作必须遵循以下原则：在测量布局上"从整体到局部"；在测量程序上"先控制后碎部"；在测量精度上"由高级到低级"。另外，为了防止出现错误，保证测绘成果的可靠性，在测量过程中，还必须遵循另一个基本原则"边工作边校核"，用检验的数据说明测量成果的合格和可靠。

三、测量工作的分类

地形测量包括控制测量和碎部测量。

1. 控制测量

控制测量就是指在整个测区内，选择若干个起着整体控制作用的点 A、B、C 等为控制点，用较精密的仪器和方法，精确地测量各个控制点的平面位置和高程位置，作为测图或施工放线的依据，如图 1-4 所示。控制测量分为平面控制测量和高程控制测量两种。平面控制测量是确定控制点的平面位置，平面控制网的布网形式有三角网(锁)、三边网、边角网和导线网。高程控制测量是确定控制点的高程，主要方法是水准测量和三角高程测量。水准测量分为一、二、三、四等，逐级布设。一、二等水准测量是用高精度水准仪和精密水准测量方法进行施测，其成果作为全国范围的高程控制之用，称为精密水准测量。三、四等水准测量除用于国家高程控制网的加密外，在小地区用作建立首级高程控制网。

在山区也可以采用“三角高程测量”的方法来建立高程控制网，这种方法不受地形起伏的影响，工作速度快，但其精度较精密水准测量低。

▲图 1-4

2. 碎部测量

碎部测量是在控制测量的基础上实施的，主要测定碎部点的平面位置和高程，是根据比例尺要求，运用地图综合原理，利用图根控制点对地物、地貌等地形图要素的特征点，用测图仪器进行测定并对照实地用等高线、地物、地貌符号和高程注记、地理注记等绘制成地形图的测量工作。

在测量工作中，碎部测量常采用经纬仪测绘法、光电测距仪测绘法和小平板仪与经纬仪联合测图法。图 1-5 所示为用经纬仪测绘法进行碎部测量，先将经纬仪安置在测站上，绘图板安置于测站旁边。用经纬仪测定碎部点方向与已知方向之间的水平角，并测定测站到碎部点的距离和碎部点的高程。然后根据数据用半圆仪和比例尺把碎部点的平面位置展绘到图纸上，并在点的右侧注记高程，对照实地勾绘地形。

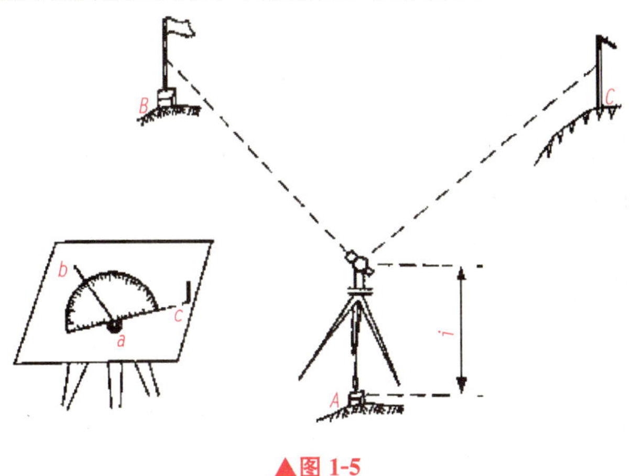

▲图 1-5

四、测量工作的基本要求

(1)测量工作是建筑施工过程中的重要环节，决定了建筑工程的质量好坏，所以测量工作必须严格按照规范和操作规程实施。作为测量人员，首先要熟悉测量规范，其次在实际工作过程中，要按照测量工作的原则进行操作，保证测量成果的精度和可靠性。

(2)测量仪器和工具是测量工作的主要保证。测量人员必须爱护和保护好仪器和工具，使用前对仪器进行必要的检测，保证仪器的精度。

(3)在进行测量工作时，记录要做到填写清楚、不得涂改、字迹工整、妥善保管；计算要做到依据正确、方法科学、严谨有序、步步校核、结果正确。

(4)测量人员要具有良好的职业道德和严谨的工作作风，要有严谨的科学态度和吃苦耐劳、团结协作的职业素质。

任务总结

1. 测量学是研究地球表面的形状和大小以及确定地面点之间相对位置的科学。包括大地测量学、普通测量学、海洋测量学、摄影测量学和工程测量学等分支学科。建筑工程测量属于工程测量学的一部分。

2. 建筑工程测量是研究建筑工程的勘测、设计、施工、竣工及运营等阶段所需的各种观测数据，对其进行记录计算，绘制图形，标定各种测量标志并配合各阶段施工的一门学科。其主要任务包括测图、用图、放样和变形观测四个方面。

3. 测量工作的基准线是铅垂线，基准面是大地水准面。

4. 测量的三项基本工作是水平距离测量、水平角测量和高差测量。

5. 测量工作必须遵循的原则是在测量布局上“从整体到局部”；在测量程序上“先控制后碎部”；在测量精度上“由高级到低级”。

课后训练

1. 什么是测量学？包括哪些分支？
2. 建筑工程测量的主要任务是什么？
3. 什么是水准面？什么是大地水准面？测量工作的基准面和基准线是什么？
4. 测量工作的基本工作有哪些？
5. 测量工作的基本原则是什么？
6. 什么是控制测量？什么是碎部测量？

知识拓展

测量的单位

1. 常用的计量单位

(1)长度单位。国际通用的长度单位为m(米)，我国法定计量单位规定采用米制。

$$1\ \text{km}=1\,000\ \text{m},\ 1\ \text{m}=10\ \text{dm}=100\ \text{cm}=1\,000\ \text{mm}$$

(2)面积单位。面积单位为m^2，大面积用km^2。

(3)角度单位。测量上常用的角度单位有两种：度分秒制和弧度制。

1)度分秒制。

$$1\text{圆周}=360°,\ 1°=60',\ 1'=60''$$

2)弧度制。弧度等于弧长与半径之比。弧长等于半径所对的圆心角作为度量角度的单位，称为一弧度，用ρ表示，按度分秒计算的弧度为：

$$\rho°=360°/2\pi\approx57.3°$$

$$\rho'=(360°/2\pi)\times60'\approx3\ 438'$$

$$\rho''=(360°/2\pi)\times60'\times60''\approx206\ 265''$$

2. 计算中数字的凑整规则

测量计算过程中，一般都存在数值取位的凑整问题。为了尽量减弱凑整误差对测量成果的影响，避免凑整误差的累积，在计算中通常采用以下凑整规则：

(1)遵循“四舍五入”的原则。

(2)当其后被舍去的部分等于0.5时，“五前奇进偶不进”。即末位凑成偶数，末位为奇数时进1，为偶数或零时末位不变。例如：4.243 5≈4.244，4.244 5≈4.244。

项目二

坐标测量

学习目标

1. 掌握坐标系建立的方法及与数学中坐标系的异同点；
2. 了解经纬仪的类型、构造及性能特点；
3. 掌握角度测量的原理，水平角和竖直角的测量方法及计算方法；
4. 熟练掌握经纬仪的使用方法、操作步骤及使用注意事项；
5. 能够运用“测回法”或“方向观测法”测定水平角；
6. 了解距离测量常用的工具并掌握钢尺量距、视距测量的方法与步骤；
7. 了解直线方向的表示方法；
8. 掌握方位角的定义及其推算方法；
9. 了解控制测量的含义和测量控制网的种类及构成；
10. 熟悉导线等级及其主要技术要求；
11. 掌握导线的布设形式及其特点、导线测量的方法与步骤；
12. 掌握平面控制点的加密方法；
13. 熟练掌握导线点坐标的计算方法；
14. 能熟练地进行导线的外业观测和内业计算；
15. 了解电子经纬仪、全站仪的构造及操作方法；
16. 了解光学经纬仪应满足的几何条件、检验与校正方法；
17. 了解坐标测量的误差来源及注意事项。

考工要求

1. 水平角、竖直角观测原理与方法及有关计算与记录；
2. 普通经纬仪的检验原理、方法及校正的方法和步骤；
3. 钢尺丈量与测设的精确方法及各项改正方法；
4. 钢尺丈量的误差来源，钢尺的检定及丈量成果整理。

任务一　坐标体系的建立

任务描述

点的平面位置由坐标决定，测量中常用的有地理坐标、高斯平面直角坐标和独立平面直角坐标。

一、地理坐标

在测量中，通常用经度和纬度来表示地面点的球面位置，称为地理坐标。地理坐标主要应用于研究地球的形状和大小、解决大地测量方面或军事科研方面的问题。按照基准线和基准面的不同，地理坐标又可分为天文地理坐标和大地地理坐标两种。天文地理坐标表示的是地面点在大地水准面上的位置，用天文经度 λ 和天文纬度 φ 表示，采用天文测量的方法直接测定；大地地理坐标表示的是地面点在地球椭球面上的位置，用大地经度 L 和大地纬度 B 表示，采用大地测量得到的数据推算而得到的。大地经度是指过参考椭球面上某一点的大地子午面与首子午面之间的二面角，分为东经和西经；大地纬度是指过参考椭球面上某一点的法线与赤道面的夹角，分为南纬和北纬。比如，江苏无锡位于北纬 $31°07'$至 $32°02'$、东经 $119°33'$至 $120°38'$。

二、平面直角坐标

目前常用的平面直角坐标系统有高斯平面直角坐标系和独立平面直角坐标系两种。

1. 高斯平面直角坐标系

高斯平面直角坐标系是采用德国杰出数学家和测量学家高斯的理论，即采用高斯投影的方法实现。

高斯投影的方法首先是将地球按经线划分成带，称为投影带，投影带是从子午线起，每隔经度 6°划为一带(称为 6°带)，如图 2-1 所示，自西向东将整个地球划分为 60 个带。带号从首子午线开始，用阿拉伯数字表示，位于各带中央的子午线称为该带的中央子午线(或称主子午线)，如图 2-2 所示。第一个 6°带的中央子午线的经度为 3°，任意一个带中央子午线经度与带号的关系按下式计算：

$$\lambda=6N-3 \tag{2-1}$$

式中 N——投影带号。

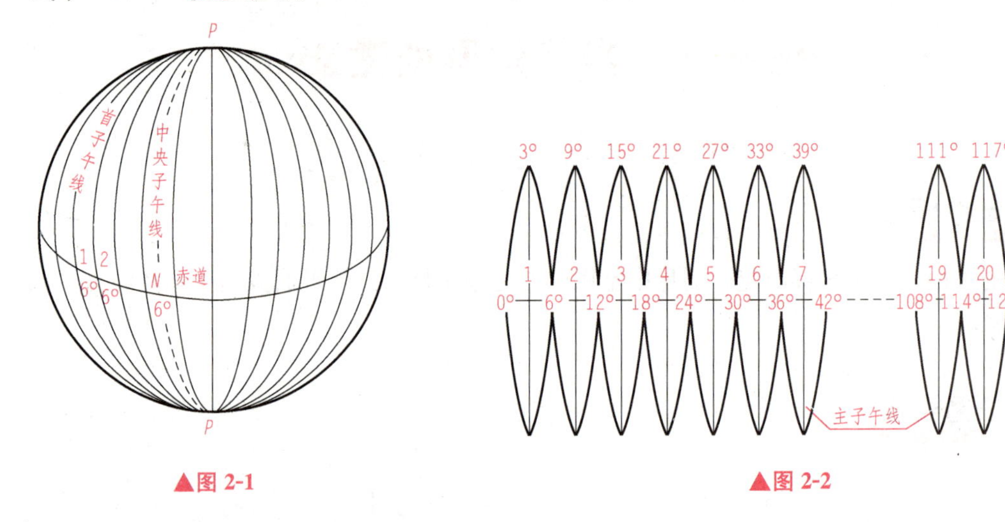

▲图 2-1　　▲图 2-2

投影时假设取一个空心圆柱体与地球椭球体的某一中央子午线相切，先将中央子午线周边的点、线投影到空心圆柱体上，然后将圆柱体沿着南北极母线切开，并展开成为平面，如图 2-3 所示。在投影平面上，中央子午线垂直于赤道，形成了平面直角坐标系，我们规定中央子午线与赤道的交点作为坐标原点 O 点，中央子午线为坐标 x 轴，向北为正；赤道为坐标 y 轴，向东为正，如图 2-4(a)所示。

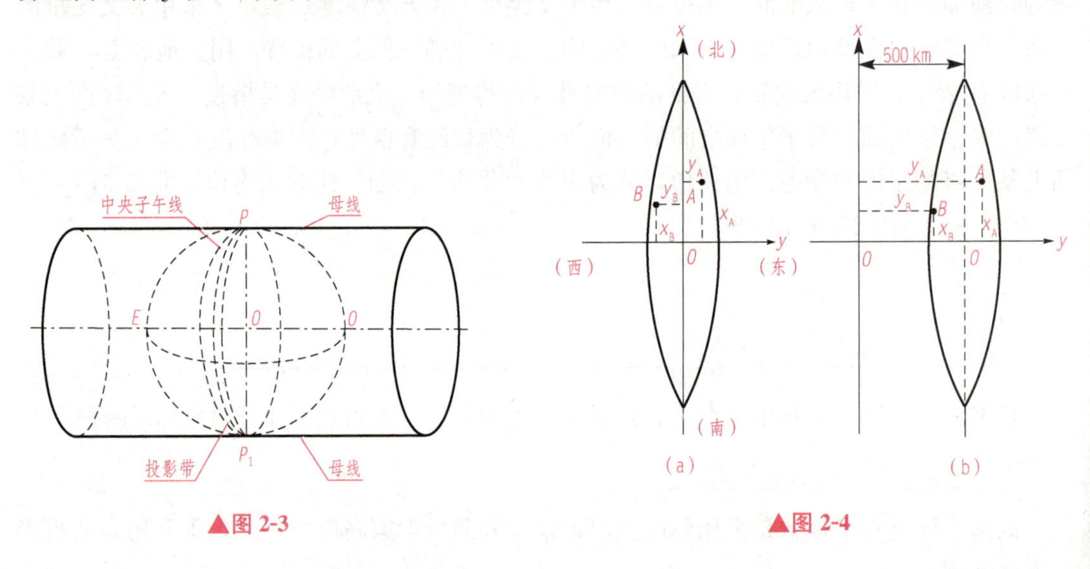

▲图 2-3　　▲图 2-4

由于我国全部处于北半球即赤道以北，故我国规定地面上的点位的 x 坐标全部为正值，y 坐标有正有负，为了保证 y 坐标全部为正值，我国规定将每带的坐标原点向西移动 500 km。此外为了区分地面点位处于某条投影带，在 y 坐标前投影带带号。例如如图 2-4(b)所示，A 点位于第 15 带内，其自然横坐标值 $y_A=-387\ 549.225$ m。按照上述规定，其横坐标应改写成 $y_A=15(-387\ 549.225+500\ 000)=15\ 112\ 450.775$(m)。

2. 独立平面直角坐标系

在小测区范围内（一般规定测区范围小于 10 km 时）进行测量工作时，采用地理坐标或高斯平面直角坐标表示地面点位的位置很不方便，且没有必要。为了便于测量工作的开展，在实际测量工作中，将坐标原点位于测区的西南角，保证测区内的坐标值均为正值。同时规定南北方向为坐标纵轴 x 轴，向北为正；东西方向为坐标横轴 y 轴，向东为正。同时为了使数学中的公式直接运用到测量计算中，将平面坐标系的象限按顺时针标记，如图 2-5 所示。

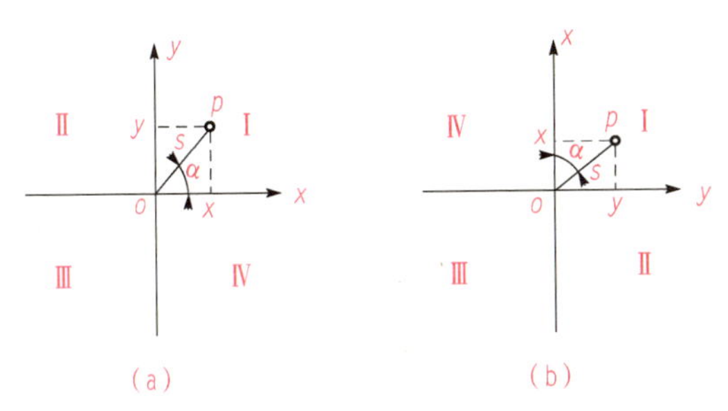

▲图 2-5

(a)数学中的平面直角坐标系；(b)测量中的平面直角坐标系

三、坐标测量的基本工作

坐标测量主要是根据采用的坐标系统确定地面点位的平面位置。在工程测量运用过程中，可以采用两种方法进行坐标测量。一种是采用全站仪直接进行坐标观测，另一种采用测距仪和经纬仪进行配合观测，两种方法都是在确定已知方向的基础上进行的。采用测距仪和经纬仪进行观测就涉及距离测量和角度测量的内容。综上所述，坐标测量的基本工作包括角度测量、距离测量和直线定向。

任务总结

1. 地理坐标主要用经度和纬度来表示地面点的球面位置，分为天文地理坐标和大地地理坐标两种。

2. 高斯平面直角坐标系是将中央子午线与赤道的交点作为坐标原点 O 点，中央子午线为坐标 x 轴，向北为正；赤道为坐标 y 轴，向东为正。

3. 坐标测量的基本工作包括角度测量、距离测量和直线定向。

课后训练

1. 测量中采用的坐标系统有哪些？
2. 测量中采用的平面直角坐标系与数学中的平面直角坐标系有何区别与联系？
3. 坐标测量的基本工作是什么？

任务二　角度测量

任务描述

角度测量是测量的基本工作之一，包括水平角测量和竖直角测量。水平角主要用于确定地面点位的平面位置，竖直角主要用于间接确定高差或将倾斜距离转化成水平距离。其常用的测量仪器主要是光学或电子经纬仪，另外还有全站型电子测距仪。

一、角度测量原理

1. 水平角测量原理

水平角是地面上一点到两目标的方向线垂直投影到同一水平面上所形成的夹角，用 β 表示。如图 2-6 所示，A、O、B 是地面上任意三个点，OA 和 OB 两条方向线所夹的水平角，即为 OA 和 OB 垂直投影在水平面 H 上的投影 O_1A_1 和 O_1B_1 所构成的夹角 β。由图可知，其角值范围为 0°～360°。

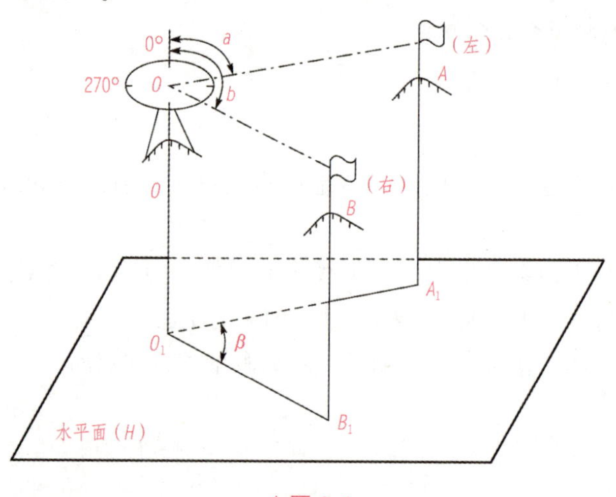

▲图 2-6

为了确定水平角的大小，假设在 O 点的上方任意高度处，水平安置一个带有 360°刻度的圆盘，并使圆盘中心过 O 点的铅垂线上，通过左目标 OA 和右目标 OB 各作一铅垂面，假设这两个铅垂面在刻度盘上读取截取的数值分别为 a 和 b，则水平角 β 的角值为：

$$\beta=b-a=\text{右目标读数}-\text{左目标读数} \tag{2-2}$$

2. 竖直角测量原理

竖直角是在同一竖直面上，地面上一点到目标方向线与水平视线所形成的夹角，用 α 表示。如图 2-7 所示，A、C 是地面上两点，B 为仪器的中心，BA、BC 与水平视线所夹的竖直角，即图中所示的 α_A、α_C。为了便于区分，规范规定：目标点在水平视线的上方，竖直角取正值，称为仰角；目标点在水平视线的下方，竖直角取负值，称为俯角。由此可知，其角值范围为 $-90°\sim+90°$。

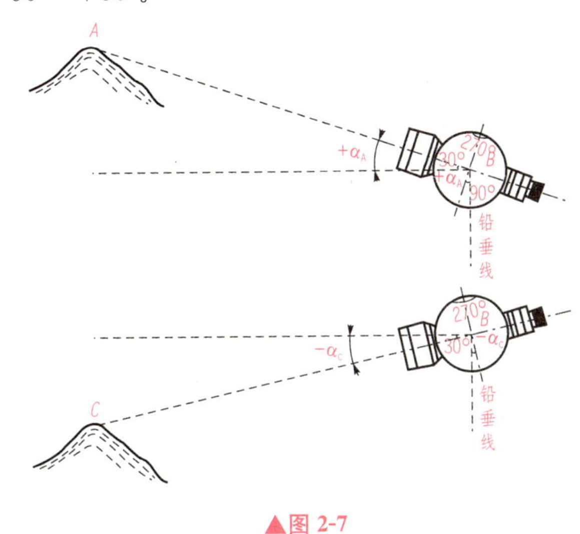

▲图 2-7

为了确定竖直角的大小，假设在 B 点竖直安置一个带有刻度的竖盘，通过目标 A 在刻度盘上读取的数值与水平视线在刻度盘上的数值的差值，就得到所需的竖直角，为了计算方便，在仪器的设计时，将仪器的水平视线的数值固定为 90°或 270°，只要读取目标的数值，就可以计算出竖直角。

综上所述，要进行水平角和竖直角测量，仪器必须具备对中装置、使仪器处于水平位置的整平装置、水平度盘、竖直度盘和望远镜，同时为了能够准确瞄准目标，要求望远镜不仅能水平左右转动，且能竖直上下转动。经纬仪就是能够满足上述要求的测量仪器。

二、光学经纬仪的基本操作

经纬仪是角度测量的常用仪器，按照读数方式的不同，可将经纬仪分为光学经纬仪和电子经纬仪两种，光学经纬仪是利用光学棱镜进行读数，电子经纬仪是利用电路板和电子读数显示窗口进行读数。目前，按精度的高低可将经纬仪分为 DJ_{07}、DJ_{12}、DJ_2、DJ_6、DJ_{15}几种型号，“D”表示“大地测量仪器”，“J”表示“经纬仪”，下标表示该仪器一测回水平方向观测值的中误差的秒数。其中，DJ_{07}、DJ_{12}、DJ_2属于精密经纬仪，DJ_6、DJ_{15}属于普通经纬仪。在工程中，DJ_2、DJ_6型是常用的光学经纬仪，本节主要介绍DJ_6型光学经纬仪的基本构造及其基本操作。

1. DJ_6型光学经纬仪的基本构造

虽然仪器的精度和生产厂家有所不同，但各种型号的经纬仪的基本构造大致相同，如图2-8所示。光学经纬仪主要由照准部、水平度盘和基座三部分组成。

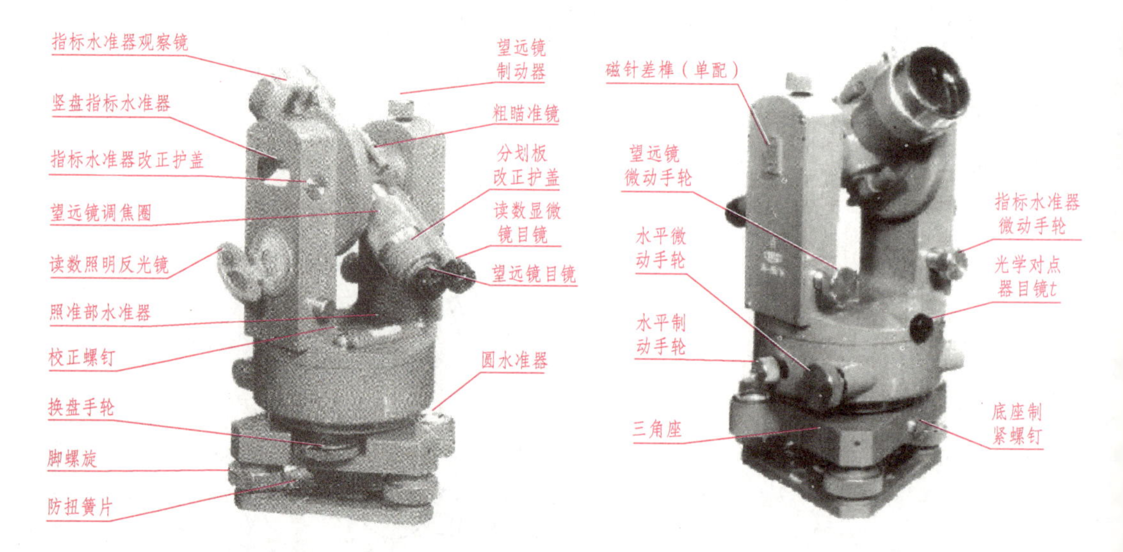

▲图2-8

(1)照准部。照准部是指经纬仪水平度盘上部可转动的部分，主要由望远镜、横轴、支架、竖轴、水准管、水平制微动、竖直制微动及读数装置等组成。望远镜主要由物镜、目镜、对光透镜和十字丝分划板等组成，主要用来瞄准目标。望远镜通过横轴安置在照准部两侧的支架上，望远镜和照准部在水平方向的转动由照准部制动螺旋和微动螺旋来控制。望远镜制动螺旋、微动螺旋用来控制望远镜在竖直方向的转动。反光镜是一个圆镜。打开反光镜，并调整它的位置，光线会经反光镜反射后分别把水平度盘和竖直度盘以及测微器的分划影像，反映在望远镜旁的读数显微镜内，便于读出目标方向线的水平度盘或竖直度盘读数。照准部上装有圆水准器和管水准器，用以检查竖轴是否竖直和水平度盘是否水平。照准部的光学对中器用于安置仪器时，检查仪器是否位于测站的铅垂线上。

(2)水平度盘。水平度盘是由光学玻璃制作而成的带有刻度的圆环，在圆环上按顺时针方向注记$0°\sim360°$，用于观测水平角。水平度盘轴套在竖轴轴套的外面，绕竖轴旋转。照准部转动时，水平度盘并不随之转动，但测角需要将水平度盘调至所需刻度，可以通过转动度盘手轮来实现，例如，要求瞄准A点时水平度盘的刻度读数应为$0°06'12''$，在仪器操作时，可先将望远镜照准A点，水平制动螺旋固定，然后打开度盘手轮护罩，转动度盘手轮，使度盘读数处于$0°06'12''$的位置，最后关上手轮护罩。

(3)基座。基座是整个仪器的底座，并通过基座的中心螺母与三脚架的连接螺旋连接在一起。基座上的三个脚螺旋用于整平仪器。竖轴轴套插入在基座轴套内，通过轴座固定螺旋将照准部固定在基座上。因此，使用仪器时切勿松动该螺旋，以免照准部与基座分离，摔坏仪器。在三脚架的连接螺旋正下方有一个挂钩，用于经纬仪的垂球对中，但在实际测量工作中，由于垂球对中的精度不高和易受外界条件的影响，故一般不采用垂球对中，而采用光学对中器的方法进行仪器的对中。

2. DJ_6型光学经纬仪的读数装置与读数方法

DJ_6型光学经纬仪的读数装置主要包括度盘、光路系统及测微器。光线会经反光镜反射后分别把水平度盘和竖直度盘以及测微器的分划影像，反映在望远镜旁的读数显微镜内，便于读出目标方向线的水平度盘或竖直度盘读数。目前市场上的光学经纬仪的读数装置不尽相同，其相应的读数方法也有所不同。下面仅介绍两种常用的读数方法。

(1)分微尺测微器的读数方法。分微尺读数装置结构比较简单，读数较便利，且能保证测角的精度，故目前应用比较广泛。如图 2-9 所示，分微尺测微器的经纬仪在读数显微镜内，读数显微镜内可读取水平度盘(H 或水平)和竖直度盘(V 或竖直)读数。每个读数窗上的分微尺等分成 6 大格，每大格又分为 10 小格。由于度盘分划值为 1°，分微尺全长正好等于度盘上相差 1°的两条分划线的宽度，因此，分微尺每小格代表 1′，可以估读到 0.1′，即 6″。读数前先调节读数显微镜目镜，使度盘分划线和分微尺的影像清晰。读数时，首先读取落在分微尺上度盘分划的度数，此读数即为整度盘读数，然后在分微尺上由零线到度盘分划线之间读取小于整度数的分、秒数，两数之和即得度盘读数。如图 2-9 所示，水平度盘为 215°06′48″，竖直读盘读数 78°52′30″。实际在读数时，只要看分微尺上的 0 过哪根度盘分划线，则读数中的度数就是此度盘分划线的注记数，读数中的分就是该分划线所指的分微尺上的数值。秒数进行估读，按规定应是 6 的整数倍。

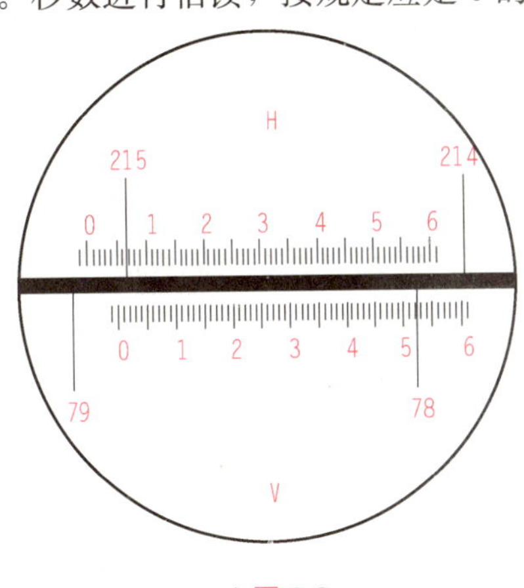

▲图 2-9

(2)单平板玻璃测微器的读数方法。单平板玻璃测微器装置主要由平板玻璃、测微尺、连接机构和测微轮组成。如图 2-10 所示为单平板玻璃测微器的经纬仪在读数显微镜内看到的影像。上窗为测微尺和单指标线，中窗为竖直度盘和双指标线，下窗为水平度盘和双指标线。度盘最小分划值为 30′，测微尺全长也为 30′，将其等分为 30 大格，每一大格为 1′，每大格又等分为 3 小格，每小格为 20″。当转动测微轮，测微尺从 0′移动到 30′时，度盘影像恰好移动一格。读数时，转动测微轮，使度盘某一分划精确夹在双指标线中间，先读取该分划线的读数，再在测微尺上根据单指标线读取小于30′的分、秒数，两读数相加即得度盘读数。如图2-10所示，水平度盘读数为122°30′+7′20″=122°37′20″，竖直度盘读数为87°+19′30″=87°19′30″。

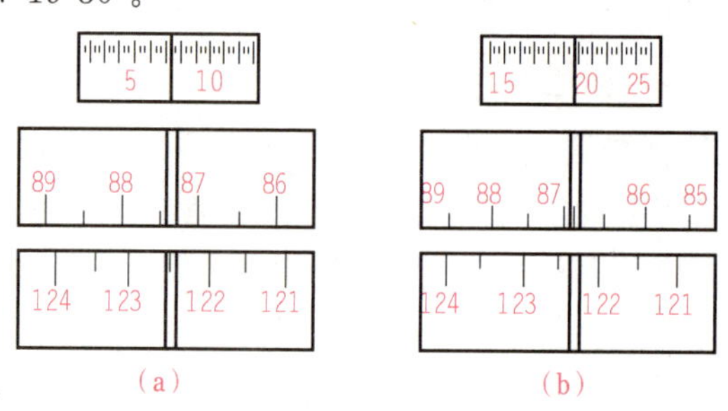

▲图 2-10

(a)水平度盘；(b)竖直度盘

3. DJ_6型光学经纬仪的基本操作

经纬仪在进行角度测量时，需将仪器安置在测站上进行观测。经纬仪的使用一般包括对中、整平、瞄准和读数四个步骤。

(1)对中。对中的目的是使仪器的竖轴与测站的中心处于同一铅垂线上。具体操作步骤如下：

1)调节三脚架固定螺旋，使三脚架伸开长度大致与观测者肩部平齐，旋紧三脚架固定螺旋，将三脚架张开，目估对中，且使三脚架架头水平，架高适当。

2)将经纬仪从仪器箱内取出，一手握住支架，一手托住经纬仪基座，将仪器置于膝盖处，关上仪器箱，之后一手握住支架，一手托住经纬仪基座，将仪器置于三脚架上，用手握住支架，旋紧中心连接螺旋，使经纬仪紧固在三脚架上。

3)调节光学对中器目镜焦距，使光学对中器的圆圈标志和测站点影像清晰，调节脚螺旋或移动三脚架的任意两个架腿，使测站点位于光学经纬仪的圆圈标志的中心。

(2)整平。整平的目的是使经纬仪的水平度盘处于水平位置或使仪器的竖轴垂直。整平分两步进行，具体操作步骤如下：

1)通过伸缩三脚架架腿的方式使照准部圆水准器气泡居中，即粗平。其规律是圆水准气泡向伸高架腿的一侧移动，注意在伸缩脚架上，只能取三个架腿中的两种进行伸缩，且在伸缩脚腿的过程中，不得移动脚架尖。

2)通过旋转脚螺旋使管水准器气泡居中，即精平。方法是旋转仪器照准部使管水准器与任意两个脚螺旋的连线平行，同时相对或相反转动脚螺旋，使管水准器气泡居中，其规律是气泡移动方向与左手大拇指转动脚螺旋方向一致，如图2-11(a)所示；然后将仪器旋转90°，调节第三个脚螺旋使管水准器气泡居中，如图2-11(b)所示。上述两步需反复进行，直至管水准器转动到任何位置时，气泡均居中或偏差不超过一格。

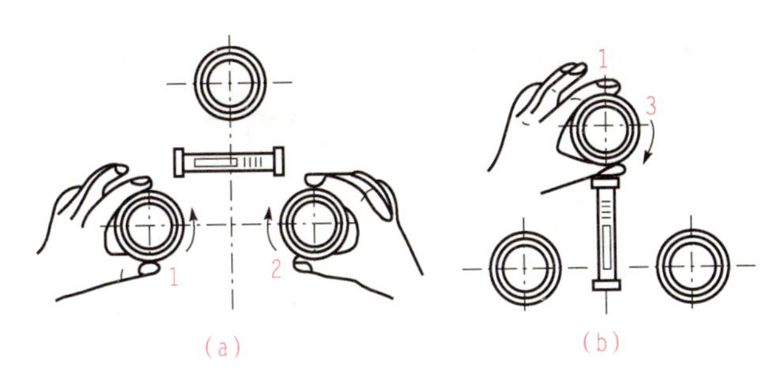

▲图 2-11

对中和整平是经纬仪操作中的重要一步，直接关系到测量成果的精度和正确性，在整平完成后需重新检查仪器的对中，如对中偏差很小，可松开中心连接螺栓半圈左右，在三脚架架头上平移经纬仪，使仪器精确对中，之后检查仪器的整平情况，对中和整平需反复进行，直到两者都符合相应要求。

(3)瞄准。角度测量时瞄准的目标一般是竖立在地面点位上的标杆、测钎、觇牌或棱镜等，如图 2-12 所示。在进行测量时，一般用望远镜的十字丝对准目标点。具体操作步骤如下：

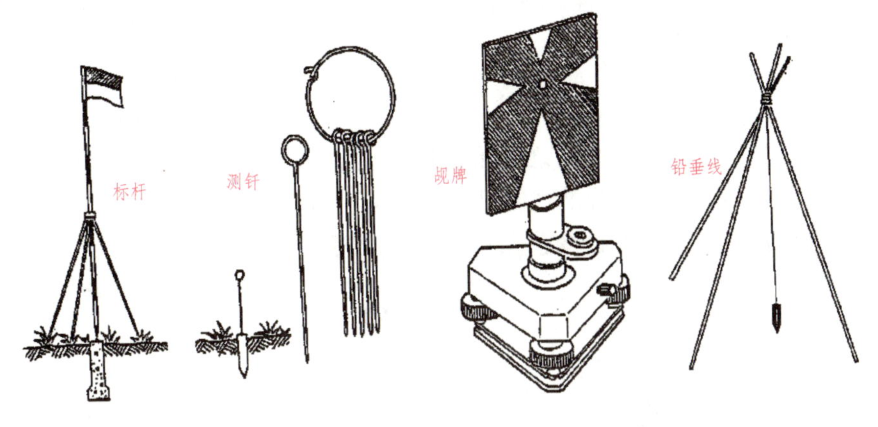

▲图 2-12

1)目镜对光。松开照准部制动螺旋与望远镜制动螺旋，将望远镜对准明亮背景，转动目镜对光螺旋，使十字丝清晰。

2)粗略瞄准。用望远镜上的准星和照门粗略照准目标，使在望远镜内能够看到物像，然后拧紧照准部制动螺旋及望远镜制动螺旋。

3)物镜对光。转动物镜对光螺旋，使目标清晰。注意消除视差，视差是指在观测时，若对光不准，物像没有落在十字丝分划板上，这时眼睛上下左右移动，物像随之移动。此时需重新调节物镜对光螺旋，直到消除这种现象为止。

4)精确瞄准。转动照准部微动螺旋和望远镜微动螺旋，使十字丝纵丝准确对准目标，如图 2-13 所示。瞄准目标时尽量瞄准目标的底部，以消除瞄准目标带来的误差。

(4)读数。读数前，先将反光镜打开到适当位置，使读数窗口明亮。转动读数调焦螺旋，使刻度清晰，就可以按照前述的读数方法开始读数。在竖直角观测时，需先调节竖盘水准器微动手轮使竖盘指标水准气泡居中。

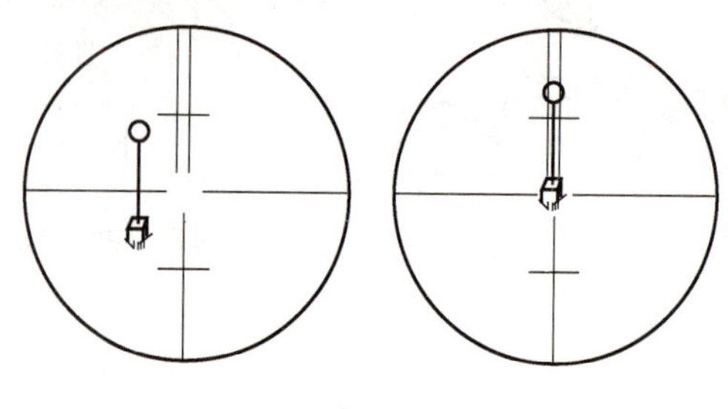

▲图 2-13

任务实施

一、水平角观测

水平角观测的方法一般根据精度要求和目标数的多少来决定，目前比较常用的方法有测回法和方向观测法两种。

1. 测回法

测回法主要用于测量两个方向之间形成的角度，如图 2-14 所示。现要观测$\angle AOB$，在测站点 O 架设经纬仪，分别瞄准观测目标 A、B，并进行读数，根据水平角测量原理可知，两读数的差值就是$\angle AOB$ 的角值β。具体操作步骤如下：

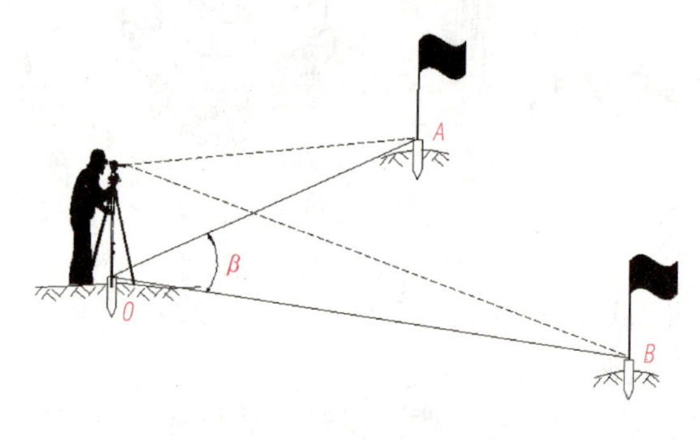

▲图 2-14

(1)安置仪器。将仪器安置在测站点 O 上，进行对中、整平，并在观测目标 A、B 处设置标志。

(2)盘左观测。盘左又称为正镜，是指当观测者用望远镜观测时，竖直度盘位于望远镜的左侧。

1)先精确瞄准左目标 A，为了计算方便，将水平度盘置于接近零的读数，比如 $0°01'12''$，记入到表 2-1 中。

▼表 2-1 测回法观测水平角记录手簿

时 间________ 仪器型号________ 观测者________ 记录者________

测站	目标	竖盘位置	水平度盘读数 ° ′ ″	半测回角值 ° ′ ″	一测回角值 ° ′ ″	各测回平均角值 ° ′ ″	备注
O	A	左	0 01 12	74 14 12	74 14 18	74 14 15	
	B		74 15 24				
O	A	右	180 01 36	74 14 24			
	B		254 16 00				
O	A	左	60 01 36	74 14 30	74 14 27		
	B		134 16 06				
	A	右	240 02 06	74 14 24			
	B		314 16 30				
	A	左	120 03 24	74 14 06	74 14 00		
	B		194 17 30				
	A	右	300 03 00	74 13 54			
	B		14 16 54				

2)之后松开水平制动螺旋，顺时针转动望远镜瞄准右目标 B，水平度盘读数为 74°15′24″，记录到表格中相应的位置。此时即完成盘左测回(也称为上半测回)，测得盘左位置的角值 $\beta_{左}$。为了减少照准误差，在瞄准目标时尽量瞄准目标的底部。

$$\beta_{左}=74°15'24''-0°01'12''=74°14'12''$$

(3)盘右观测。盘右又称为倒镜，是指当观测者用望远镜观测时，竖直度盘位于望远镜的右侧。

1)松开望远镜制动螺旋，倒转望远镜，使望远镜由盘左转变成盘右，先瞄准右目标 B，水平度盘读数为 254°16′00″，记录到表格中相应的位置。

2)松开水平制动螺旋，逆时针转动望远镜瞄准左目标 A，水平度盘读数为 180°01′36″，记录到表格中相应的位置。此时即完成盘右测回(也称为下半测回)，测得盘右位置的角值 $\beta_{右}$。

$$\beta_{右}=254°16'00''-180°01'36''=74°14'24''$$

(4)成果处理。

1)盘左和盘右测回组成了一测回，对于 DJ_6 型光学经纬仪，如果半测回角值的差值不大于±40″时，则认为成果合格，取两个数的平均值作为一测回平均角值 β，将成果记录到表格中相应的位置。

$$\beta=\frac{\beta_{左}+\beta_{右}}{2}=74°14'18''$$

2)由于水平度盘的刻度是按照顺时针注记的，故在计算过程中一定是右目标读数减去左目标读数，如出现不够减的情况，只要在右目标读数上加上 360°后，再减去左目标读数即可。

3)采用盘左、盘右的方法进行观测水平角，可以消除仪器误差对测角的影响，如视准轴误差、横轴不水平误差等，此外还可检查在观测过程中有无错误。

4)当对测角精度要求较高，需对同一角度进行多次观测时，为了消除度盘分划不均匀带来的影响，常使用换盘手轮改变水平度盘的刻度，各测回应按 $180°/n$ 的差值变换水平度盘的位置。例如某角要求观测三个测回，第一测回起始方向的水平度盘配置在略大于 0°的位置，第二测回起始方向的水平度盘配置在略大于 60°的位置，第三测回起始方向的水平度盘配置在略大于 120°的位置。其数据详见表 2-1。

2. 方向观测法

当观测三个或三个以上目标时，常采用方向观测法，如图 2-15 所示，现要观测目标 *A*、*B*、*C*、*D* 与 *O* 形成的角度，通常在测站点 *O* 架设仪器，分别瞄准观测目标 *A*、*B*、*C*、*D*，为了检核精度，在观测目标点 *D* 后，需观测起始目标 *A*，称为归零，由于观测时望远镜旋转了一周，故又称之为全圆观测法。具体操作步骤如下：

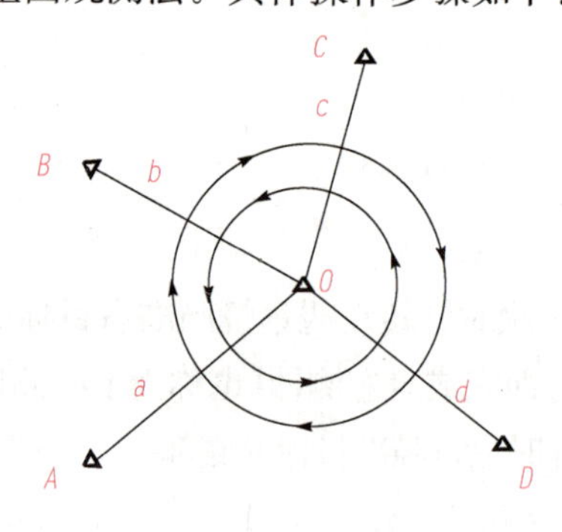

▲图 2-15

(1)安置仪器。将仪器安置在测站点 *O* 上，进行对中、整平，并在观测目标 *A*、*B*、*C*、*D* 处设置标志。

(2)盘左观测。

1)将仪器处于盘左位置，选取 *A* 目标作为起始方向(又称为零方向)，将水平度盘置于接近零的读数，读取数值，记录到表格中相应的位置。

2)松开水平制动螺旋，顺时针转动望远镜，依次瞄准观测目标 *B*、*C*、*D*、*A*，读取水平度盘读数，记录到表格中。

(3)盘右观测。

1)松开望远镜制动螺旋，倒转望远镜，使望远镜由盘左转变成盘右，先瞄准观测目标 *A*，读数，记录到表格中相应的位置。

2)松开水平制动螺旋，逆时针转动望远镜，依次瞄准观测目标 *D*、*C*、*B*、*A*，读取水平度盘读数，记录到表格中。

(4)成果处理。

1)方向观测法的技术要求，不应超过表 2-2 的规定。

▼表 2-2　水平角方向观测法的技术要求

等级	仪器精度等级	光学测微器两次重合读数之差/秒	半测回归零差/秒	一测回内 2C 互差/秒	同一方向值各测回较差/秒
四等及以上	1 秒级仪器	1	6	9	6
	2 秒级仪器	3	8	13	9
一级及以下	2 秒级仪器	—	12	18	12
	6 秒级仪器	—	18	—	24

注：1. 全站仪、电子经纬仪观测水平角时不受光学测微器两次重合读数之差指标的限制。
2. 当观测方向的垂直角超过±30°的范围时，该方向 2C 互差可按相邻测回同方向进行比较，其值应满足表中一测回内 2C 互差的限值。

2)计算上下半测回归零差(即两次瞄准起始方向 A 的读数之差)。

对于第一测回中盘左测回的差值等于 $0°01'18''-0°01'12''=6''$，符合限差要求，见表 2-3。

▼表 2-3　方向观测法观测水平角记录手簿

时　间________　　仪器型号________　　观测者________　　记录者________

测站	测回	目标	水平度盘读数 盘左	水平度盘读数 盘右	2C	平均读数	一测回归零方向值	各测回归零方向平均值	水平角值
			° ′ ″	° ′ ″	″	° ′ ″	° ′ ″	° ′ ″	° ′ ″
O	1	A	0 01 12	180 01 12	0	(0 01 08) 0 01 00	0 00 00	0 00 00	51 55 51
		B	51 57 00	231 57 06	−6	51 57 03	51 55 55	51 55 51	38 35 55
		C	90 32 54	270 33 00	−6	90 32 57	90 31 49	90 31 46	54 49 44
		D	145 22 42	325 22 48	−6	145 22 45	145 21 37	145 21 30	
		A	0 01 18	180 01 12	+6	0 01 15			
	2	A	90 00 12	270 00 00	−12	(90 00 04) 90 00 06	0 00 00		
		B	141 55 48	321 55 54	−6	141 55 51	51 55 47		
		C	180 31 48	0 31 48	0	180 31 48	90 31 44		
		D	235 21 24	55 21 30	−6	235 21 27	145 21 23		
		A	90 00 06	270 00 00	6	90 00 03			

3)计算两倍视准轴误差 $2C$ 值。

$$2C=\text{盘左读数}-(\text{盘右读数}\pm180°) \qquad (2\text{-}3)$$

式中，当盘右读数小于 180°时取"＋"号，反之取"－"号。在水平角观测时，衡量观测质量的一个重要指标是 $2C$ 互差，所谓"$2C$ 互差"，是指在同一测回中，$2C$ 的最大值与最小值的差值，见表 2-3，第一测回的 $2C$ 互差 $=6''-(-6'')=12''$。按照表 2-2 的规定，对于 6 秒级仪器，$2C$ 互差不做要求，对于 2 秒级及以上精度仪器，$2C$ 互差均有相应的要求。

4)计算平均读数。

$$平均读数=\frac{盘左读数+(盘右读数\pm 180°)}{2} \tag{2-4}$$

表 2-3 中 B 目标的平均读数 $=\frac{[51°57'00''+(231°57'06''-180°)]}{2}=51°57'03''$。

由于存在归零，A 目标存在两个平均读数，故应对 A 的平均值再取平均值，填入到 A 目标的平均读数上的小括号中，作为最终的均值。具体计算如下：

$$\frac{(0°01'00''+0°01'15'')}{2}=0°01'08''$$

5)计算一测回归零方向值。为了便于计算和比较同一方向值各测回较差，要将各方向的起始读数化成 $0°00'00''$，即用各方向的平均读数减去 A 目标小括号里的值，得到各方向的归零方向值。表 2-3 中 B 目标的归零方向值 $=51°57'03''-0°01'08''=51°55'55''$。最后将计算结果填入表格相应位置。

6)计算各测回归零方向平均值。如果对同一目标进行多个测回的观测，同一目标的各测回归零方向值理论上应该是相同的，但由于仪器和观测误差的存在，在实际观测过程中，往往不尽相同，为了判断测量成果的正确与否，引入"同一方向值各测回较差"的概念。即将同一方向各测回的归零方向值进行比较，检查其差值是否符合表 2-2 的规定。如符合要求，则取其同目标的各测回的归零方向值的均值作为最终的成果，填入表格相应位置。表 2-3 中，B 目标的各测回归零方向平均值 $=(51°55'55''+51°55'47'')/2=51°55'51''$。

7)计算水平角值。将两个相邻方向的各测回归零方向平均值相减即得其水平角值，表 2-3 中，$\angle BOC=90°31'46''-51°55'51''=38°35'55''$。

二、竖直角观测

在需将斜距转化成水平距离，或用三角形的原理确定某些建筑物高度时，往往需要进行竖直角的测量。

1. 竖直度盘的构造

如图 2-16 所示，竖直度盘是固定在望远镜横轴的一端，随望远镜在竖直面上一起转动，竖盘指标同竖盘水准器连接在一起，可通过调节指标水准器微动手轮，使竖盘指标与竖盘水准器略微移动。在进行观测时，需调节指标水准器微动手轮，使气泡居中，此时竖盘指标处于正确的位置。

竖直度盘与水平度盘相同，也是由玻璃制成，上面刻有 0°～360°的刻度，现采用的注记方式有两种，对于 JD_6 型经纬仪，其刻度有顺时针注记和逆时针注记，如图 2-17 所示。当视线水平，竖盘水准器气泡居中时，竖直度盘的准确读数应为 90°或 270°。

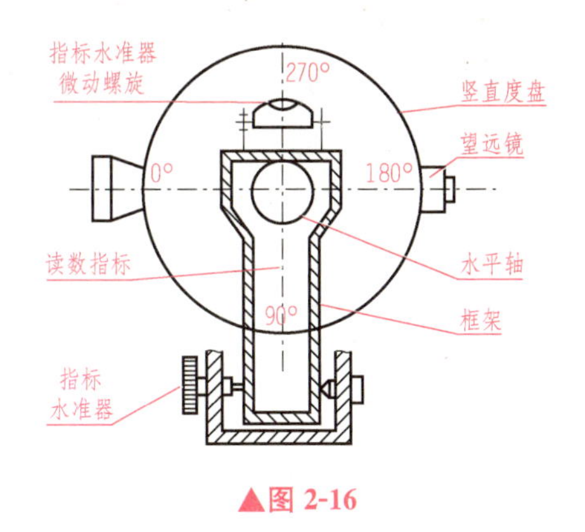

▲图 2-16

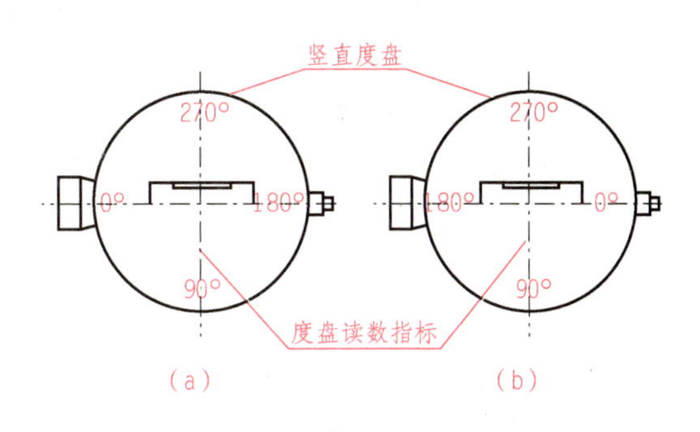

▲图 2-17

(a)逆时针；(b)顺时针

目前，新型的光学经纬仪多采用自动归零装置取代竖盘水准器，它能自动调整光路，使竖盘及其竖盘指标满足正确关系，仪器整平后照准目标可立即读取竖盘读数。

2. 竖直角计算公式的确定

由竖直角测量原理可知，竖直角是在同一竖直面上，地面上一点到目标方向线与水平视线所形成的夹角。而当视线水平时，经纬仪竖盘读数为一定值，故只要观测目标方向线的读数，即完成竖直角的观测，其值为目标方向线读数与水平定值的差值。由于竖盘注记目前有两种方式，故其对应的计算公式有所不同，现以顺时针注记为例，推出竖直角的计算公式。

如图 2-18 所示，当进行盘左观测时，望远镜视线向上瞄准目标，竖盘气泡居中，其竖盘读数为 L，根据竖直角测量原理，可以推导出盘左位置竖直角 $\alpha_{左}$：

$$\alpha_{左}=90^{\circ}-L \tag{2-5}$$

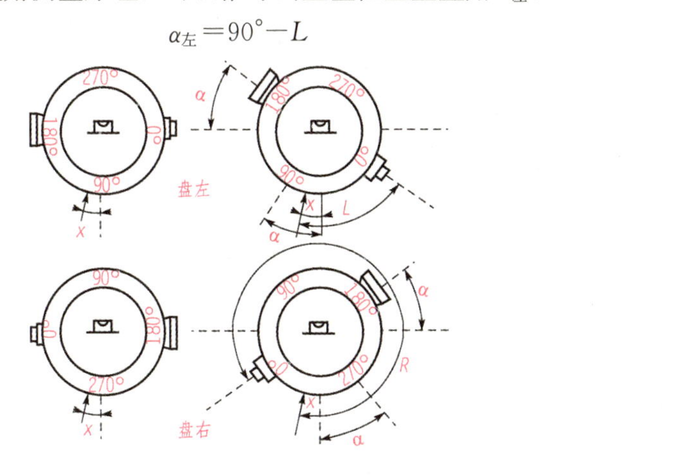

▲图 2-18

同理，当进行盘右观测时，竖盘气泡居中，其竖盘读数为 R，根据竖直角测量原理，可以推导出盘右位置竖直角 $\alpha_{右}$：

$$\alpha_{右}=R-270^{\circ} \tag{2-6}$$

将上述两式计算出的竖直角值进行平均，即得竖直角 α 计算公式为：

$$\alpha=\frac{\alpha_{左}+\alpha_{右}}{2}=\frac{(R-L)-180^{\circ}}{2} \tag{2-7}$$

当采用逆时针注记时，根据上述的推导过程，可以推出：

$$\alpha_{左}=L-90^{\circ} \tag{2-8}$$

$$\alpha_{右}=270^{\circ}-R \tag{2-9}$$

$$\alpha=\frac{\alpha_{左}+\alpha_{右}}{2}=\frac{(R-L)-180^{\circ}}{2} \tag{2-10}$$

在实际测量工作中，测角前，将望远镜放置水平，观察竖盘读数，首先确定视线水平时的读数；然后上仰望远镜。

(1)若读数增加，则垂直角的计算公式为：

α=瞄准目标时竖盘读数－视线水平时竖盘读数

(2)若读数减少，则垂直角的计算公式为：

α=视线水平时竖盘读数－瞄准目标时竖盘读数

3. 竖盘指标差

在进行竖直角计算时，我们假定当视线水平时，其竖盘读数应为 90°的整数倍。但在实际操作中，由于仪器的误差和长期使用的影响。这个条件往往是不满足的，当视线水平且竖盘水准气泡居中时，竖盘指标的实际位置与正确位置会存在一个偏差 x，称为竖盘指标差，如图 2-18 所示。竖盘指标差与竖直角一样，存在正负之分。

在进行竖直角观测时，由于指标差的存在，盘左的水平读数正确值应为$(90^{\circ}+x)$，盘右的水平读数正确值应为$(270^{\circ}+x)$，此时：

$$\alpha_{左}=(90^{\circ}+x)-L \tag{2-11}$$

$$\alpha_{右}=R-(270^{\circ}+x) \tag{2-12}$$

两式取平均值为：

$$\alpha=\frac{\alpha_{左}+\alpha_{右}}{2}=\frac{(R-L)-180^{\circ}}{2} \tag{2-13}$$

两式相减得竖盘指标差公式 x 为：

$$x=\frac{(R+L)-360^{\circ}}{2} \tag{2-14}$$

由上述公式可以看出采用盘左盘右观测取平均值可以消除竖盘指标差的影响。

4. 竖直角的观测及成果处理

竖直角的观测方法主要有中丝法和三丝法两种，现简单介绍中丝法观测竖直角的方法，其具体步骤如下：

(1)安置仪器。将仪器安置在测站点 O 上，进行对中、整平，并在观测目标 A、B 处设置标志。

(2)盘左观测。用望远镜十字丝横丝的中丝照准观测目标，调节竖盘水准管微动螺旋使竖盘水准管气泡居中，读取竖盘读数 $L=70^{\circ}12'36''$，记入到表格相应的位置。

(3)盘右观测。将竖盘处于盘右位置，重复上述方法，读取竖盘读数 $R=289^{\circ}47'00''$，记入表格相应位置。

(4)根据竖盘注记方式，确定竖直角的计算公式，根据上述公式进行计算，求得竖盘指标差和竖直角值，记入表格相应位置，见表 2-4。

▼表 2-4 测回法观测竖直角记录手簿

时 间________ 仪器型号________ 观测者________ 记录者________

测站	目标	竖盘位置	竖盘读数 ° ′ ″	半测回角值 ° ′ ″	指标差 ″	一测回角值 ° ′ ″	备注
O	A	左	70 12 36	19 47 24	−12	19 47 12	
		右	289 47 00	19 47 00			
	B	左	106 18 42	−16 18 42	−9	−16 18 51	
		右	253 41 00	−16 19 00			

竖盘指标差可以用来检查观测质量。规范规定，在同一测站上观测不同目标时，对 DJ_6 型光学经纬仪来说，指标差容许变动范围为 25″。若超限，需进行重新观测。

任务总结

1. 水平角是地面上一点到两目标的方向线垂直投影到同一水平面上所形成的夹角，用 β 表示，其角值范围为 0°～360°。

2. 竖直角是在同一竖直面上，地面上一点到目标方向线与水平视线所形成的夹角，用 α 表示，其角值范围为−90°～+90°。

3. DJ_6 型光学经纬仪主要由照准部、水平度盘和基座三部分组成。

4. DJ_6 型光学经纬仪的基本操作一般包括对中、整平、瞄准和读数四个步骤。

5. 水平角观测目前比较常用的方法有测回法和方向观测法两种。

6. 水平角观测的具体操作步骤包括安置仪器、盘左观测、盘右观测和成果处理四个步骤。

7. 竖盘指标差是指当视线水平且竖盘水准气泡居中时，竖盘指标的实际位置与正确位置会存在一个偏差 x。

课后训练

1. 什么是水平角？什么是竖直角？其取值范围是多少？

2. DJ_6 型光学经纬仪主要由哪三个部分组成？

3. DJ_6 型光学经纬仪的基本操作是什么？

4. 什么是视差，应如何消除？

5. DJ_6 型光学经纬仪采用测回法观测水平角，试完成表 2-5 所示表格。

▼表 2-5 测回法观测水平角

测站	目标	竖盘位置	水平度盘读数 ° ′ ″	半测回角值 ° ′ ″	一测回角值 ° ′ ″	各测回平均角值 ° ′ ″	备注
O	A	左	0 01 12				
	B		90 20 42				
	A	右	180 01 12				
	B		270 20 48				
O	A	左	90 02 24				
	B		180 21 54				
	A	右	270 02 24				
	B		0 21 48				

6. 试完成表 2-6 所示全圆观测法观测水平角的计算。

▼表 2-6 全圆观测法观测水平角

测站	测回	目标	水平度盘读数 盘左 ° ′ ″	水平度盘读数 盘右 ° ′ ″	2C ″	平均读数 ° ′ ″	一测回归零方向值 ° ′ ″	各测回归零方向平均值 ° ′ ″	水平角值
O	1	A	0 00 30	180 00 54					
		B	42 26 30	222 26 36					
		C	96 43 30	276 43 36					
		D	179 50 54	359 50 54					
		A	0 00 30	180 00 30					
	2	A	90 00 36	270 00 42					
		B	132 26 54	312 26 48					
		C	186 43 42	6 43 54					
		D	269 50 54	89 51 00					
		A	90 00 42	270 00 42					

7. 什么是竖盘指标差？如何消除其对竖直角的影响？

8. 竖直角的观测方法有哪两种？简述中丝法观测竖直角的步骤。

9. 试完成表 2-7 所示观测竖直角的计算。

▼表 2-7　观测竖直角计算

测站	目标	竖盘位置	竖盘读数 ° ′ ″	半测回角值 ° ′ ″	指标差 ″	一测回角值 ° ′ ″	备注
O	*A*	左	85 43 42				270° 180° 0° 90°
		右	274 15 48				
	B	左	96 23 36				
		右	263 35 48				

知识拓展

电子经纬仪

电子经纬仪是利用光电技术测角，带有角度数字显示和进行数据自动归算及存储装置的经纬仪。可广泛应用于国家和城市的三、四等三角控制测量，用于铁路、公路、桥梁、水利、矿山等方面的工程测量，也可用于建筑、大型设备的安装，应用于地籍测量、地形测量和多种工程测量。世界上第一台电子经纬仪于 1968 年研制成功，80 年代初生产出商品化的电子经纬仪。随着电子技术的飞速发展，电子经纬仪的制造成本急速下降，目前，国产电子经纬仪的售价已经逼近同精度的光学经纬仪的价格。

相对于传统的光学经纬仪来说，现代的电子经纬仪具有以下优点：

(1)对中：光学经纬仪的对中采用垂球或光学对中器，而如今越来越多的电子经纬仪采用激光对中器，使用起来非常直观。

(2)整平：光学经纬仪的精密整平使用长水准器，整平过程需要花费较长时间；而如今越来越多的电子经纬仪采用电子气泡，用数字或图形直接显示垂直轴倾斜量，使用起来非常直观、方便。

(3)读数：光学经纬仪的读数必须借助专门的读数窗，需要人工调焦、调像进行对径读数、估读，掌握起来比较困难，且非常容易出错；而电子经纬仪的水平角、垂直角读数自动显示，一般最小显示为 1′，有的可达 0.1′，因而没有读数误差。

(4)记录：光学经纬仪的读数需要用笔记录，并由人工来进行质量控制，对作业人员的素质要求较高；而电子经纬仪的读数可直接存储到存储卡中，并可由系统进行质量控制。

目前，电子经纬仪采用的测角系统有编码度盘测角系统、光栅度盘测角系统和动态测角系统。现以目前使用广泛的 DT02 型电子经纬仪为例讲述经纬仪的构造和基本功能。

一、经纬仪的构造

DT02 型电子经纬仪主要由基座、水平部分、照准部、度盘、键盘和显示屏等部分组成，如图 2-19 所示。

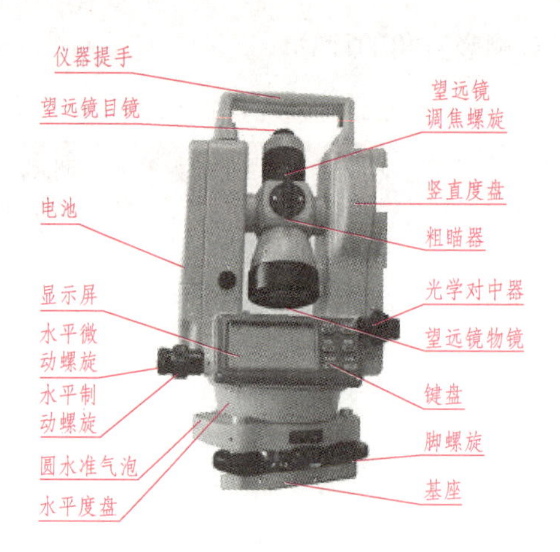

▲图 2-19

二、经纬仪的装箱和功能

1. 经纬仪的装箱

电子经纬仪的装箱要求很严格，非法的装箱极容易破坏仪器的度盘配置，从而导致测量误差过大以及损坏仪器。正确的装箱步骤如下：

(1)松开水平制动螺旋以及竖直制动螺旋；

(2)左手托基座、右手抓紧提手，将望远镜物镜镜头朝上；

(3)平卧仪器并将竖直制动螺旋朝上，将圆水准气泡朝上；

(4)将仪器放置于箱底，确认望远镜镜头能自由转动，并检查仪器是否放置稳妥；

(5)确保箱子严丝合缝，扣上仪器箱的盖子。禁止通过按压仪器箱盖子使箱子合拢，如图 2-20 所示。

▲图 2-20

2. 经纬仪的功能

经纬仪键盘具有一键双重功能，一般情况下仪器执行按键上所标示的第一(基本)功能，当按下[切换]键后再按其余各键则执行按键上方面板上所标示的第二(扩展)功能，如图 2-21 所示。

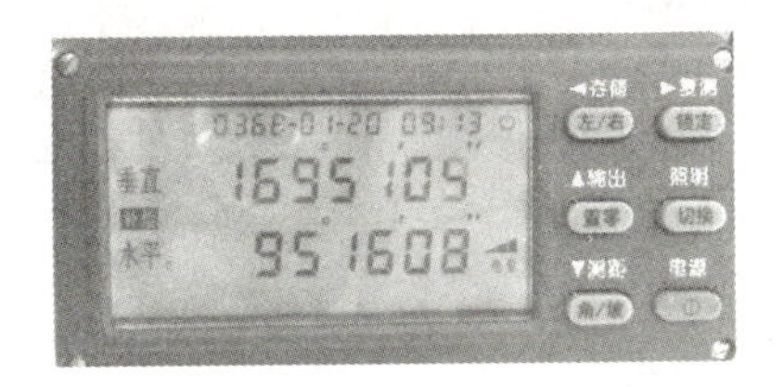

▲图 2-21

存储 左/右 ◀：显示左旋/右旋水平角选择键。连续按此键，两种角值交替显示存储间。切换模式下按此键，当前角度闪烁两次，然后当前角度数据存储到内存中。在特种功能模式中按此键，显示屏中的光标左移。

复测 锁定 ▶：水平角锁定键。连续按两次，水平角锁定；再按一次则解除。切换模式下按住此键进入复测状态。在特种功能模式中按住此键，显示屏中的光标右移。

输出 置零 ▲：水平角置零键。按此键两次，水平角置零。切换模式下按此键，输出当前角度到串口，也可以令电子手簿执行记录。减量键，在特种功能模式中按此键，显示屏中的光标可向上移动或数字向下减少。

测距 角/坡 ▼：竖直角和斜率百分比显示转换键。连续按此键交替显示。在切换模式下，按此键每秒跟踪测距一次，精度到 0.01 m(连续测距有效)。连续按此键则交替显示斜距、平距、高差、角度。增量键，在特种功能模式中按住此键，显示屏中的光标可向上移动或数字向上增加。

照明 切换：模式转换键。连续按此键，仪器交替进入一种模式，分别执行键上或面板标示功能。在特种功能模式中按此键，可以退出或者确定。望远镜十字丝和显示屏照明键，长按(3 秒)切换开灯照明；再长按(3 秒)望远镜十字丝和显示屏照明键。长按(3 秒)切换开灯照明；再长按(3 秒)则关。

电源开关键①：按键开机；按键大于 2 秒则关机。

三、电子经纬仪的基本操作

电子经纬仪的操作步骤与光学经纬仪的操作步骤基本相同，不同之处在于读数。详细操作见本书中光学经纬仪的基本操作内容的叙述。

任务三　距离测量

任务描述

距离测量是测量的基本工作之一，其包括水平距离和倾斜距离两项工作，在测量工作中，一般所讲的距离指的是空间两点之间的水平直线投影长度。根据量距工具和测量精度的不同，距离测量采用的方法主要有钢尺量距、视距测量和光电测距仪测距。

夯实基础

距离测量采用的工具主要有钢尺、皮尺、标杆、测钎、垂球、温度计、弹簧秤、测距仪和棱镜等。

一、钢尺

钢尺又称为钢卷尺，是由薄钢制作而成的带状尺。尺的宽度 10～15 mm，厚度为 0.4 mm，长度通常有 20 m、30 m 和 50 m 等几种规格，尺可卷放在圆盘形尺盒内或卷放在尺架上，如图 2-22 所示。钢尺的刻划一般以 cm 为基本单位，在分米和米位上注有数字，但也存在以毫米为基本单位的。在实际操作中，根据精度要求进行选用。

▲图 2-22

按钢尺零点位置的不同，将钢尺分为端点尺和刻线尺两种，如图 2-23 所示。端点尺是以钢尺的最外端作为尺的零点，便于从墙根处量距。刻线尺是以尺的端部某一位置刻线作为尺的零点，精度相对而言较高。由于钢尺的不易变形，抗拉强度高，故常用于精度要求较高的距离测量中。

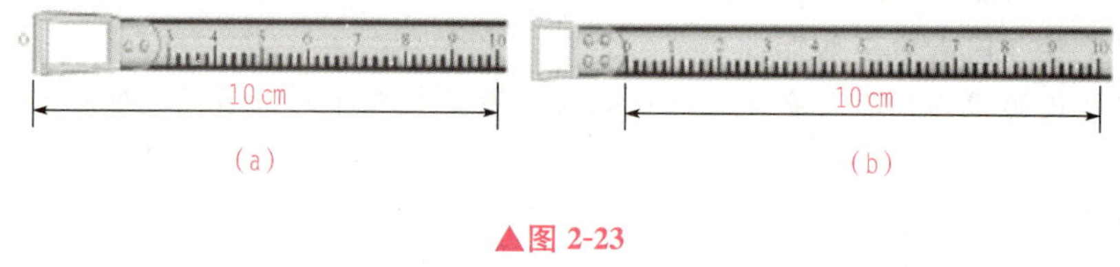

▲图 2-23

(a)端点尺；(b)刻线尺

二、皮尺

皮尺与钢尺相似，区别在于制作的材料不同，皮尺是由麻线和金属丝编织而成，由于皮尺的材质所限，易受潮产生变形，故常用于精度要求较低的距离测量中。

三、标杆、测钎、垂球、弹簧秤、温度计

标杆又称之为花杆，一般采用木质圆杆，杆上每隔 20 cm 涂有红白相间的油漆。为便于对点，端部装有圆锥形铁脚，如图 2-24 所示。杆长一般有 2 m，也有 2.5 m 或 3 m 等几种，标杆主要用于标点或直线定线。

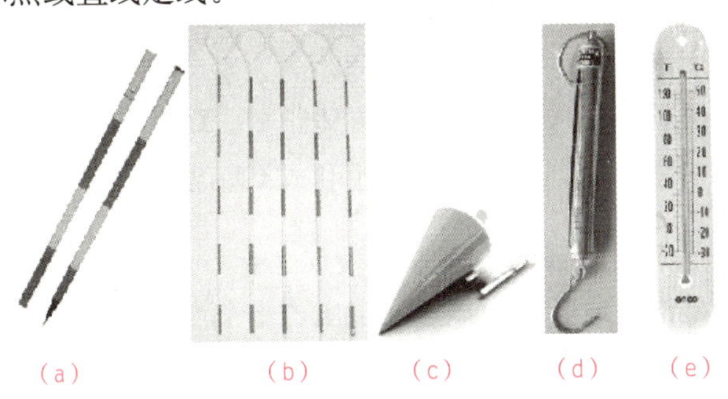

(a) (b) (c) (d) (e)

▲图 2-24

(a)标杆；(b)测钎；(c)垂球；(d)弹簧秤；(e)温度计

测钎一般采用直径 5 mm 的细钢筋制作而成，上面涂有红白相间的油漆，如图 2-24 所示。为了便于携带，将端部做成圆环。一般以 6 根或 11 根为一组，套在一个圆环上。测钎主要用来标定尺段点的位置和计算丈量的尺段数。

垂球为一上端系有细绳的呈倒圆锥形的金属锤，如图 2-24 所示。测量工作中主要用于投影对准地面点或检验物体是否铅垂竖立的简单工具。因垂球易受风力影响，现多用垂直杆代替。

温度计通常用水银温度计，使用时应在钢尺邻近测定温度。弹簧秤主要用于在进行精密量距时检查钢尺的拉力和检定钢尺时使用标准拉力。

四、测距仪和棱镜

测距仪主要指电磁波测距仪和光电测距仪等。电磁波测距仪是应用电磁波运载测距信号测量两点间距离的仪器。测程在 5～20 km 的称为中程测距仪，测程在 5 km 之内的为短程测距仪。精度一般为 5 mm+5 ppm，具有小型、轻便、精度高等特点。自 60 年代以来，测距仪发展迅速。近年来，生产的双色精密光电测距仪精度已达 0.1 mm+0.1 ppm。电磁波测距仪已广泛用于控制、地形和施工放样等测量中，成倍地提高了外业工作效率和量距精度。光电测距仪又称光速测距仪，是利用调制的光波进行精密测距的仪器，测程可达 25 km 左右，也能用于夜间作业。

棱镜包括单棱镜和三棱镜。单棱镜是表面为圆形的一块全反射棱镜，用于配合全站仪或测距仪做常规的距离测量；三棱镜是使用一个框架将三块单棱镜组合在一起，用于长距测量，可以增加 EDM 信号的反射能力。

任务实施

一、钢尺量距

钢尺量距由于工具简单，操作便捷，是工程测量中最常见的距离测量方法，按精度要求不同可分为一般方法和精密方法。当丈量的距离大于尺的整长或起伏较大时，就需要进行分段量取。为了确保所量距离是两点间的直线距离，就需要确定两点间直线的位置，故钢尺量距的基本步骤一般包括直线定线、量距和成果整理。

1. 直线定线

所谓直线定线就是指在地面上两端点间定出若干个点，这些点与所需测的两端点在同一直线上，作为钢尺量距的依据。根据精度要求的不同，可分为目估定线和经纬仪定线两种。目估定线用于钢尺量距的一般方法，经纬仪定线用于钢尺量距的精密方法。

(1)目估定线。如图 2-25 所示，现要测定 A、B 间距离，可先在 A、B 两点分别竖立标杆，测量员甲站在 A 点标杆后 1～2 m 处，由 A 瞄向 B，同时指挥持标杆的测量员乙左右移动标杆，使所持标杆与 A、B 标杆完全重合为止，此时立标杆的点就在 A、B 两点间的直线上，在此位置上竖立标杆或插上测钎，作为定点标志点 a。同法可定出直线上的点 b 等其他标志点。注意采用目估定线时相邻点之间要小于或等于一个整尺段，以便量距。定线一般按由远而近进行，以减少目估定线的误差。

(2)经纬仪定线。如图 2-26 所示，现要测定 A、B 间距离，将经纬仪置于距离测量起点 A，用望远镜十字丝竖丝瞄准终点 B，固定水平制动螺旋不动，将竖直制动螺旋打开，仪器可在竖直面内移动，观测员指挥另一测量员持测钎由远及近，按各点相距大约一整尺长的距离，指挥立尺者将测钎放置在直线上，以此类推，将各定线点标注于地面上。也可采用打木桩的方式定点，之后在木桩顶标注十字，定出点的准确位置。

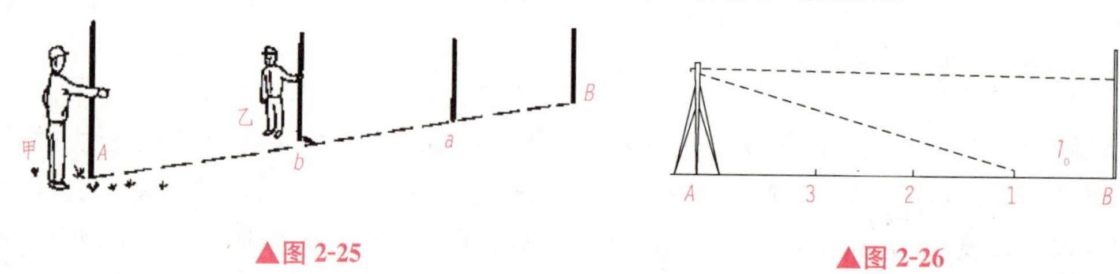

▲图 2-25

▲图 2-26

2. 钢尺量距的一般方法

钢尺量距按照地形的不同可分为平坦地面量距和倾斜地面的量距。对于不同的地形采用的量距方法有所不同。

(1)平坦地面的量距方法。如图 2-27 所示，现要量取 A、B 两点间的水平距离。具体方法如下：

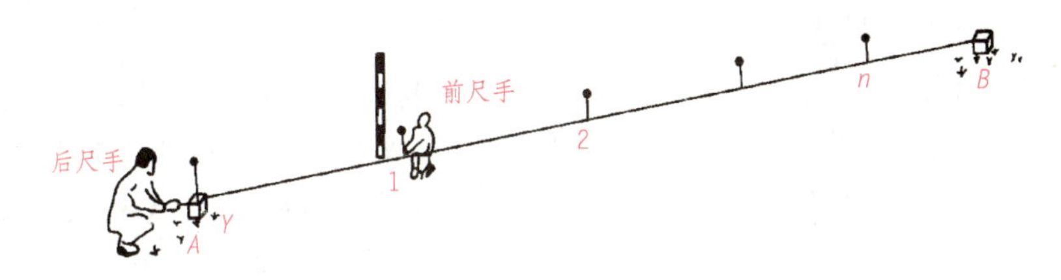

▲图 2-27

1)在 A、B 俩处竖立标杆，作为直线定线的依据，之后采取目估定线的方法，确定直线的位置。

2)开始量距时，后尺手持钢尺零端对准地面标志点 A，前尺手拿一组测钎持钢尺末端，丈量时后尺手沿定线方向拉紧拉平钢尺。前尺手在尺末端分划处垂直插下一个测钎，得到点 1 的位置，这样就量定一个尺段。

3)前后尺手同时将钢尺抬起前进。后尺手走到第一根测钎处，用零端对准测钎，前尺手拉紧钢尺在整尺段处插下第二根测钎。依此继续丈量。每量完一尺段，后尺手要注意收回测钎。最后一尺段不足一整尺时，前尺手在 B 点标志处读取刻划值。后尺手手中测钎数为整尺段数。不足一个整尺段的余长 q，则水平距离 D 可按下式计算：

$$D_{AB}=nl+q \tag{2-15}$$

式中　n——整尺段数；

l——钢尺长度(m)；

q——不足一整尺的余长(m)。

4)为了检核量距数据和提高精度，一般采用往返测量的方式进行量距，从 A 到 B 称之为往测，从 B 到 A 称之为返测。返测时需要重新定线，以减小定线误差。根据测得的往返水平距离，计算 AB 的水平距离 D 和相对误差 K。

AB 水平距离：
$$D_{平}=\frac{D_{往}+D_{返}}{2} \tag{2-16}$$

相对误差：
$$K=\frac{|D_{往}-D_{返}|}{D_{平}}=\frac{\Delta D}{D}=\frac{1}{M} \tag{2-17}$$

相对误差是衡量距离测量精度的重要指标之一，分数值越大，说明精度越高，根据规范规定，在平坦地面，钢尺量距的相对误差一般不应大于 1/3 000，在量距困难地区，其相对误差不应大于 1/1 000。当量距的相对误差没有超过规定时，可取往返测量的平均值作为最终的水平距离。

【例 2-1】　A、B 两点的往测距离为 154.146 m，返测距离为 154.173 m，计算 AB 水平距离 D 和相对误差 K。

解：$D_{平}=\frac{D_{往}+D_{返}}{2}=\frac{154.146+154.173}{2}=154.160(\text{m})$

$$K=\frac{|D_{往}-D_{返}|}{D_{平}}=\frac{|154.146-154.173|}{154.160}=\frac{1}{5\ 710}<\frac{1}{3\ 000}$$

精度符合要求，AB 的水平距离等于 154.160 m。

(2)倾斜地面的量距方法。当地面高低起伏不平时，根据地面的倾斜情况和精度要求，可采用的丈量方法有平量法和斜量法两种。

1)平量法。如果地面起伏不平，而尺段两端高差又不大时，如图 2-28 所示，可以采用分段丈量的方式进行量取。在丈量时将钢尺处于水平状态，用垂球对准点位分段量取，最后相加等水平距离。具体操作是：从起点方向或高处开始丈量，先将尺的零点对准一点，目估钢尺的水平情况，尺的另一端用线锤线紧靠钢尺的某刻度分划，使垂球自由下垂，指向地面点目标，得第一段的水平距离。依次丈量各段的水平距离之和即为 AB 水平距离。采用平量法得到的水平距离精度不高。

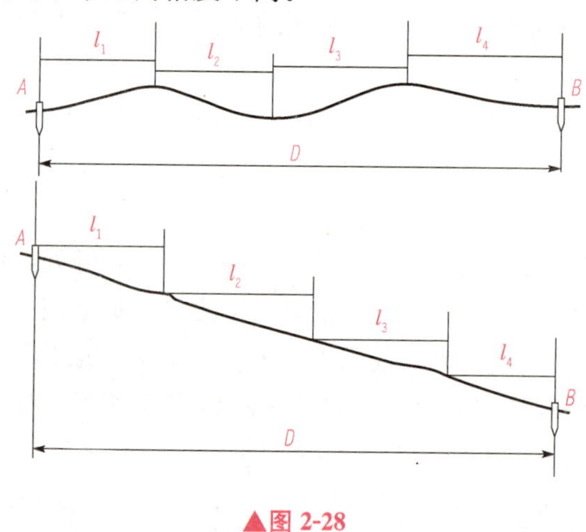

▲图 2-28

2)斜量法。当 A、B 两点间的高差较大，且坡度比较均匀时，如图 2-29 所示，现有 A、B 两点，可先量取 AB 的倾斜距离 L，用水准仪测定两点间的高差 h，或用经纬仪测得竖直角，按下面的公式算出 AB 的水平距离 D。

$$D_{AB}=L_{AB}\cos\alpha \tag{2-18}$$

$$D_{AB}=\sqrt{L_{AB}^2-h_{AB}^2} \tag{2-19}$$

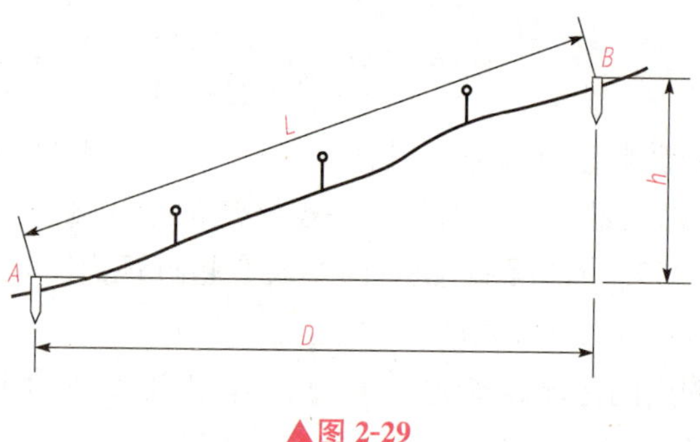

▲图 2-29

为了检验成果的正确性，倾斜地面的量距方法也要采用往返测量的方法，最后按照式(2-16)、式(2-17)进行检验，判断其是否满足精度要求。

3. 钢尺量距的精密方法

当对量距精度要求较高时，采用钢尺量距的一般方法进行丈量往往达不到精度要求，这就需要采用精密方法，钢尺量距的精密方法与一般方法的基本操作步骤是相同的，只是精密方法对测量数据的影响因素进行了相应的改正。

(1)钢尺的检验与校正。钢尺由于在制造误差、量距时外界环境等方面的影响，其实际长度往往不等于尺上所注的长度，因此在精密丈量前，需对钢尺进行检定，求出在标准温度(20 ℃)和标准拉力(49 N)下的实际长度，以便对丈量结果加以改正。由此可得出尺长方程式：

$$l_t = l + \Delta l + \alpha(t - t_0)l \tag{2-20}$$

式中　l_t——钢尺在温度 t 时的实际长度(m)；

l——钢尺的名义长度(m)；

Δl——尺长改正数(m)；

α——钢尺的线胀系数，其值一般为 1.25×10^{-5} m/(m・℃)；

t——钢尺量距时的温度(℃)；

t_0——钢尺检定时的温度(℃)，一般为 20 ℃。

在实际精密丈量中，所使用的拉力一般就是标准拉力，所以不做拉力改正。每根钢尺都应有尺长方程式，用以对丈量结果进行改正。尺长改正数就是通过对钢尺检定，与标准尺比较求得的。

(2)钢尺精密量距的外业工作。

1)定线。现有 A、B 两点，采用经纬仪定线的方法定出相应的点，并钉上木桩或钉子，标示出其准确位置。

2)量距。在检定过的钢尺的零端挂上弹簧秤，将尺的刻划靠近相邻两标志，施加钢尺检定时的拉力，如图 2-30 所示。当尺稳定后，在指挥员的指挥下，同时读取两端的读数，记入手簿。每一尺段均需丈量三次，以尺子的不同位置对准端点，其移动量一般在 10 cm 以内，以消除刻划误差。三次量得的水平距离一般不超过 3 mm；如在允许范围以内，则取平均值作为观测值，每次观测时，需记录当时的温度，以便进行温度改正，完成往测后，应进行返测。

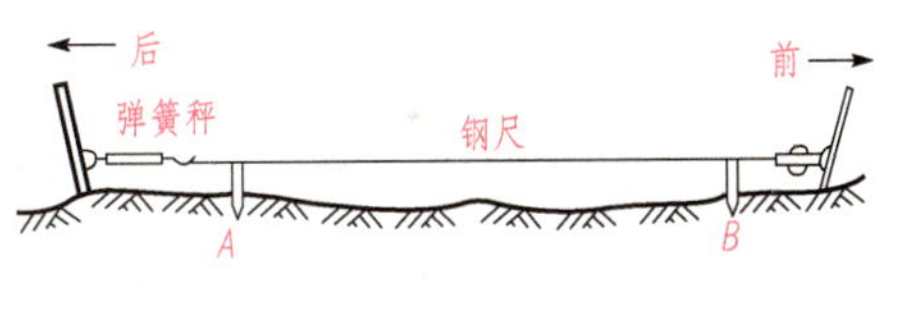

▲图 2-30

3)测定桩顶高差。为了将所测的倾斜距离转换成水平距离，还需对桩顶的高差进行测量，可采用水准测量的方法往返观测其相邻点的桩顶高差，作为倾斜改正的依据。一般要求测得的往返高差误差在±10 mm 以内，如在允许的范围以内，取平均值作为观测值的最后成果。

(3)钢尺精密量距的内业工作。钢尺的精密量距中，将所测的数据经过尺长改正、温度改正和倾斜改正后，即得到所测的水平距离。将所有的尺段水平距离相加，即求出 A、B 两点的全长。

1)尺长改正。钢尺在标准拉力、标准温度下检定的实际长度与名义长度的差值就是该尺的尺长改正数。计算距离的尺长改正为：

$$\Delta l_d = \frac{\Delta l}{l}d \tag{2-21}$$

式中　d——尺段的倾斜距离。

2)温度改正。温度的变化会引起钢尺的热胀冷缩，从而对结果产生影响，因此需对观测结果进行温度改正，计算距离的温度改正为：

$$\Delta l_t=\alpha(t-t_0)d \tag{2-22}$$

3)倾斜改正。由于丈量时量取的是桩顶间的距离，而桩顶存在高差，故需对距离进行倾斜改正，计算距离的倾斜改正为：

$$\Delta l_h=-\frac{h^2}{2d} \tag{2-23}$$

综上所述：每一尺段改正后的水平距离 D 为：

$$D=d+\Delta l_d+\Delta l_t+\Delta l_h \tag{2-24}$$

【例 2-2】 已知钢尺的名义长度 $l=30$ m，实际长度 $l'=30.005$ m，检定钢尺时温度 $t_0=20$ ℃，钢尺的膨胀系数 $\alpha=1.25\times10^{-5}$。A～1 尺段，$d=29.393\ 0$ m，$t=25.5$ ℃，$h_{A1}=+0.36$ m，计算尺段改正后的水平距离。

解： 尺长改正：$\Delta l_d=\frac{\Delta l}{l}d=\frac{0.005}{30}\times29.393\ 0=0.004\ 9(\text{m})$

温度改正：$\Delta l_t=\alpha(t-t_0)d=1.25\times10^{-5}\times(25.5-20)\times29.393\ 0=0.002\ 0(\text{m})$

倾斜改正：$\Delta l_h=-\frac{h^2}{2d}=-\frac{0.36^2}{2\times29.393\ 0}=-0.002\ 2(\text{m})$

水平距离 D：

$D=d+\Delta l_d+\Delta l_t+\Delta l_h=29.393\ 0+0.004\ 9+0.002\ 0-0.002\ 2=29.397\ 7(\text{m})$

二、视距测量

视距测量是利用望远镜上十字丝分划板上的上下两根横丝，配合水准尺，根据几何光学原理同时测量高差和距离的方法。这种方法操作简单，不受地形起伏的影响，虽然精度不高，相对精度只能达到1/200～1/300，但对于地形图的碎步测量、精度满足要求，故被广泛应用于地形图的测图中。

1. 视距测量的计算

如图 2-31 所示，现要测定 A、B 两点间的水平距离和高差，可在 A 点安置经纬仪，在 B 点安置水准尺，先测定仪器的高度 i，读取竖直角读数及经纬仪十字丝分划板上上、中、下三丝在水准尺上的读数，根据下列公式计算出 A、B 两点间的水平距离和高差。

$$D=kl\cos^2\alpha \tag{2-25}$$

$$h=D\tan\alpha+i-v \tag{2-26}$$

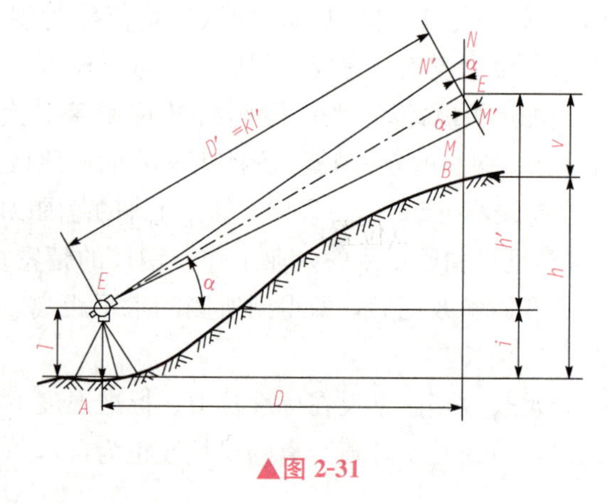

▲图 2-31

式中　D——两点间的水平距离；

k——视距常数，通常为 100；

l——下、上两视距丝在水准尺上的读数之差；

α——竖直角；

h——两点间的高差；

i——仪器高；

v——中丝在水准尺上的读数。

在实际工作中，如果只要求测距离，一般会将竖直角调成 0°，从而使公式简单化，只要用上下丝的读数差乘以 100 就得到了视距，如果要求测距离和高差，一般将水准尺上中丝读数对于仪器高度，使计算简单化。

2. 视距测量的步骤和方法

(1)在测站点 A 安置经纬仪，整平对中后，测定经纬仪的仪器高度；并在 B 点上竖立水准尺。

(2)瞄准目标点 B 的水准尺读取上、中、下三丝的读数，要求上、下丝读数的平均值与中丝读数的差值在 3 mm 以内。

(3)调节竖直度盘气泡居中，读取竖直角。

(4)利用式(2-25)、式(2-26)计算 A、B 两点的水平距离和高差。

【例 2-3】 现需要测量 A、B 两点的水平距离和高差，在 A 点架设仪器，测得仪器高 $i=1.42$ m，瞄准 B 点，测得上丝读数为 1.768 m，下丝读数为 0.934 m，中丝读数 $v=1.350$ m，竖直度盘读数 $L=92°45'$，计算 A、B 两点的水平距离和高差。

解： 竖直角：$\alpha=L-90°=92°45'-90°=2°45'$

上下丝读数差：$l=1.768-0.934=0.834(\text{m})$

水平距离：$D=kl\cos^2\alpha=100\times0.834\times\cos^2 2°45'=83.21(\text{m})$

高差：$h=D\tan\alpha+i-v=83.21\times\tan 2°45'+1.42-1.350=4.07(\text{m})$

任务总结

1. 距离测量采用的工具主要有钢尺、皮尺、标杆、测钎、垂球、温度计、弹簧秤、测距仪和棱镜等。

2. 钢尺按零点位置的不同分为端点尺和刻线尺两种。

3. 钢尺量距的基本步骤一般包括直线定线、量距和成果整理。

4. 直线定线根据精度要求的不同可分为目估定线和经纬仪定线两种。

5. 钢尺量距按照地形的不同可分为平坦地面量距和倾斜地面的量距。当地面高低起伏不平时，可采用的丈量方法有平量法和斜量法两种。

6. 钢尺的精密量距需将所测的数据经过尺长改正、温度改正和倾斜改正后，即可得到所测的水平距离。

7. 视距测量是利用望远镜上十字丝分划板上的上下两根横丝，配合水准尺，根据几何光学原理同时测量高差和距离的方法。

课后训练

1. 什么是直线定线？直线定线有哪些方法？

2. 某直线用一般方法丈量往测距离为 135.096 m，返测距离为 135.112 m，试计算该直线的水平距离 D 和相对误差 K。

3. 某钢尺的名义长度是 50 m，实际长度是 49.989 m，检定钢尺时温度 $t_0=20$ ℃，钢尺的膨胀系数 $\alpha=1.25\times10^{-5}$。用此钢尺在 24 ℃的条件下量取某条直线，测得直线长度为 45.069 0 m，并测得该段直线的两端点高差是 +1.2 m，试计算该直线的实际水平距离。

4. 什么是视距测量？运用于何种情况？

任务四　方向测量

任务描述

为了确定地面点位的相对位置，不仅要观测角度和距离，还要确定点位与已知方向的相互关系，这就涉及方向测量的相关内容。

夯实基础

直线定向是指确定两点所形成的直线与标准方向之间关系的工作。在测量工作中一般以北方向作为起算的基础，根据参考系的不同，测量工作中常将真子午线方向、磁子午线方向和坐标纵轴方向作为直线定向的标准方向，称之为真北方向、磁北方向和坐标北方向。

1. 真北方向

通过地球表面某点的真子午线的切线方向，称为该点的真子午线方向。指向北端的方向即是真北方向。真北方向可用天文方法或用陀螺经纬仪测定。

2. 磁北方向

磁子午线方向是磁针在地球磁场的作用下，磁针自由静止时其轴线所指的方向。指向北端的方向即是磁北方向。磁北方向可用罗盘仪测定。

3. 坐标北方向

在高斯平面直角坐标系或独立平面直角坐标系中，一般取坐标纵轴作为直线定向的标准方向，即 X 轴指向北端的方向即是坐标北方向。

任务实施

一、直线定向的方法

在测量工作中，常用方位角、象限角来表示直线与标准方向的关系。

1. 方位角

从标准方向北端起，顺时针量至某条直线的水平夹角，称为该直线的方位角，用 α 表示，其取值范围是 0°～360°。

(1)方位角的种类。因标准方向有真北方向、磁北方向、坐标北方向之分，所以对应的方位角也分为真方位角(A)、磁方位角(A_m)、坐标方位角(α)三种，如图 2-32 所示。为了表示直线的方向，一般采用下标的形式标注直线的起止方向，如 α_{12} 表示的是直线从 1 到 2 的坐标方位角，1 作为直线的起点，2 作为直线的终点。在测量工作中，一般采用坐标方位角表示直线的方向，简称为方位角。

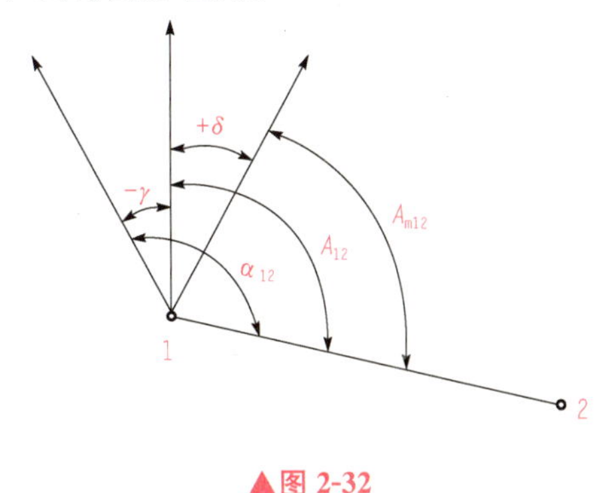

▲图 2-32

(2)三种方位角的关系。如图 2-32 所示，由于地球的南北两极与地球的南北两磁极不重合，地面上直线 12 的真北方向与磁北方向的夹角称为磁偏角，用 δ 表示；直线 12 的真北方向与坐标北方向之间的夹角称为子午线收敛角，用 γ 表示。一般规定：当磁北方向或坐标北方向偏于真北方向的东侧时，δ 和 γ 均为正；偏于西侧时，δ 和 γ 均为负。处于不同地理位置的地面点的 δ 和 γ 值一般是不相同的。从图中可以看出直线的三种方位角的关系如下：

$$A=A_m+\delta \tag{2-27}$$

$$A=\alpha+\gamma \tag{2-28}$$

$$\alpha=A_m+\delta-\gamma \tag{2-29}$$

(3)正、反坐标方位角。在测量工作中直线是有方向的，如图 2-33 所示，直线 AB 的坐标方位角是 α_{AB}，直线 BA 的坐标方位角是 α_{BA}。一般规定：以直线的前进方向为正方向，反之称为反方向。以此类推，α_{AB}为正方向，α_{BA}为反方向。在同一标准方向体系中，由于标准方向是平行的，因此正、反坐标方位角的差值为180°，即：

$$\alpha_{反}=\alpha_{正}\pm 180° \tag{2-30}$$

式中　当$\alpha_{正}<180°$时，式(2-30)中使用"+"；当$\alpha_{正}>180°$时，式中使用"−"，从而保证方位角在0°～360°之间。

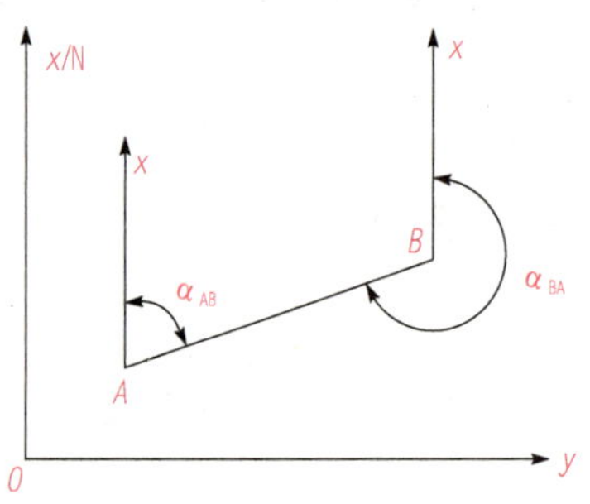

▲图 2-33

(4)坐标方位角的推算。在实际测量工作中，并不是直接确定各边的坐标方位角，而是通过与已知坐标方位角的直线连测，测量出各边之间的水平夹角，然后根据已知直线的坐标方位角，推算出各边的方位角值。如图2-34所示，现已知α_{12}，求直线23、34的方位角，一般用经纬仪观测直线形成的水平角，之后推算出23、34的方位角。规范规定：水平角在前进方向的左侧，称之为左角，如图中的β_3；水平角在前进方向的右侧，称之为右角，如图中的β_2。如图可以推算出：

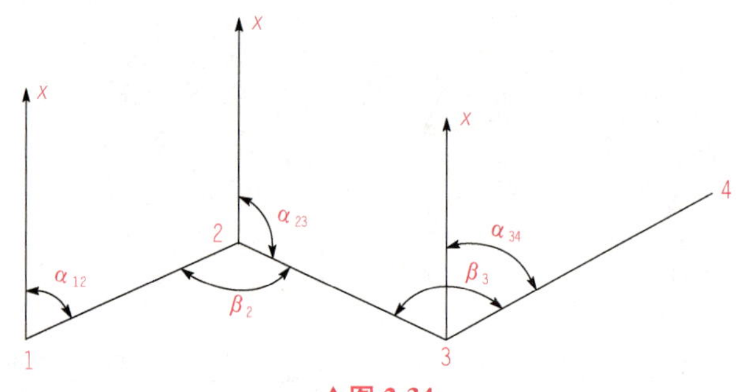

▲图 2-34

$$\alpha_{23}=\alpha_{12}-\beta_2+180° \tag{2-31}$$

$$\alpha_{34}=\alpha_{23}+\beta_3-180° \tag{2-32}$$

上述公式可以归纳为，前进方向直线的坐标方位角对于后一直线的方位角加左角减去180°，或减右角加上180°，简称为"加左减右"。

【例 2-4】 如图2-34所示，已知$\alpha_{12}=60°$，$\beta_2=115°$，$\beta_3=132°$，求直线23、34的坐标方位角。

解：根据上述公式可得：

$$\alpha_{23}=60°-115°+180°=125°$$

$$\alpha_{34}=125°+132°-180°=77°$$

2. 象限角

从标准方向的北端或南端顺时针或逆时针起转至直线的锐角称为象限角，用 R 表示，其取值范围是 0°～90°，如图 2-35 所示 R_{01}。根据标准方向的不同，也可将象限角分为真象限角、磁象限角和坐标象限角。由于象限角的范围是 0°～90°，为了表示直线的方向，应分别注明其方向。如北东 75°，南西 28°等。从图 2-35 可知如果知道了直线的方位角，就可以换算出它的象限角，反之，知道了象限角也就可以推算出方位角。坐标方位角与象限角之间的换算关系见表 2-8。

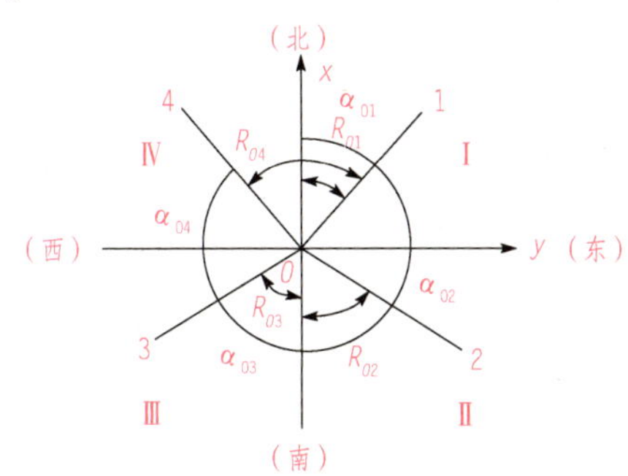

▲图 2-35

▼表 2-8　坐标方位角与象限角之间的换算关系

直线方向	象限	象限角与方位角的关系
北东	Ⅰ	$\alpha=R$
南东	Ⅱ	$\alpha=180°-R$
南西	Ⅲ	$\alpha=180°+R$
北西	Ⅳ	$\alpha=360°-R$

二、坐标正算、坐标反算

在掌握了角度、距离和方向测量的基础上，就可以解决地面点位平面直角坐标和极坐标的换算问题。在测量工作中，既可直接测定点的坐标，也可测定两点间的相对位置关系，通过坐标换算的方式推算出未知点坐标。常用的方法有坐标正算和坐标反算两种。

1. 坐标正算

坐标正算就是根据直线的水平距离、坐标方位角和一个端点的坐标，计算出直线另一个端点坐标的工作。如图 2-36 所示，已知直线 AB 的边长 D_{AB}、坐标方位角 α_{AB} 和一个端点 A 的坐标(X_A、Y_A)，则直线另一个端点 B 的坐标为：

$$X_B=X_A+\Delta X_{AB} \tag{2-33}$$

$$Y_B=Y_A+\Delta Y_{AB} \tag{2-34}$$

式中 ΔX_{AB}、ΔY_{AB}称为坐标增量，也就是直线两端点 A、B 的坐标值之差。由图 2-36 可知，根据三角函数，可写出坐标增量的计算公式为：

$$\Delta X_{AB}=D_{AB}\cos\alpha_{AB} \tag{2-35}$$

$$\Delta Y_{AB}=D_{AB}\sin\alpha_{AB} \tag{2-36}$$

式中 ΔX_{AB}、ΔY_{AB}的符号取决于方位角 α 所在的象限。

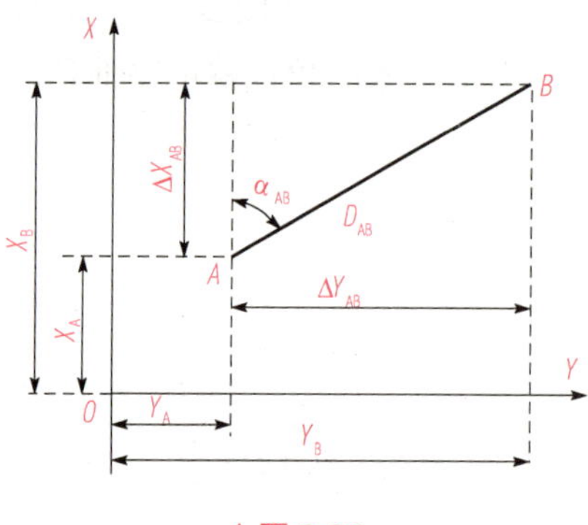

▲图 2-36

【例 2-5】 已知直线 AB 的边长为 125.36 m，坐标方位角为 211°07′53″，其中，一个端点 A 的坐标为(1 536.86 ，837.54)，求直线另一个端点 B 的坐标(X_B，Y_B)。

解：

$\Delta X_{AB}=D_{AB}\cos\alpha_{AB}=125.36\times\cos211°07'53''=-107.31(\text{m})$

$\Delta Y_{AB}=D_{AB}\sin\alpha_{AB}=125.36\times\sin211°07'53''=-64.81(\text{m})$

$X_B=X_A+\Delta X_{AB}=1\ 536.86-107.31=1\ 429.55(\text{m})$

$Y_B=Y_A+\Delta Y_{AB}=837.54-64.81=772.73(\text{m})$

在使用科学计算器时，按 Rec(距离，坐标方位角)后，按“=”号，显示的数字就是 ΔX，按“ALPHA”和“tan”，显示的数字就是 ΔY。有些科学计算器，只要按 Rec(距离，坐标方位角)后，直接显示 ΔX 和 ΔY。

2. 坐标反算

坐标反算就是根据直线两个端点的已知坐标，计算直线的边长和坐标方位角的工作。如图 2-36 所示，若 A、B 为两已知点，其坐标分别为(X_A，Y_A)和(X_B，Y_B)，根据三角函数，可以得出直线的边长和坐标方位角计算公式为：

$$\alpha_{AB}=\arctan\frac{\Delta Y_{AB}}{\Delta X_{AB}}=\arctan\frac{Y_B-Y_A}{X_B-X_A} \tag{2-37}$$

$$D_{AB}=\sqrt{\Delta X^2+\Delta Y^2} \tag{2-38}$$

需要说明的是，由于 arctan 函数的值域为−90°～90°之间，而方位角的分为是 0°～360°，故要对其结果进行修正，今天修正的规律是当“ΔX”为正值时，在公式(2-37)算出的结果上“+360°”；当“ΔX”为负值时，在公式算出的结果上“+180°”。若加过的结果大于 360°时，再减去 360°。

【例 2-6】 已知 B 点坐标为(1 536.86 ，837.54)，A 点坐标为(1 429.55，772.73)，

求距离 D_{BA} 和坐标方位角 α_{BA}。

解：先计算出坐标增量：

$$\Delta X_{BA}=1\ 429.55-1\ 536.86=-107.31$$

$$\Delta Y_{BA}=772.73-837.54=-64.81$$

$$\alpha_{BA}=\arctan\frac{\Delta Y_{BA}}{\Delta X_{BA}}=\arctan\frac{-64.81}{-107.31}=31°07'48''$$

由于"ΔX"为负值，故正确的坐标方位角为 $\alpha_{BA}=31°07'48''+180°=211°07'48''$

$$D_{BA}=\sqrt{\Delta X^2+\Delta Y^2}=\sqrt{(-107.31)^2+(-64.81)^2}=125.36(\text{m})$$

任务总结

1. 直线定向是指确定两点所形成的直线与标准方向之间关系的工作。根据参考系的不同，标准方向有真北方向、磁北方向和坐标北方向。

2. 在测量工作中，常用方位角、象限角来表示直线与标准方向的关系。

3. 在实际测量工作中，通过与已知坐标方位角的直线连测，测量出各边之间的水平夹角，然后根据已知直线的坐标方位角，推算出各边的方位角值。

4. 象限角是指从标准方向的北端或南端顺时针或逆时针起转至直线的锐角。用 R 表示，其取值范围是 0°～90°。

5. 坐标正算就是根据直线的水平距离、坐标方位角和一个端点的坐标，计算出直线另一个端点坐标的工作。

6. 坐标反算就是根据直线两个端点的已知坐标，计算直线的边长和坐标方位角的工作。

课后训练

1. 什么是直线定向？如何表示直线的方向？

2. 已知某直线 AB 的坐标方位角 $\alpha_{AB}=134°$，试计算直线 AB 的反方位角及直线 AB 的象限角。

3. 根据图 2-37 中所注的 AB 坐标方位角和各内角，计算 BC、CD、DA 各边的坐标方位角。

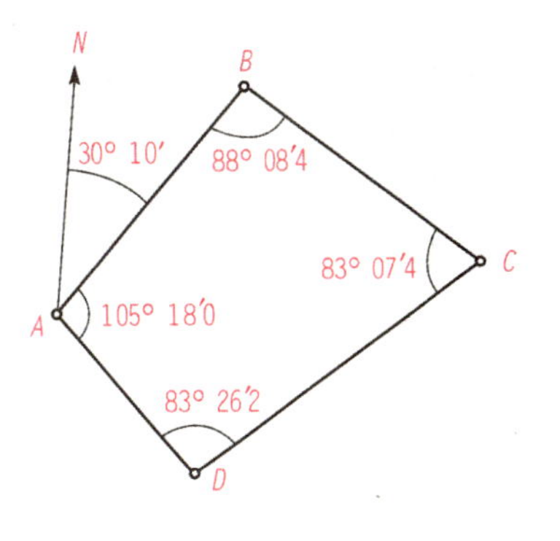

▲图 2-37

4. 什么是坐标正算？什么是坐标反算？

5. 已知直线 AB 的边长为 105.125 m，坐标方位角为 89°12′15″，其中一个端点 A 的坐标为(1 057.12，1 254.948)，试计算端点 B 的坐标(X_B，Y_B)。

6. 已知 B 点坐标为(641.13，378.45)，A 点坐标为(567.34，423.12)，试计算距离 D_{BA} 和坐标方位角 α_{BA}。

任务五　平面控制测量

任务描述

平面控制网包括国家控制网、城市控制网和小地区控制网。导线测量是平面控制测量中比较常用的方法，其包括外业工作和内业计算两大部分。

夯实基础

国家控制网是在全国范围内建立的控制网，它是全国各种比例尺测图和工程建设的基本控制，也为空间科学技术和军事提供精确的点位资料，并为研究地球大小和形状、地震预报等提供重要资料。城市控制网是为城市的地形测量建立的控制网，作为城市规划和施工放样的依据。小地区控制网是在城市控制网的基础上进行细化的控制网，作为地形测图的依据。

一、平面控制网的形式和精度要求

平面控制网的布设，可采用卫星定位测量控制网、导线及导线网、三角形网等形式。

卫星定位测量技术以其精度高、速度快、全天候、操作简便而著称，已被广泛应用于测绘领域，采用卫星定位测量技术测定的网，我们称之为卫星定位测量控制网。目前，我国建立了北斗卫星导航定位系统。导航卫星定位系统领域将出现多元化或多极化的格局。卫星定位测量控制网的精度等级划分要求主要是二、三、四等和一、二级。

导线控制网是指将控制点用折线连接起来，测量出各连接边的长度和各转折角，通过计算得出它们之间的相对位置，这种折线称为导线。这种控制点称为导线点，构成的网形称为导线网，如图 2-38 所示。进行这种控制测量称为导线测量。导线及导线网的精度等级划分要求主要是三、四等和一、二、三级。

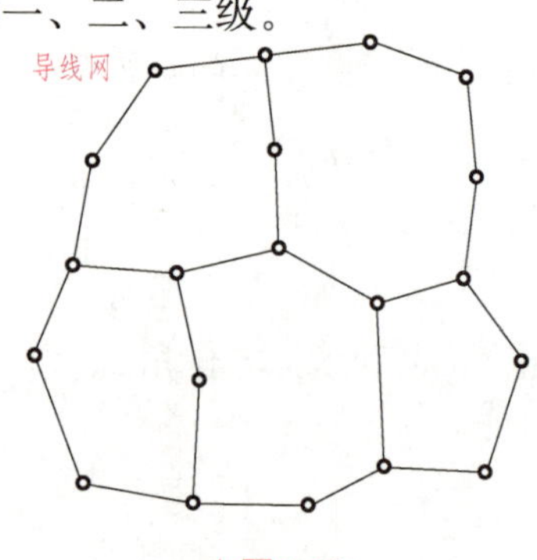

▲图 2-38

三角网如图 2-39 所示，先观测所有三角形的内角，并得出一个边与标准方向的关系，通过计算就可以获得它们之间的相对位置。这种三角形的顶点称为三角点，构成的网形称为三角网，进行这种控制测量称为三角测量。三角形网的精度等级划分要求主要是二、三、四等和一、二级。

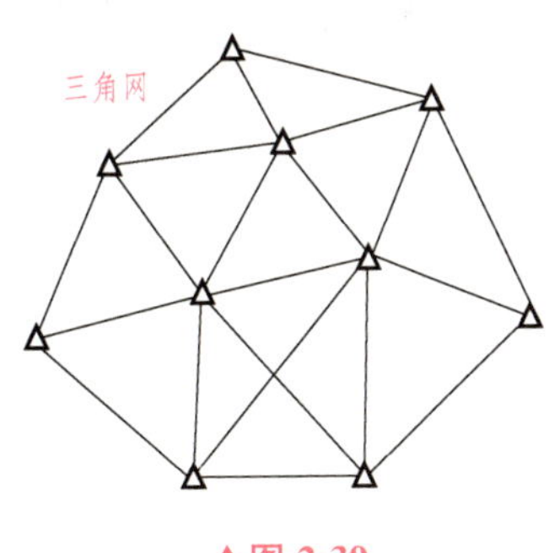

▲图 2-39

根据工程测量部门现时的情况和发展趋势，首级网大多采用卫星定位网，加密网均采用导线或导线网形式。三角形网用于建立大面积控制或控制网加密，已较少使用。

二、平面控制网的布设原则及坐标系统的选择

1. 平面控制网的布设原则

平面控制网的布设应遵循下列原则：

(1)首级控制网的布设应因地制宜，且适当考虑发展；当与国家坐标系统联测时，应同时考虑联测方案。

(2)首级控制网的等级，应根据工程规模、控制网的用途和精度要求合理确定。

(3)加密控制网，可越级布设或同等级扩展。

2. 平面控制网坐标系统的选择

平面控制网的坐标系统，应在满足测区内投影长度变形不大于 2.5 cm/km 的要求下，做下列选择：

(1)采用统一的高斯投影 3°带平面直角坐标系统。

(2)采用统一的高斯投影 3°带，投影面为测区抵偿高程面或测区平均高程面的平面直角坐标系统；采用任意带，投影面为 1985 国家高程基准面的平面直角坐标系统。

(3)小测区或有特殊精度要求的控制网，可采用独立坐标系统。

(4)在已有平面控制网的地区，可沿用原有的坐标系统。

(5)厂区内可采用建筑坐标系统。

三、各等级平面控制测量的技术要求

根据《工程测量规范》(GB 50026—2007)的规定，平面控制测量的主要技术要求

见表 2-9～表 2-13。

表 2-9 卫星定位测量控制网的主要技术要求

等级	平均边长/km	固定误差 A/mm	比例误差系数 B/(mm·km^{-1})	约束点间的边长相对中误差	约束平差后最弱边相对中误差
二等	9	≤10	≤2	≤1/250 000	≤1/120 000
三等	4.5	≤10	≤5	≤1/150 000	≤1/70 000
四等	2	≤10	≤10	≤1/100 000	≤1/40 000
一级	1	≤10	≤20	≤1/40 000	≤1/20 000
二级	0.5	≤10	40≤	≤1/20 000	≤1/10 000

表 2-10 各等级导线测量的主要技术要求

等级	导线长度/km	平均边长/km	测角中误差/秒	测距中误差/mm	测距相对中误差	测回数			方位角闭合差/秒	导线全长相对闭合差
						1 秒级仪器	2 秒级仪器	6 秒级仪器		
三等	14	3	1.8	20	1/150 000	6	10	—	$3.6\sqrt{n}$	≤1/55 000
四等	9	1.5	2.5	18	1/80 000	4	6	—	$5\sqrt{n}$	≤1/35 000
一级	4	0.5	5	15	1/30 000	—	2	4	$10\sqrt{n}$	≤1/15 000
二级	2.4	0.25	8	15	1/14 000	—	1	3	$16\sqrt{n}$	≤1/10 000
三级	1.2	0.1	12	15	1/7 000	—	1	2	$24\sqrt{n}$	≤1/5 000

注：1. 表中 n 为测站数。

2. 当测区测图的最大比例尺为 1∶1 000 时，一、二、三级导线的导线长度、平均边长可适当放长，但最大长度不应大于表中规定相应长度的 2 倍。

表 2-11 测距的主要技术要求

平面控制网等级	仪器精度等级	每边测回数		一测回读数较差/mm	单程各测回较差/mm	往返测距较差/mm
		往	返			
三等	5 mm 级仪器	3	3	≤5	≤7	≤2(a+b×D)
	10 mm 级仪器	4	4	≤10	≤15	
四等	5 mm 级仪器	2	2	≤5	≤7	
	10 mm 级仪器	3	3	≤10	≤15	
一级	10 mm 级仪器	2	—	≤10	≤15	—
二、三级	10 mm 级仪器	1	—	≤10	≤15	

注：1. 测回是指照准目标一次，读数 2～4 次的过程。

2. 困难情况下，边长测距可采取不同时间段测量代替往返观测。

▼表 2-12　普通钢尺量距的主要技术要求

等级	边长量距较差相对误差	作业尺数	量距总次数	定线最大偏差/mm	尺段高差较差/mm	读定次数	估读值/mm	温度读数值/℃	同尺各次或同段各尺的较差/mm
二级	1/20 000	1～2	2	50	≤10	3	0.5	0.5	≤2
三级	1/10 000	1～2	2	70	≤10	2	0.5	0.5	≤3

▼表 2-13　三角网测量的主要技术要求

等级	平均边长/km	测角中误差/秒	测边相对中误差	最弱边边长相对中误差	测回数			三角形最大闭合差/秒
					1 秒级仪器	2 秒级仪器	6 秒级仪器	
二等	9	1	≤1/250 000	≤1/120 000	12	—	—	3.5
三等	4.5	1.8	≤1/15 000	≤1/ 70 000	6	9	—	7
四等	2	2.5	≤1/100 000	≤1/ 100 000	4	6	—	9
一级	1	5	≤1/40 000	≤1/ 40 000	—	2	4	15
二级	0.5	10	≤1/10 000	≤1/ 20 000	—	1	2	30

注：当测区测图的最大比例尺为 1∶1 000 时，一、二级网的平均边长可适当放长，但不应大于表中规定长度的 2 倍。

任务实施

导线测量是将控制点用折线连接起来，测量出各连接边的长度和各转折角，通过计算得出它们之间的相对位置。其布设灵活，要求通视方向少，边长可直接测定，适宜布设在任何地区，特别是在地物分布复杂的建筑区、平坦而通视条件差的隐蔽区。随着全站仪的普及，一个测站可同时完成测距、测角，是建立小地区平面控制网常用的一种方法。用经纬仪观测转折角，用钢尺丈量导线边长的导线，称为经纬仪导线；若用光电测距仪测定导线边长，则称为电磁波测距导线。

一、导线的布设形式

根据测区的不同情况和要求，导线的布设形式主要有以下几种形式。

1. 闭合导线

如图 2-40(a)所示，已知直线 AB 的方位角，从已知控制点 B 出发，经过待测点 P_1、P_2…，最后回到已知控制点 B，形成一个闭合多边形，称为闭合导线。由于其具有严密的几何条件，便于校核成果，故常用于独立测区的平面控制。

2. 附合导线

如图 2-40(b)所示，已知直线 AB、CD 的方位角，从已知控制点 B 出发，经过待测点 P_1、P_2…，最后到达已知控制点 C，这样的导线称为附合导线，由于是从一已知方向附合到另一已知方向，故便于校核成果的精度。

3. 支导线

如图 2-40(c)所示，已知直线 AB 的方位角，从已知控制点 B 出发，经过若干个点的测量后，既不回到已知点，也不附合到另一已知方向上，这样的导线称为支导线。由于支导线无法校核观测结果的正确性，故在实际测量工作中其边数和长度都有一定的限制。此外，为了校核结果，需进行往返测量。

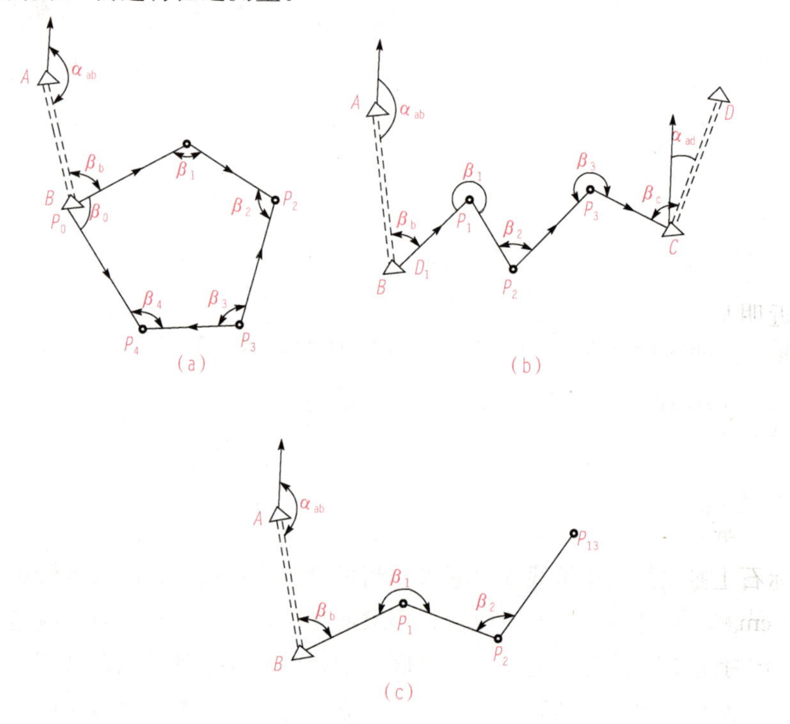

▲图 2-40

(a)闭合导线；(b)附合导线；(c)支导线

二、导线测量的外业工作

导线测量的外业工作包括踏勘选点、建立标志、测角、量边和连测。

1. 踏勘选点

在踏勘选点前，应首先收集测区内原有资料及施工精度等方面的要求，然后到实地进行踏勘，与相关资料进行对比、分析、调整，拟定导线的布设形式及布设方案。若测区内无相关资料，那就需要详勘现场，根据已知点的分布情况综合考虑，从而选定合理的导线点位置。

在实际导线选点过程中，应注意以下问题。

(1)点位应选在土质坚实、稳固可靠、便于保存的地方，视野应相对开阔，便于加密、扩展和寻找。

(2)相邻点之间应通视良好，其视线距障碍物的距离，三、四等不宜小于 1.5 m；四等以下宜保证便于观测，以不受旁折光的影响为原则。

(3)导线点选在地势较高、视野开阔的地方，有助于进行碎部测量或加密以及施工放样。

(4)导线各边的长度应按规范规定尽量接近平均边长，且不同导线各边长不应相差过大。导线点的数量要足够，以便控制整修测区。

(5)当采用电磁波测距时，相邻点之间视线应避开烟囱、散热塔、散热池等发热体及强电磁场。

(6)相邻两点之间的视线倾角不宜过大。

(7)充分利用旧有控制点。

2. 建立标志

导线点选定后，为了便于寻找及使用方便，应在地面上建立标志，并量出与附近明显目标的位置关系，绘成草图，称为点之记，如图 2-41 所示。

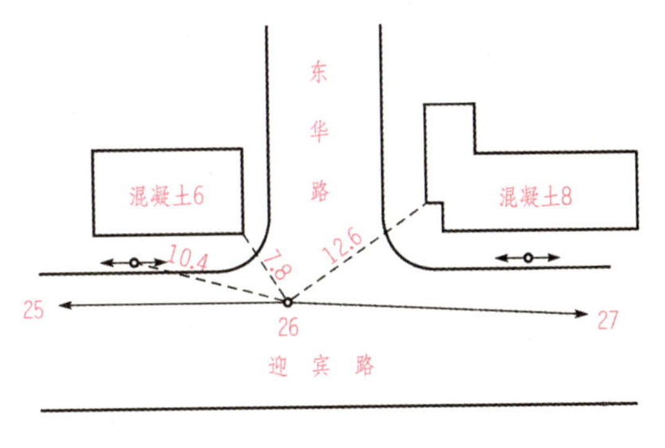

▲图 2-41

导线点分为永久性和临时性两种，临时性的导线点可用木桩定点，在木桩上钉钉子或划十字作为点位的准确位置。永久性导线点按规范规定，采用混凝土标石上插入 ϕ14～ϕ20、长度为 30～40 cm 的普通钢筋制作，钢筋顶端应锯“＋”字标记，距底端约 5 cm 处应弯成钩状，如图 2-42 所示。

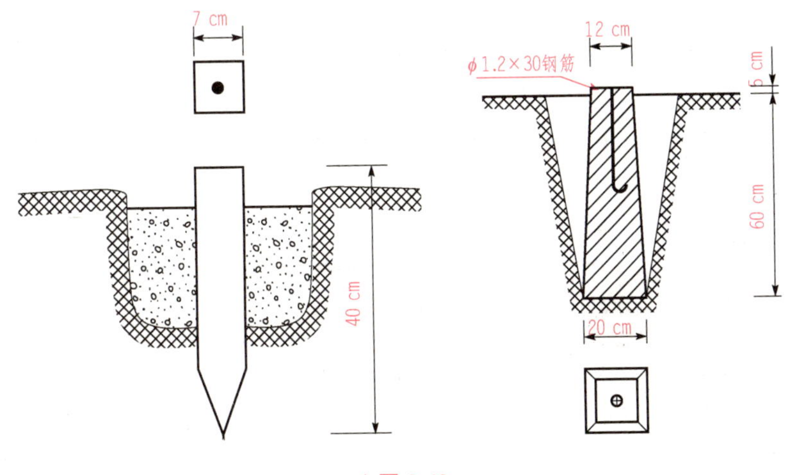

▲图 2-42

3. 测角

导线测角包括转折角观测和连接角观测。转折角是指在各待测点上所测的水平角。根据前进方向可分为左角和右角，所测水平角位于前进方向的左侧称为左角，位于前进方向的右侧称为右角。为计算简便，对于支导线和附合导线，一般观测左角；对于闭合导线，一般观测内角。连接角是指导线与已知直线的夹角。

导线测角采用测回法观测，其技术要求和精度要求应满足规范要求，在观测时需注意以下问题。

(1)仪器或反光镜的对中误差不应大于 2 mm。

(2)水平角观测过程中，气泡中心位置偏离整置中心不宜超过 1 格。四等级及以上等级的水平角观测，当观测方向的垂直角超过 $\pm 3^{\circ}$ 的范围时，宜在测回间重新整置气泡位置。有垂直轴补偿器的仪器，可不受限制。

(3)如受外界因素(如地震)的影响，仪器的补偿器无法正常工作或超出补偿器的补偿范围时，应停止观测。

计算时如发现水平角观测误差超限时，应在原度盘位置上重测，并应符合下列规定：

(1)一测回内 $2C$ 互差或同一方向值各测回较差超限时，应重测超限方向，并联测零方向。

(2)下半测回归零差或零方向的 $2C$ 互差超限时，应重测该测回。

(3)若一测回中重测方向数超过总方向数的 1/3 时，应重测该测回。当重测的测回数超过总测回数的 1/3 时，应重测该站。

每日观测结束，应对外业记录手簿进行检查。

4. 量边

导线量边可采用钢尺或光电测距仪进行丈量。对于图根导线的边长，宜采用电磁波测距仪器单向施测，也可采用钢尺单向丈量。量距时，当坡度大于 2%、温度超过钢尺检定温度范围±10℃或尺长修正大于 1/10 000 时，应分别进行坡度、温度、尺长的修正。对于首级控制，边长应进行往返丈量，其较差的相对误差不应大于 1/4 000；对于难以布设附合导线的困难地区，可布设成支导线。支导线的水平角观测可用 6″级经纬仪施测左、右角各一测回，其圆周角闭合差不应超过 40″，边长应往返测定，其较差的相对误差不应大于 1/3 000。图根导线测量，宜采用 6″级仪器 1 测回测定水平角。其主要技术要求，不应超过表 2-14 规定。

表 2-14 图根导线测量的主要技术要求

导线长度/m	相对闭合差	测角中误差/(″)		方位角闭合差/(″)	
		一般	首级控制	一般	首级控制
$\leqslant \alpha \times M$	$\leqslant 1/(2\,000 \times \alpha)$	30	20	$60\sqrt{n}$	$40\sqrt{n}$

注：1. α 为比例系数，取值宜为 1，当采用 1∶500、1∶1 000 比例尺测图时，其值可在 1～2 之间选用。

2. M 为测图比例尺的分母；但对于工矿区现状图测量，不论测图比例尺大小，M 均应取值为 500。

3. 隐蔽或施测困难地区导线相对闭合差可放宽，但不应大于 $1/(1\,000 \times \alpha)$。

测角时，为了便于瞄准，可用测钎、觇牌作为照准标志，也可在标志点上用仪器的脚架吊一垂球线作为照准标志。

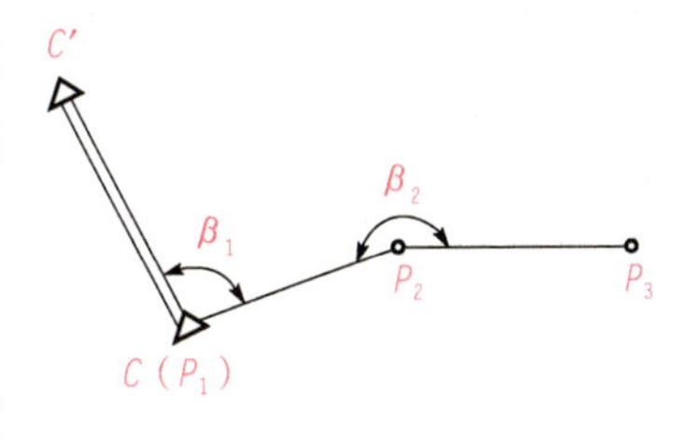

▲图 2-43

5. 连测

如图 2-43 所示，导线与高级控制点连接，必须观测连接角 β_1，作为传递坐标方位角和坐标之用。如果附近无高级控制点，则应用罗盘仪施测导线起始边的磁方位角，并假定起始点的坐标作为起算数据。

三、导线测量的内业工作

导线测量的内业计算，就是根据起始点的坐标和起始边的坐标方位角，以及所观测的导线边长和转折角，计算各导线点的坐标。计算的目的除了求得各导线点的坐标外，就是检核导线外业测量成果的精度。计算之前，应全面检查导线测量的外业记录确认各项数据准确无误，再以此进行计算。其内业计算中数字取值精度的要求，应符合表 2-15 的规定。

▼表 2-15　内业计算中数字取值精度的要求

等　级	观测方向值及各项修正数/(″)	边长观测值及各项修正数/m	边长与坐标/m	方位角/(″)
二等	0.01	0.000 1	0.001	0.01
三、四等	0.1	0.001	0.001	0.1
一级及以下	1	0.001	0.001	1
注：导线测量内业计算中数字取值精度，不受二等取值精度的限制。				

1. 闭合导线的内业计算

如图 2-44 所示为实测三级闭合导线数据，以此为例，介绍闭合导线的计算方法。

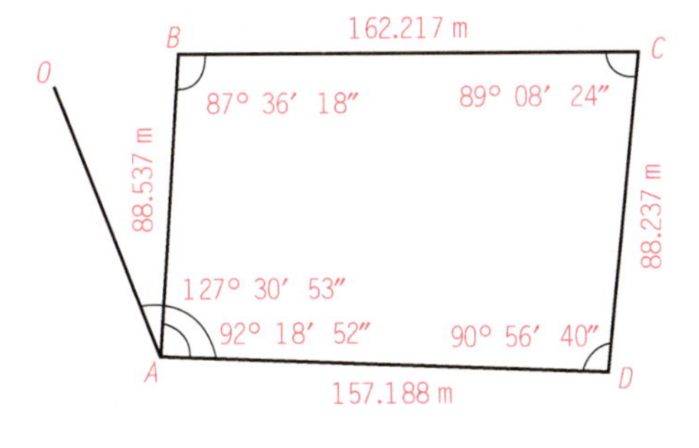

▲图 2-44

(1)准备工作。对外业工作所得观测数据进行仔细核对，无误后将观测数据填入到表 2-16 中，表格中画划线数据为起算数据。

▼表 2-16 闭合导线测量成果计算表

点号	观测角 ° ′ ″	角度改正数/″	改正后角度值 ° ′ ″	坐标方位角 ° ′ ″	距离/m	坐标增量 Δx/m			坐标增量 Δy/m			纵坐标 x/m	横坐标 y/m
						计算值/m	改正值/mm	改正后的坐标值/m	计算值/m	改正值/mm	改正后的坐标值/m		
A												400.000	400.000
				127 30 53	157.188	−95.722	−1	−95.723	+124.681	0	+124.681		
D	90 56 40	−4	90 56 36									304.277	524.681
				38 27 29	88.237	+69.095	−1	+69.094	+54.878	0	+54.878		
C	89 08 24	−3	89 08 21									373.371	579.559
				307 35 50	162.217	+98.970	−2	+98.968	−128.528	+1	−128.527		
B	87 36 18	−3	87 36 15									472.339	451.032
				215 12 05	88.537	−72.338	−1	−72.339	−51.032	0	−51.032		
A	92 18 52	−4	92 18 48									400.000	400.000
				127 30 53									
D													
$\sum$	360 00 14	−14	360 00 00		496.179	+0.005	−5	0.000	−0.001	+1	0.000		

辅助计算：

$f_\beta = \sum\beta_{测} - 360° = 360°00'14'' - 360° = 14'' < f_{\beta容}$，符合精度要求。

$f_x = \sum\Delta x = +0.005$　　$f_y = \sum\Delta y = -0.001$

$f = \sqrt{f_x^2 + f_y^2} = \sqrt{0.005^2 + (-0.001)^2} = 0.005$

$k = \dfrac{f}{\sum D} = \dfrac{0.005}{496.179} = \dfrac{1}{97\ 309}$，符合要求

注：角度及改正数的计算取位至 1″，距离、坐标及相关改正数的计算取位至 1 mm。

(2)角度闭合差的计算与调整。根据几何原理得知，闭合 n 边形的内角和的理论值为：

$$\sum \beta_{理} = (n-2) \times 180° \tag{2-39}$$

但由于观测转折角不可避免地含有误差，以至于实测的内角和不等于理论值 $\sum \beta_{理}$，而产生角度闭合差 f_β，其计算公式为：

$$f_\beta = \sum \beta_{测} - \sum \beta_{理} = \sum \beta_{测} - (n-2) \times 180° \tag{2-40}$$

各级导线角度闭合差的容许值为 $f_{\beta容}$，见表 2-13。若 $|f_\beta| > f_{\beta容}$，则说明所测角值不符合精度要求，需要重新检测角度。若 $|f_\beta| \leqslant f_{\beta容}$，可将闭合差反符号平均分配到各观测角度。即：

$$\nu = -f_\beta / n \tag{2-41}$$

$$\beta_{改正} = \beta_{测} + \nu \tag{2-42}$$

当 f_β 不能被 n 整除而有余数时，可将余数调整至短边的邻角上，使改正后的内角和为$(n-2)\times 180°$。

本例中 $f_\beta = \sum \beta_{测} - 360° = 360°00'14'' - 360° = 14'' < f_{\beta容}$，精度符合要求。故角度改正数 $\nu = -f_\beta/n = -14/4 = -3.5''$，故两个改正数为$-4''$，两个改正数为$-3''$。

(3)各边方位角的推算。根据起始边 AD 的方位角和改正后的角度值，由于转折角观测的是左角，故根据公式(2-32)推算出各边的坐标方位角，填入表格中。

$$\alpha_{DC} = \alpha_{AD} + \beta - 180° = 127°30'53'' + 90°56'36'' - 180° = 38°27'29''$$

$$\alpha_{CB} = \alpha_{DC} + \beta - 180° = 38°27'29'' + 89°08'21'' - 180° = 307°35'50''$$

$$\alpha_{BA} = \alpha_{CB} + \beta - 180° = 307°35'50'' + 87°36'15'' - 180° = 215°12'05''$$

$$\alpha_{AD} = \alpha_{BA} + \beta - 180° = 215°12'05'' + 92°18'48'' - 180° = 127°30'53''$$

经推算出的 α_{AD} 与已知方位角相等，说明计算正确。

(4)坐标增量的计算。根据各导线边的距离和坐标方位角，按照公式(2-35)、公式(2-36)推算出各边的坐标增量。例如：

$$\Delta X_{AD} = D_{AD}\cos\alpha_{AD} = 157.188 \times \cos 127°30'53'' = -95.722\ \text{m}$$

$$\Delta Y_{AD} = D_{AD}\sin\alpha_{AD} = 157.188 \times \sin 127°30'53'' = +124.681\ \text{m}$$

(5)坐标增量的计算及调整。从图 2-44 中可以看出，对于闭合导线，纵、横坐标增量代数和的理论值等于零，即：

$$\left.\begin{aligned} \sum \Delta x_{理} &= 0 \\ \sum \Delta y_{理} &= 0 \end{aligned}\right\} \tag{2-43}$$

实际工作中，由于测量角度、距离的误差和角度闭合差调整后的残余误差，往往造成坐标增量的代数和不等于零，而产生纵、横坐标增量闭合差，即：

$$\left.\begin{aligned} f_x &= \sum \Delta x_{测} \\ f_y &= \sum \Delta y_{测} \end{aligned}\right\} \tag{2-44}$$

$$f_D = \sqrt{f_x^2 + f_y^2} \tag{2-45}$$

从 f_D 数值的大小往往不能准确反映导线测量的精度，所以常用 f_D 与导线全长 $\sum D$ 相比以分子为 1 的分数来表示导线全长相对闭合差，即：

$$K=\frac{f_D}{\sum D}=\frac{1}{\frac{\sum D}{f_D}} \tag{2-46}$$

K 的分母越大，精度越高。不同等级的导线全长相对闭合差的容许值 $K_{容}$ 已列入表 2-10。若 $K \leqslant K_{容}$，则说明符合精度要求，可以进行调整；若 $K > K_{容}$，则说明观测值精度达不到要求，应进行计算过程、观测数据的检查，必要时应进行重新观测。精度符合要求，则将 f_x、f_y 按与边长成正比的原则反符号分配到各边的纵横坐标增量中去。以 V_{xi}、V_{yi} 分别表示第 i 边纵、横坐标增量改正数，即：

$$\left.\begin{aligned} V_{xi}&=\frac{f_x}{\sum D}\cdot D_i \\ V_{yi}&=\frac{f_y}{\sum D}\cdot D_i \end{aligned}\right\} \tag{2-47}$$

纵横坐标增量改正数之和计算公式为：

$$\left.\begin{aligned} \sum V_x&=-f_x \\ \sum V_y&=-f_y \end{aligned}\right\} \tag{2-48}$$

将计算出的各增量的改正数填入到表格 2-16 中相应位置。

用坐标增量的计算值加上改正值即得改正后的坐标值，填入到表格中，改正后纵、横坐标增量的代数和应分别为零，以作计算校核。

(6)导线点坐标的计算。根据起算点 A 的已知坐标($x_A=400.000$ m，$y_A=400.000$ m)及改正后的坐标量用下式依次推出其他点的坐标：

$$\left.\begin{aligned} x_{前}&=x_{后}+\Delta x_{改} \\ y_{前}&=y_{后}+\Delta y_{改} \end{aligned}\right\} \tag{2-49}$$

例如：$X_D=400.000+(-95.723)=304.277$ m

$Y_D=400.000+(+124.681)=524.681$ m

以此类推，最后可推算出 A 点的坐标，与已知坐标对照，检核是否相等，相等即表示计算正确。最后将数据填入表格相应位置。

2. 附合导线的内业计算

附合导线的计算与闭合导线的计算步骤基本相同，但由于两者布设形式的不同，导致角度闭合差和坐标增量闭合差的计算有所不同。

如图 2-45 所示为实测图根附合导线数据，以此为例介绍附合

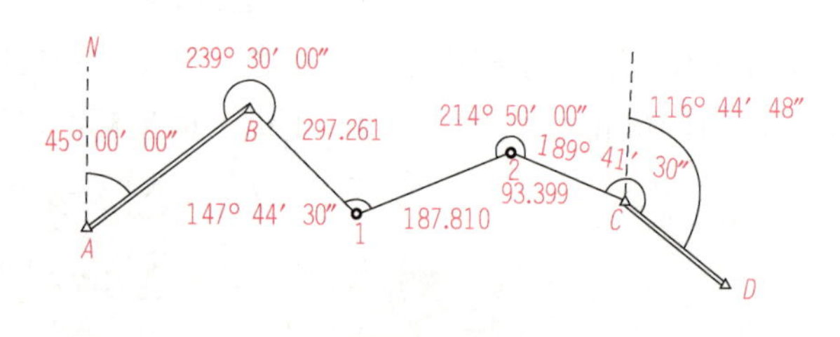

▲图 2-45

导线的计算方法。

(1)准备工作。对外业工作所得观测数据进行仔细核对，无误后将观测数据填入到表2-17中，表格中画线数据为起算数据。

(2)角度闭合差的计算与调整。由于附合导线的起止方向都是已知的，根据方位角的推算公式，本例中由于是左角，故：

$$\alpha'_{终边} = \alpha_{始边} + \sum \beta_{左} - n \times 180° \tag{2-50}$$

但由于观测转折角不可避免地含有误差，以至于推算出的 $\alpha'_{终边}$ 与已知终边的方位角不相等，而产生角度闭合差 f_β，其计算公式为：

$$f_\beta = \alpha'_{终边} - \alpha_{终边} \tag{2-51}$$

各级导线角度闭合差的容许值 $f_{\beta容}$ 见表2-13。若 $|f_\beta| > f_{\beta容}$，则说明所测角值不符合精度要求，需要重新检测角度。若 $|f_\beta| \leqslant f_{\beta容}$，可将闭合差反符号平均分配到各观测角度。

本例中：

$f_\beta = \alpha_{始边} + \sum\beta_{左} - n \times 180° - \alpha_{终边} = 45°00'00'' + 791°46'00'' - 4 \times 180° - 116°44'48'' = 72''$，小于 $60\sqrt{n}$，精度符合要求，故角度改正数 $\nu = -f_\beta / n = -72/4 = -18''$。

(3)各边方位角的推算。根据起始边 AB 的方位角和改正后的角度值，由于转折角观测的是左角，故根据公式(2-32)推算出各边的坐标方位角，填入表格中。

$$\alpha_{B1} = \alpha_{AB} + \beta - 180° = 45°00'00'' + 239°29'42'' - 180° = 104°29'42''$$

$$\alpha_{12} = \alpha_{B1} + \beta - 180° = 104°29'42'' + 147°44'12'' - 180° = 72°13'54''$$

$$\alpha_{2C} = \alpha_{12} + \beta - 180° = 72°13'54'' + 214°49'42'' - 180° = 107°03'36''$$

$$\alpha_{CD} = \alpha_{2C} + \beta - 180° = 107°03'36'' + 189°41'12'' - 180° = 116°44'48''$$

经推算出的 α_{CD} 与已知方位角相等，说明计算正确。

(4)坐标增量的计算。根据各导线边的距离和坐标方位角，按照公式(2-35)、公式(2-36)推算出各边的坐标增量。例如：

$$\Delta X_{B1} = D_{B1}\cos\alpha_{B1} = 297.261 \times \cos 104°29'42'' = -74.403\ \text{m}$$

$$\Delta Y_{B1} = D_{B1}\sin\alpha_{B1} = 297.261 \times \sin 104°29'42'' = +287.799\ \text{m}$$

(5)坐标增量的计算及调整。从图2-45中可以看出，对于附合导线，纵、横坐标增量代数和的理论值应等于：

$$\begin{aligned}\sum \Delta x_{理论} &= x_{终} - x_{始}\\ \sum \Delta y_{理论} &= y_{终} - y_{始}\end{aligned} \tag{2-52}$$

实际工作中，由于测量角度、距离的误差和角度闭合差调整后的残余误差，往往造成坐标增量的代数和不等于零，而产生纵、横坐标增量闭合差，即：

$$\begin{aligned}f_x &= \sum \Delta x_{测} - \sum \Delta x_{理论} = \sum \Delta x_{测} - (x_{终} - x_{始})\\ f_y &= \sum \Delta y_{测} - \sum \Delta y_{理论} = \sum \Delta y_{测} - (y_{终} - y_{始})\end{aligned} \tag{2-53}$$

▼表 2-17　附合导线测量成果计算表

点号	观测角 ° ′ ″	角度改正数/″	改正后角度值 ° ′ ″	坐标方位角 ° ′ ″	距离/m	坐标增量 Δx/m 计算值/m	坐标增量 Δx/m 改正值/mm	坐标增量 Δx/m 改正后的坐标值/m	坐标增量 Δy/m 计算值/m	坐标增量 Δy/m 改正值/mm	坐标增量 Δy/m 改正后的坐标值/m	纵坐标 x/m	横坐标 y/m
A													
				45 00 00									
B	239 30 00	−18	239 29 42									400.000	400.000
				104 29 42	297.261	−74.403	−4	−74.407	+287.799	+2	+287.801		
1	147 44 30	−18	147 44 12									325.593	687.801
				72 13 54	187.810	+57.314	−2	+57.312	+178.851	+2	+178.853		
2	214 50 00	−18	214 49 42									382.905	866.654
				107 03 36	93.399	−27.401	−1	−27.402	+89.289	+1	+89.290		
C	189 41 30	−18	189 41 12									355.503	955.944
				116 44 48									
D													
$\sum$	791 46 00	−72	791 44 48		578.470	−44.490	−7	−44.497	555.939	+5	555.944		

辅助计算

$f_\beta = \alpha_{始边} + \sum\beta_{左} - n\times180° - \alpha_{终边} = 45°00'00'' + 791°46'00'' - 4\times180° - 116°44'48'' = 72'' < f_{\beta容} = 60''\sqrt{n} = 120''$，精度符合要求。

$f_x = \sum\Delta x_{测} - \sum\Delta x_{理论} = -44.490 - (355.503 - 400.000) = +0.007$

$f_y = \sum\Delta y_{测} - \sum\Delta y_{理论} = 555.939 - (955.944 - 400.000) = -0.005$

$f = \sqrt{f_x^2 + f_y^2} = \sqrt{0.007^2 + (-0.005)^2} = 0.009$

$k = \frac{f}{\sum D} = \frac{0.009}{578.470} = \frac{1}{67\ 246} < k_{容} = \frac{1}{2\ 000}$，精度符合要求

注：角度及改正数的计算取位至 1″，距离、坐标及相关改正数的计算取位至 1 mm。

本例中：

$$f_x = \sum \Delta x_{测} - \sum \Delta x_{理论} = -44.490 - (355.503 - 400.000) = +0.007$$

$$f_y = \sum \Delta y_{测} - \sum \Delta y_{理论} = 555.939 - (955.944 - 400.000) = -0.005$$

$$f = \sqrt{f_x^2 + f_y^2} = \sqrt{0.007^2 + (-0.005)^2} = 0.009$$

$$k = \frac{f}{\sum D} = \frac{0.009}{578.470} = \frac{1}{67\,246}$$

根据公式(2-47)计算出的各增量的改正数填入到表 2-17 中相应位置。

用坐标增量的计算值加上改正值即得改正后的坐标值，填入到表格中，改正后纵、横坐标增量的代数和应等于已知终点坐标减去起点坐标，以作计算校核。

(6)导线点坐标的计算。根据起算点 B 的已知坐标($x_B = 400.000$ m，$y_B = 400.000$ m)及改正后的坐标量，用式(2-49)依次推出其他点的坐标：

例如：$X_1 = 400.000 + (-74.407) = 325.593$ m

$Y_1 = 400.000 + (+287.801) = 687.801$ m

以此类推，最后可推算出 C 点的坐标，与已知坐标相等，说明计算正确。

3. 支导线的内业计算

由于支导线既不回到起始目标点，又不附合到另一已知方向上，故而不用进行闭合差的修正与调整，只要根据观测值推算出坐标方位角，进而计算出各点坐标即可。现以图 2-46为例，阐述支导线的计算步骤。

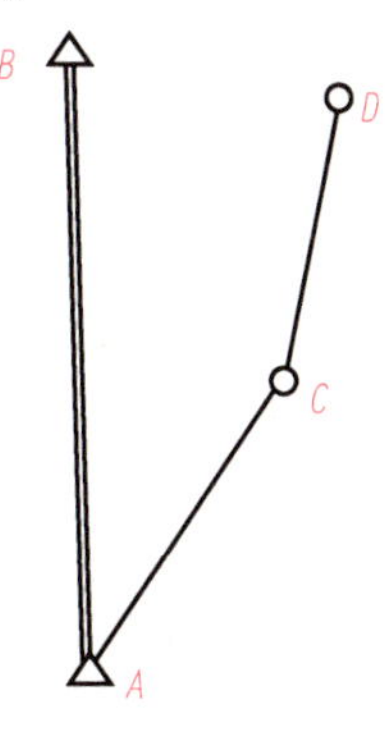

▲图 2-46

(1)准备工作。对外业观测数据进行复核，无误后将观测数值与起算数据填入到表 2-18中。

(2)坐标方位角推算。由于观测角是左角，故根据左角公式进行推算：

$$\alpha_{AC} = \alpha_{BA} + \beta - 180° = 225°00'00'' + 15°39'20'' - 180° = 60°39'20''$$

$$\alpha_{CD} = \alpha_{AC} + \beta - 180° = 60°39'20'' + 169°05'01'' - 180° = 49°44'21''$$

(3)根据方位角和水平距离计算坐标增量。

例如：

$$\Delta X_{AC} = D_{AC}\cos\alpha_{AC} = 39.804 \times \cos 60°39'20'' = +19.506 \text{ m}$$

$$\Delta Y_{AC}=D_{AC}\sin\alpha_{AC}=39.804\times\sin60°39'20''=+34.697\ \text{m}$$

(4)根据坐标增量推算出各导线点坐标。

▼表 2-18 支导线测量成果计算表

点号	角度观测值 ° ′ ″	坐标方位角 ° ′ ″	水平距离/m	坐标增量		坐标		备注
				Δx/m	Δy/m	X/m	Y/m	
B								
		225 00 00						
A	15 39 20					500	500	
		60 39 20	39.804	+19.506	+34.697			
C	169 05 01					519.506	534.697	
		49 44 21	39.648	+25.623	+30.250			
D						545.129	564.953	

注：角度的计算取位至 1 秒，距离、坐标及相关改正数的计算取位至 1 mm。

任务总结

1. 平面控制网按范围不同可划分为国家控制网、城市控制网和小地区控制网。

2. 平面控制网的布设，可采用卫星定位测量控制网、导线及导线网、三角网等形式。

3. 导线测量是将控制点用折线连接起来，测量出各连接边的长度和各转折角，通过计算得出它们之间的相对位置。

4. 根据测区的不同情况和要求，导线的布设形式主要有闭合导线、附合导线和支导线。

5. 导线测量的外业工作包括踏勘选点、建立标志、测角、量边和连测。

6. 导线测量的内业工作主要包括准备工作、角度闭合差的计算与调整、各边方位角的推算、坐标增量的计算、坐标增量的计算及调整和导线点坐标的计算。

课后训练

1. 平面控制网的布设可采用哪些形式？其适用范围是什么？

2. 平面控制网的布设，应遵循哪些原则？

3. 什么是导线测量？其布设形式有哪些？

4. 导线测量的外业工作有哪些？

5. 见表 2-19，试计算闭合导线各点的坐标，导线点位按顺时针编号。

6. 见表 2-20，试计算附合导线各点的坐标，观测角为左角。

▼表 2-19　某闭合导线测量数据

点号	观测角 ° ′ ″	角度改正数/″	改正后角度值 ° ′ ″	坐标方位角 ° ′ ″	距离/m	坐标增量 Δx/m 计算值/m	坐标增量 Δx/m 改正值/mm	坐标增量 Δx/m 改正后的坐标值/m	坐标增量 Δy/m 计算值/m	坐标增量 Δy/m 改正值/mm	坐标增量 Δy/m 改正后的坐标值/m	纵坐标 x/m	横坐标 y/m
A												450.000	450.000
				45 29 06	78.158								
D	89 33 54												
					129.341								
C	73 00 06												
					80.182								
B	107 48 24												
					105.219								
A	89 58 54												
D													
∑													
辅助计算													

注：角度及改正数的计算取位至 1″，距离、坐标及相关改正数的计算取位至 1 mm。

▼表 2-20 某附合导线测量数据

点号	观测角 ° ′ ″	角度改正数/ ″	改正后角度值 ° ′ ″	坐标方位角 ° ′ ″	距离/ m	坐标增量 Δx/m 计算值/m	坐标增量 Δx/m 改正值/mm	坐标增量 Δx/m 改正后的坐标值/m	坐标增量 Δy/m 计算值/m	坐标增量 Δy/m 改正值/mm	坐标增量 Δy/m 改正后的坐标值/m	纵坐标 x/m	横坐标 y/m
A												200.000	200.000
A–B				45 00 06									
B	239 29 51												
B–1					297.261								
1	147 44 19												
1–2					187.813								
2	214 50 00												
2–C					93.404								
C	189 41 18											155.369	756.061
C–D				116 44 52									
D													
∑													
辅助计算													

注：角度及改正数的计算取位至1″，距离、坐标及相关改正数的计算取位至 1 mm。

任务六　全站型电子测距仪的认识与使用

任务描述

全站型电子速测仪（即全站仪）是一种集光、机械、电子部件为一体的高技术测量仪器，是集水平角、垂直角、距离（斜距、平距）、高差测量功能于一体的测绘仪器系统。因其一次安置仪器就可完成该测站上全部测量工作，所以称为全站仪。因全站仪具有多功能、高效率的特性，目前几乎可以用在所有的测量领域。

夯实基础

早期的全站仪由于体积大、质量重、价格昂贵等因素，其推广应用受到了很大的局限。自20世纪80年代起，由于大规模集成电路和微处理机及其半导体发光元件性能的不断完善和提高，使全站仪进入了成熟与蓬勃发展阶段。其表现特征是小型、轻巧、精密、耐用，并具有强大的软件功能。特别是1992年以来，新颖的电脑智能型全站仪投入世界测绘仪器市场，如索佳（SOKKIA）的SET系列、拓普康（TOPCON）的GTS700系列、尼康（NIKON）的DTM－700系列、莱卡（LEICA）的TPS1000系列等，使操作更加方便快捷、测量精度更高、内存量更大、结构造型更精美合理。

一、全站仪的组成、特点及分类

1. 全站仪的组成

目前常用的全站仪的规格和型号很多，但在基本构造上大同小异，一般主要由电源部分、测角系统、补偿部分、测距系统、数据处理部分、通信接口、显示屏及键盘等组成。电源部分是可充电电池，为各部分供电；测角系统可以测定水平角、竖直角，设置方位角；补偿部分可以实现仪器垂直轴倾斜误差对水平、垂直角度测量影响的自动补偿改正；测距系统可以测定两点之间的距离；中央处理器接受输入指令、控制各种观测作业方式、进行数据处理等；输入、输出包括键盘、显示屏、双向数据通信接口。

全站仪就是一个带有特殊功能的计算机控制系统，其微机处理装置由微处理器、存储器、输入部分和输出部分组成。由微处理器对获取的倾斜距离、水平角、竖直角、垂直轴倾斜误差、视准轴误差、垂直度盘指标差、棱镜常数、气温、气压等信息加以处理，从而获得各项改正后的观测数据和计算数据。在仪器的只读存储器中固化了测量程序，测量过程由程序完成。

2. 全站仪的特点

(1)电脑操作系统：电脑全站仪具有像通常 PC 一样的 DOS 操作系统。

(2)大屏幕显示：可显示数字、文字、图像，也可显示电子气泡居中情况，以提高仪器安置的速度与精度，并采用人机对话式控制面板。

(3)大容量的内存：一般内存在 1M 以上，其中主内存有 640K、数据内存 320K、程序内存 512K、扩展内存 512K。

(4)采用国际计算机通用磁卡：所有测量信息都可以文件形式记入磁卡或电子记录簿，磁卡采用无触点感应式，可以长期保留数据。

(5)自动补偿功能：补偿器装有双轴倾斜传感器，能直接检测出仪器的垂直轴，在视准轴方向和横轴方向上的倾斜量，经仪器处理计算出改正值并对垂直方向和水平方向值加以改正，提高测角精度。

(6)测距时间快，耗电量少。

3. 全站仪的分类

全站仪主要采用了光电扫描测角系统，其类型与电子经纬仪相同，主要有编码盘测角系统、光栅盘测角系统及动态(光栅盘)测角系统三种。

(1)按其外观结构可分为组合型和整体性。组合型全站仪通过连接件将光电测距仪、电子经纬仪和电子记录器组合成整体，其优点是可以分离使用，也可以通过电缆或接口把它们组合起来，形成完整的全站仪。整体式全站仪是在一个机器外壳内含有电子测距、测角、补偿、记录、计算、存储等部分。将发射、接收、瞄准光学系统设计成同轴，共用一个望远镜，角度和距离测量只需一次瞄准，测量结果能自动显示并能与外围设备双向通信。其优点是体积小、结构紧凑、操作方便、精度高。

(2)按测距仪测距可以分为短、中和长测程。短测程全站仪测程小于 3 km，一般精度为±(5 mm+5 ppm)，主要用于普通测量和城市测量；中测程全站仪测程为 3～15 km，一般精度为±(5 mm+2 ppm)，±(2 mm+2 ppm)通常用于一般等级的控制测量；长测程全站仪测程大于 15 km，一般精度为±(5 mm+1 ppm)，通常用于国家三角网及特级导线的测量。

二、全站仪的基本结构

全站仪的种类有很多，各种仪器的操作由仪器自身的设计而定，在使用时要严格按照仪器使用说明书进行操作，现以南方公司的 NTS－310B/R 系列全站仪为例进行详细阐述。

1. 仪器部件的名称

仪器各部件的名称如图 2-47 所示。

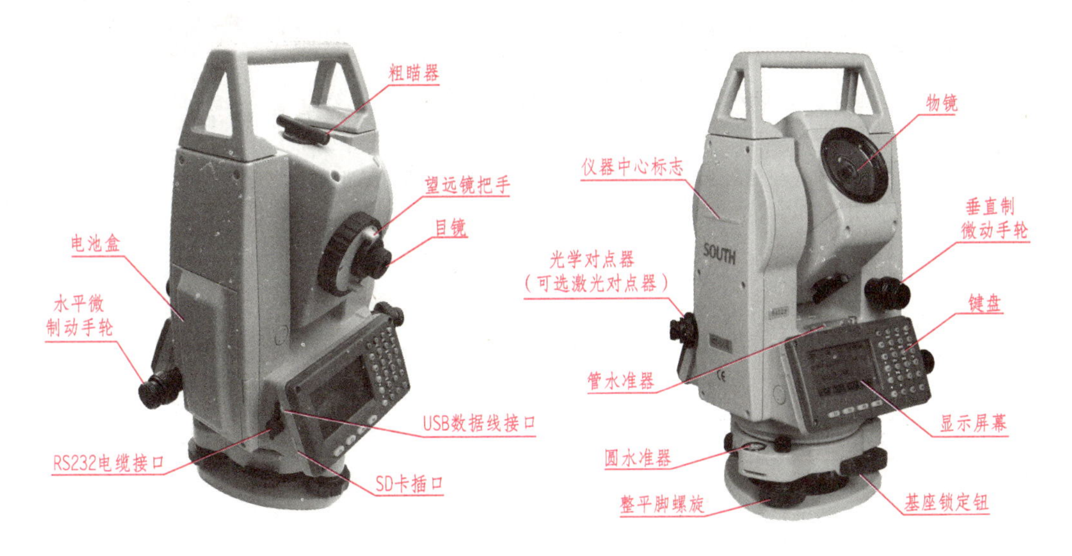

▲图 2-47

2. 键盘功能与信息显示

(1)操作键。显示屏如图 2-48 所示，具体按键的名称及功能见表 2-21，各显示符号的含义及功能见表 2-22。

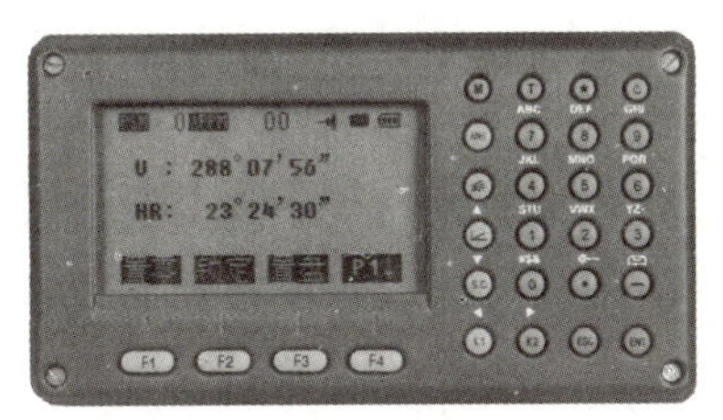

▲图 2-48

▼表 2-21　全站仪按键名称及功能

按　键	名　称	功　能
ANG	角度测量键	进入角度测量模式
	距离测量键	进入距离测量模式
	坐标测量键	进入坐标测量模式(▲上移键)
S. O	坐标放样键	进入坐标放样模式(▼下移键)
K1	快捷键 1	用户自定义快捷键 1(▶左移键)

续表

按键	名称	功能
K2	快捷键 2	用户自定义快捷键 2(◀右移键)
ESC	退出键	返回上一级状态或返回测量模式
ENT	回车键	对所做操作进行确认
M	菜单键	进入菜单模式
T	转换键	测距模式转换
★	星键	进入星键模式或直接开启背景光
⏻	电源开关键	电源开关
F1—F4	软键(功能键)	对应于显示的软键信息
0—9	数字字母键盘	输入数字和字母
—	负号键	输入负号，开启电子气泡功能(仅适用 P 系列)
.	点号键	开启或关闭激光指向功能、输入小数点

▼表 2-22　显示符号含义及功能

显示符号	含义	显示符号	含义
V	垂直角	E	东向坐标
V%	垂直角(坡度显示)	Z	高程
HR	水平角(右角)	*	EDM(电子测距)正在进行
HL	水平角(左角)	m/ft	米与英尺之间的转换
HD	水平距离	m	以米为单位
VD	高差	S/A	气象改正与棱镜常数设置
SD	斜距	PSM	棱镜常数(以 mm 为单位)
N	北向坐标	(A)PPM	大气改正值

(2)功能键。功能键共有 4 个，分别是 F1、F2、F3 和 F4，每个功能键在不同的测量模式下对应着不同的功能。全站仪的标准模式有角度测量模式、距离测量模式和坐标测量三种模式，每种模式及对应的功能见图 2-49 及表 2-23。

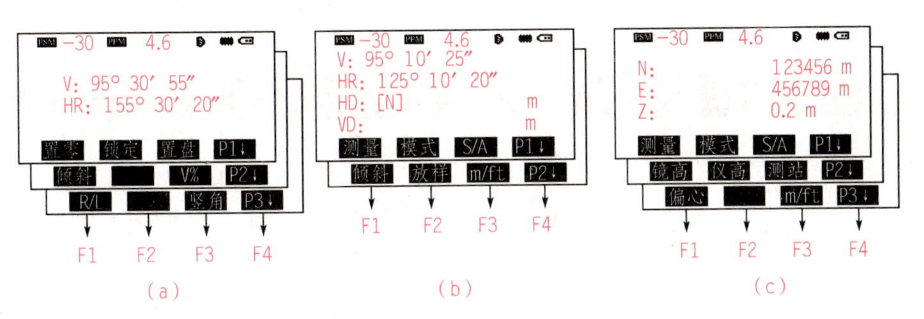

▲图 2-49

(a)角度测量模式；(b)距离测量模式；(c)坐标测量模式

▼表 2-23　标准测量模式

测量模式	页数	软键	显示符号	功　　能
角度测量模式	第 1 页（P1）	F1	置零	水平角置为 0°0′0″
		F2	锁定	水平角读数锁定
		F3	置盘	通过键盘输入设置水平角
		F4	P1↓	显示第 2 页软键功能
	第 2 页（P2）	F1	倾斜	设置倾斜改正开或关，若选择开则显示倾斜改正
		F3	V%	垂直角显示格式（绝对值/坡度）的切换
		F4	P2↓	显示第 3 页软键功能
	第 3 页（P3）	F1	R/L	水平角（右角/左角）模式之间的转换
		F3	竖角	高度角/天顶距的切换
		F4	P3↓	显示第 1 页软键功能
距离测量模式	第 1 页（P1）	F1	测量	启动测量
		F2	模式	设置测距模式为单次精测/连续精测/连续跟踪
		F3	S/A	温度、气压、棱镜常数等设置
		F4	P1↓	显示第 2 页软键功能
	第 2 页（P2）	F1	偏心	进入偏心测量模式
		F2	放样	距离放样模式
		F3	m/f	单位米与英尺转换
		F4	P2↓	显示第 1 页软键功能

续表

测量模式	页数	软键	显示符号	功　能
坐标测量模式	第 1 页（P1）	F1	测量	启动测量
		F2	模式	设置测距模式为单次精测/连续精测/连续跟踪
		F3	S/A	温度、气压、棱镜常数等设置
		F4	P1↓	显示第 2 页软键功能
	第 2 页（P2）	F1	镜高	设置棱镜高度
		F2	仪高	设置仪器高度
		F3	测站	设置测站坐标
		F4	P2↓	显示第 3 页软键功能
	第 3 页（P3）	F1	偏心	进入偏心测量模式
		F3	m/f	单位 m 与 ft 转换
		F4	P3↓	显示第 1 页软键功能

（3）反射棱镜。NTS－310B 系列、NTS－310R 系列全站仪的棱镜模式下进行测量距离等作业时，须在目标处放置反射棱镜。反射棱镜有单（三）棱镜组，可通过基座连接器将棱镜组连接在基座上安置到三脚架上，也可直接安置在对中杆上，如图 2-50 所示。棱镜组由用户根据作业需要自行配置。

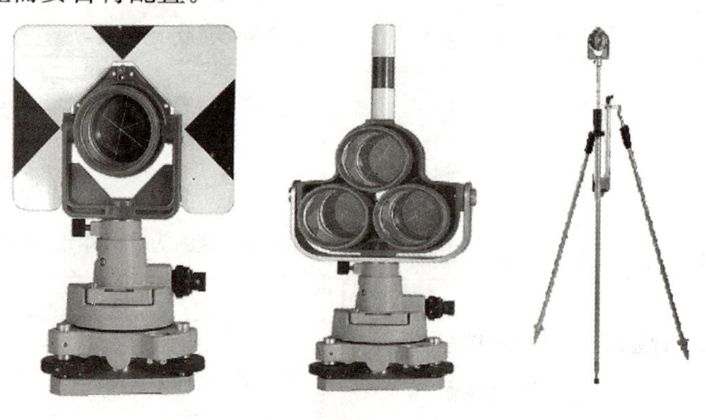

▲图 2-50

任务实施

全站仪的基本操作步骤与经纬仪相同，包括对中、整平、瞄准和读数四个步骤，但由于全站仪存在计算功能，故在整平完成后，开机时需对仪器的参数进行相应的设置，从而使其满足测量工作的要求。

1. 全站仪的初始设置

全站仪的初始设置主要包括温度和气压、大气改正、垂直角倾斜改正与棱镜常数的设置。

(1)设置温度和气压。在操作前，预先测得测站周围的温度和气压。例如：温度+25 ℃，气压 1 017.5 hPa，具体操作见表 2-24。

▼表 2-24 设置温度和气压

操作过程	操作	显示
1. 进入距离测量模式	按[◿]键	PSM −30 PPM 4.6 V: 95° 10′ 25″ HR: 125° 10′ 20″ HD: 235.641 m VD: 0.029 m 测量 模式 S/A P1↓
2. 进入气象改正设置 预先测得测站周围的温度和气压	按 [F3] 键	气象改正设置 PSM 0 PPM 6.4 温度 27.0 ℃ 气压 1 013.0 hPa 棱镜 PPM 温度 气压
3. 按[F3](温度)键执行温度设置	按 [F3] 键	气象改正设置 PSM 0 PPM 6.4 温度 27.0 ℃ 气压 1 013.0 hPa 回退 返回
4. 输入温度，按[ENT]键确认。按照同样方法对气压进行设置。回车后，仪器会自动计算大气改正值 PPM	输入温度 * 1	气象改正设置 PSM 0 PPM 3.4 温度 25.0 ℃ 气压 1 017.5 hPa 棱镜 PPM 温度 气压

气压值的设置与设置温度步骤基本一致，如果根据输入的温度和气压算出的大气改正值超过$\pm 999.9 \times 10^{-6}$范围，则操作过程自动返回到第 4 步，重新输入数据。

(2)设置大气改正。全站仪的发射光的光速随大气的温度和压力而改变，本仪器一旦设置了大气改正值，即可自动对测距结果实施大气改正。

气压：1 013 hPa

温度：20 ℃

大气改正的计算：

$$PPM=273.8-0.2900\,P/(1+0.00366\,T)$$

式中 P——气压（单位 hPa，若使用的气压单位是 mmHg 时，按 1 mmHg= 1.333 hPa 进行换算）；

T——温度（单位℃）。

直接设置大气改正值的方法是测定温度和气压，然后从大气改正图上或根据改正公式求得大气改正值(PPM)，具体操作见表 2-25。

▼表 2-25 设置大气改正

操作过程	操作	显示
1. 由距离测量或坐标测量模式按 F3	F3	气象改正设置 PSM 0 PPM 6.4 温度 27.0 ℃ 气压 1 013.0 hPa 棱镜 PPM 温度 气压
2. 按 F3 [PPM]键，设置大气改正值	F3	气象改正设置 PSM 0 PPM 6.4 温度 27.0 ℃ 气压 1 013.0 hPa 回退 返回
3. 输入数据，按 ENT 回车键确认	输入数据	气象改正设置 PSM 0 PPM 7.8 温度 27.0 ℃ 气压 1 013.0 hPa 回退 返回

(3)设置垂直角倾斜改正。当倾斜传感器工作时，由于仪器整平误差引起的垂直角自动改正数显示出来，为了确保角度测量的精度，倾斜传感器必须选用(开)，其显示可以更好地整平仪器，若出现“X 补偿超限”，则表明仪器超出自动补偿的范围，必须人工整平。当仪器处于一个不稳定状态或有风天气，垂直角显示将是不稳定的，在这种状况下可打开垂直角自动倾斜补偿功能。可选择测角界面第二页上的自动补偿的功能，此设置在关机后不被保留，具体操作见表 2-26。

▼表 2-26　设置垂直角倾斜改正

操作过程	操作	显示
1. 在测量参数设置界面下，按 F1 进入倾斜补偿设置界面	F1	倾斜补偿［关闭］ 关闭　单轴
2. 按 F1 打开倾斜补偿，按 F2 关闭倾斜补偿	F1 F2	倾斜补偿［单轴］ X:　0° 136′ 29″ 关闭　单轴

(4)设置反射棱镜常数。南方全站的棱镜常数的出厂设置为－30，若使用棱镜常数不是－30 的配套棱镜，则必须设置相应的棱镜常数。一旦设置了棱镜常数，则关机后该常数仍被保存，具体操作见表 2-27。

▼表 2-27　设置反射棱镜常数

操作过程	操作	显示
1. 由距离测量或坐标测量模式按 F3（S/A)键	F3	气象改正设置 PSM　0 PPM　6.4 温度　27.0 ℃ 气压　1 013.0 hPa 棱镜　PPM　温度　气压
2. 按 F1（棱镜)键	F1	气象改正设置 PSM　0 PPM　6.4 温度　27.0 ℃ 气压　1 013.0 hPa 回退　返回
3. 输入棱镜常数改正值，按回车键确认	输入数据	气象改正设置 PSM　－30 PPM　6.4 温度　27.0 ℃ 气压　1 013.0 hPa 回退　返回

2. 角度测量

(1)水平角和垂直角测量。使仪器置于角度测量模式，具体操作见表 2-28。

表 2-28 角度测量模式

操作过程	操作	显示
1. 照准第一个目标 A	照准 A	PSM -30 PPM 4.6 V: 88° 30′ 55″ HR: 346° 20′ 20″ 置零 锁定 置盘 P1↓
2. 设置目标 A 的水平角为 0°00′00″，按 F1 (置零)键和 F4 (确认)键	F1 F4	PSM -30 PPM 4.6 V: 88° 30′ 55″ HR: 0° 00′ 00″ 置零 锁定 置盘 P1↓ PSM -30 PPM 4.6 水平角置零 >OK? [否] [是]
3. 照准第二个目标 B，显示目标 B 的 V/H	照准目标 B	PSM -30 PPM 4.6 V: 93° 25′ 15″ HR: 168° 32′ 24″ 置零 锁定 置盘 P1↓
注：若关机，当前显示的水平角被保存，下次开机即显示被保存的水平角。		

(2)水平角(右角/左角)切换。在角度测量模式下，根据仪器的提示转入左右角切换界面进行相应的切换操作。

(3)水平角的设置。南方全站仪的水平角设置模式有两种，第一种方式是采用置盘的方式，通过键盘输入的方法将所需的角度值输入仪器中，如 150°10′20″，则输入 150.102 0，按 ENT 回车确认；第二种方式是通过锁定角度值进行设置，用水平微动螺旋转到所需的水平角，锁定水平角，之后进行相应操作。在实际测量工作中，一般采用第一种方式。

3. 距离测量

在进行距离测量前，需对大气改正和棱镜常数进行设置，设置完成后即可进行测量。

(1)距离测量(连续测量)。将仪器置于距离测量模式，按表 2-29 进行操作。

表 2-29　距离测量模式

操作过程	操作	显示
1. 照准棱镜中心	照准	PSM -30 PPM 4.6 V: 95° 30′ 55″ HR: 155° 30′ 20″ 置零 锁定 置盘 P1↓
2. 按键[◢]，距离测量开始	[◢]	PSM -30 PPM 4.6 V: 95° 30′ 55″ HR: 155° 30′ 20″ SD: [N] 测量 模式 S/A P1↓
3. 显示测量的距离再次按[◢]键，显示变为水平距离(*HD*)和高差(*VD*)	[◢]	PSM -30 PPM 4.6 V: 95° 30′ 55″ HR: 155° 30′ 20″ HD: [N] m VD: m 测量 模式 S/A P1↓

当测距正在工作时，“*”标志就会出现在显示窗。NTS－310R 系列全站仪若光强信号达不到测量要求，会显示“信号弱”。

要从距离测量模式返回正常的角度测量模式，可按[ANG]键。

对于距离测量，初始模式可以选择显示顺序(*HR*，*HD*，*VD*)或(*V*，*HR*，*SD*)

(2)距离测量模式转换(连续测量/单次测量/跟踪测量)。

连续测量：当输入测量次数后，仪器就按设置的次数进行测量，并显示出距离平均值。

单次测量：当输入测量次数为 1，即单次测量，仪器不显示距离平均值。

跟踪测量：常用于跟踪移动目标或放样时连续测距。

4. 坐标测量

输入测站点坐标、仪器高、棱镜高和后视坐标方位角后，用坐标测量功能可以测量目标点的三位坐标。

(1)坐标测量的原理。如图 2-51 所示，未知点的坐标由下列公式计算并显示出来：

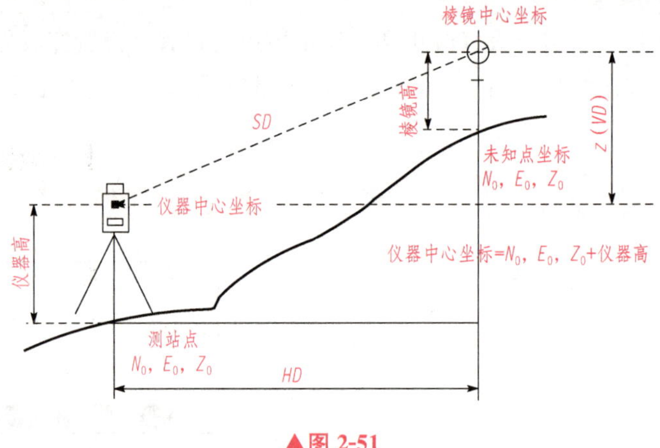

▲图 2-51

测站点坐标：(N_0，E_0，Z_0)

以仪器中心点作为坐标原点的棱镜中心坐标：(n，e，z)

仪器高：仪高　　　　未知点坐标：(N_1，E_1，Z_1)

棱镜高：镜高　　　　高差：$Z(VD)$

$N_1=N_0+n$

$E_1=E_0+e$

$Z_1=Z_0$＋仪高＋Z－镜高

仪器中心坐标(N_0，E_0，Z_0＋仪器高)

(2)测站点坐标的设置。设置仪器(测站点)相对于坐标原点的坐标，仪器可自动转换和显示未知点(棱镜点)在该坐标系中的坐标。电源关闭后，将保存测站点坐标。具体操作见表 2-30。

▼表 2-30　测站点坐标设置

操作过程	操作	显示
1. 在坐标测量模式下，按 F4 (P1↓)键，转到第二页功能	F4	PSM -30 PPM 4.6 N: 2 012.236 m E: 2 115.309 m Z: 3.156 m 测量 模式 S/A P1↓ 镜高 仪高 测站 P2↓
2. 按 F3 (测站)键	F3	PSM -30 PPM 4.6 N: - 0.000 m E: 0.000 m Z: 0.000 m 回退

续表

操作过程	操作	显示
3. 输入 N 坐标，按 ENT 回车确认； 4. 按同样方法输入 E 和 Z 坐标，输入数据后，显示屏返回坐标测量显示	输入 数据 ENT	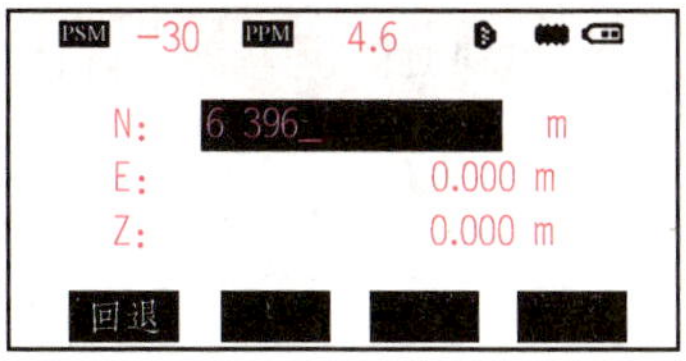 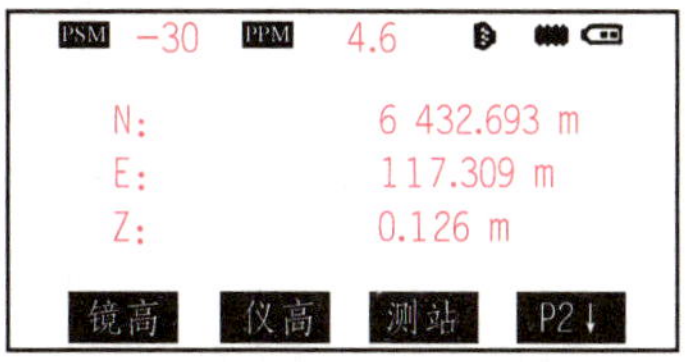 PSM −30 PPM 4.6 N: 6 396_ m E: 0.000 m Z: 0.000 m 回退 PSM −30 PPM 4.6 N: 6 432.693 m E: 117.309 m Z: 0.126 m 镜高 仪高 测站 P2↓

(3)仪器高、棱镜高的设置。棱镜高的主要目的是获取 Z 坐标值。电源关闭后，可保存仪器高和棱镜高。具体操作见表 2-31。

表 2-31　仪器高、棱镜高设置

操作过程	操作	显示
1. 在坐标测量模式下，按 F4 (P1↓)键，转到第 2 页功能	F4	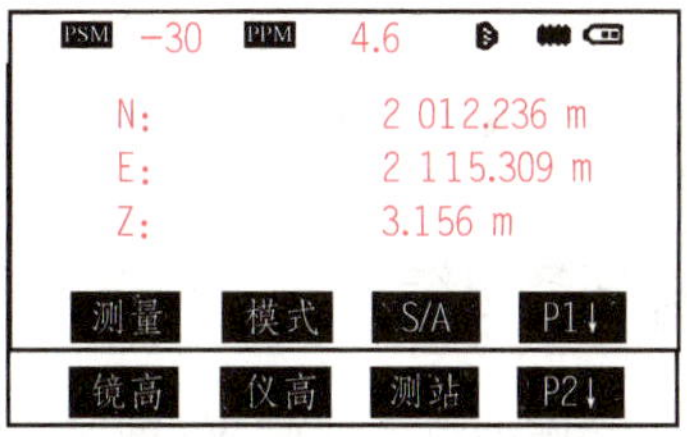 PSM −30 PPM 4.6 N: 2 012.236 m E: 2 115.309 m Z: 3.156 m 测量 模式 S/A P1↓ 镜高 仪高 测站 P2↓
2. 按 F2 (仪高)键，显示当前值	F2	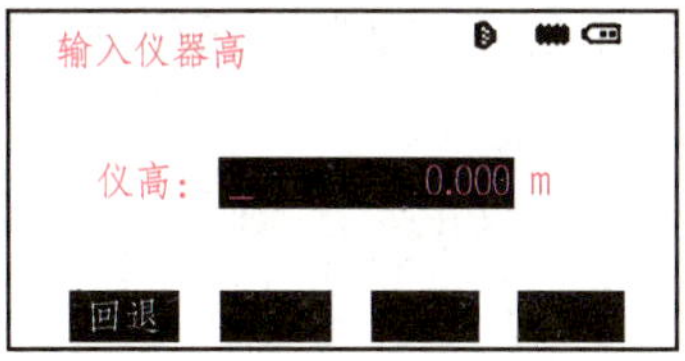 输入仪器高 仪高: 0.000 m 回退
3. 输入仪器高，按回车键确认，返回到坐标测量界面	输入仪器高 ENT	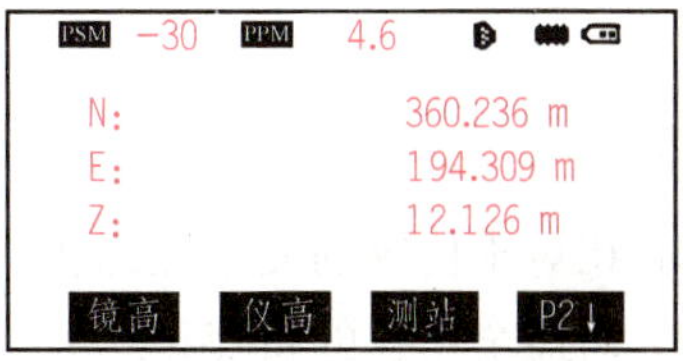 PSM −30 PPM 4.6 N: 360.236 m E: 194.309 m Z: 12.126 m 镜高 仪高 测站 P2↓

输入棱镜高的方式与仪器高相同。

(4)坐标测量的具体操作。具体操作见表 2-32，如仪器高未输入时，仪器高以 0 计算。

▼表 2-32 坐标测量

操作过程	操作	显示
1. 设置已知点 A 的方向角 * 1	设置方向角	PSM -30 PPM 4.6 V: 95° 30′ 55″ HR: 133° 12′ 20″ 置零 锁定 置盘 P1↓
2. 照准目标 B，按[坐标测量]键	照准棱镜[坐标测量]	PSM -30 PPM 4.6 N: 12.236 m E: 115.309 m Z: 0.126 m 测量 模式 S/A. P1↓

全站仪除了上述基本功能外，还具有悬高测量、对边测量、面积测量、设置测站点 Z 坐标、点到直线的测量、道路测量、坐标放样、后方交会、偏心测量和数据采集等多种测量程序，在本书中就不一一进行阐述了。在实际测量工作中，可参考仪器的使用说明书。

任务总结

1. 全站型电子速测仪(即全站仪)是一种集光、机械、电子部件为一体的高技术测量仪器，是集水平角、垂直角、距离(斜距、平距)、高差测量功能于一体的测绘仪器系统。

2. 全站仪主要由电源部分、测角系统、测距系统、数据处理部分、通信接口、显示屏及键盘等组成。

3. 全站仪主要有编码盘测角系统、光栅盘测角系统及动态(光栅盘)测角系统三种。

4. 全站仪的初始设置主要包括温度和气压、大气改正、垂直角倾斜改正与棱镜常数的设置。

5. 全站仪的标准模式有角度测量模式、距离测量模式、坐标测量三种模式。

课后训练

1. 相对于传统的光学经纬仪来说，现代的电子经纬仪具有哪些优点？

2. 简述全站仪的特点。

GPS 全球定位系统

GPS 是英文 Global Positioning System(全球定位系统)的简称。GPS 起源于 1958 年美国军方的一个项目，1964 年投入使用。20 世纪 70 年代，美国陆海空三军联合研制了新一代卫星定位系统 GPS 。主要目的是为陆、海、空三大领域提供服务，经过 20 余年的研究实验，耗资 300 亿美元。到 1994 年，全球覆盖率高达 98%的 24 颗 GPS 卫星星座已布设完成。

利用 GPS 定位卫星，在全球范围内实时进行定位、导航的系统，称为全球卫星定位系统，简称 GPS。GPS 是一种具有全方位、全天候、全时段、高精度的卫星导航系统，用于情报收集、核爆监测和应急通信等一些军事目的，并能为全球用户提供低成本、高精度的三维位置、速度和精确定时等导航信息，是卫星通信技术在导航领域的应用典范，它极大地提高了地球社会的信息化水平，有力地推动了数字经济的发展。经过近十年我国测绘等部门的使用表明，全球定位系统赢得广大测绘工作者的信赖，并成功地应用于大地测量、工程测量、航空摄影测量、运载工具导航和管制、地壳运动监测、工程变形监测、资源勘察、地球动力学等多种学科，从而给测绘领域带来一场深刻的技术革命。

一、GPS 全球定位系统组成部分

GPS 系统是由空间部分、地面控制部分和用户设备部分三部分组成，如图 2-52 所示。这三部分既有独立的作用和功能，又是有机地配合工作而形成的整体系统。

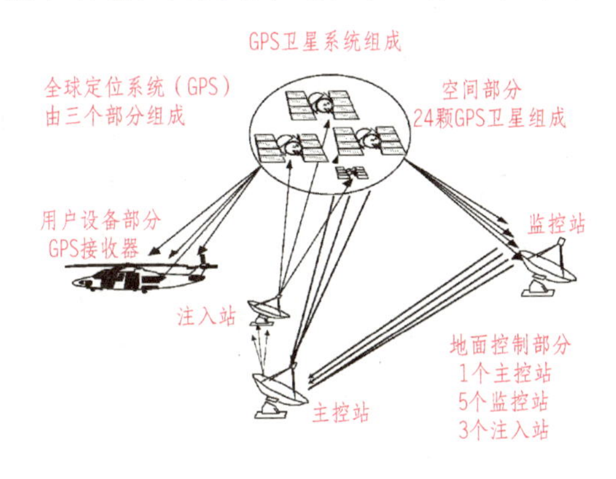

▲图 2-52

1. 空间部分

GPS 的空间部分是由 24 颗工作卫星组成，它位于距地表 20 200 km 的上空，均匀分布在 6 个轨道面上(每个轨道面 4 颗)，轨道倾角为 55°。此外，还有 4 颗有源备份卫星在轨运行。卫星的分布使得在全球任何地方、任何时间都可观测到 4 颗以上的卫星，并能保持良好定位解算精度的几何图像。这就提供了在时间上连续的全球导航能力。

2. 地面控制部分

地面控制系统由监测站、主控制站、地面天线所组成，主控制站位于美国科罗拉多州春田市。地面控制站负责收集由卫星传回的信息，并计算卫星星历、相对距离，大气校正等数据。监测站均配装有精密的铯钟和能够连续测量到所有可见卫星的接收机。监测站将取得的卫星观测数据，包括电离层和气象数据，经过初步处理后，传送到主控站。主控站从各监测站收集跟踪数据，计算出卫星的轨道和时钟参数，然后将结果送到 3 个地面控制站。地面控制站在每颗卫星运行至上空时，把这些导航数据及主控站指令注入卫星。这种注入对每颗 GPS 卫星每天一次，并在卫星离开注入站作用范围之前进行最后的注入。如果某地面站发生故障，那么在卫星中预存的导航信息还可用一段时间，但导航精度会逐渐降低。

3. 用户设备部分

用户设备部分即 GPS 信号接收机。其主要功能是能够捕获到按一定卫星截止角所选择的待测卫星，并跟踪这些卫星的运行。当接收机捕获到跟踪的卫星信号后，即可测量出接收天线至卫星的伪距离和距离的变化率，解调出卫星轨道参数等数据。根据这些数据，接收机中的微处理计算机就可按定位解算方法进行定位计算，计算出用户所在地理位置的经纬度、高度、速度、时间等信息。接收机硬件和机内软件以及 GPS 数据的后处理软件包构成完整的 GPS 用户设备。GPS 接收机的结构分为天线单元和接收单元两部分。接收机一般采用机内和机外两种直流电源。设置机内电源的目的在于更换外电源时不中断连续观测。在用机外电源时机内电池自动充电。关机后，机内电池为 RAM 存储器供电，以防止数据丢失。目前各种类型的接收机体积越来越小，质量越来越轻，便于野外观测使用。

二、GPS 的定位原理

GPS 定位的基本原理是根据高速运动的卫星瞬间位置作为已知的起算数据，采用空间距离后方交会的方法，确定待测点的位置。如图 2-53 所示，假设 t 时刻在地面待测点上安置 GPS 接收机，可以测定 GPS 信号到达接收机的时间 Δt，再加上接收机所接收到的卫星星历等其他数据可以确定以下四个方程式：

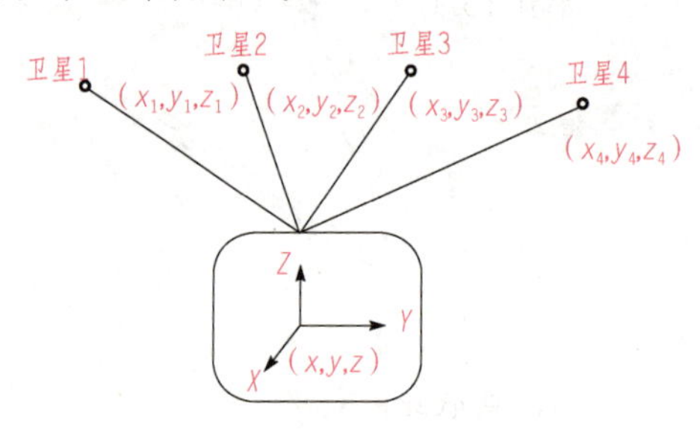

▲图 2-53

$$[(x_1-x)^2+(y_1-y)^2+(z_1-z)]^{1/2}+c(V_{t1}-V_{to})=d_1$$
$$[(x_2-x)^2+(y_2-y)^2+(z_2-z)]^{1/2}+c(V_{t2}-V_{to})=d_2$$
$$[(x_3-x)^2+(y_3-y)^2+(z_3-z)]^{1/2}+c(V_{t3}-V_{to})=d_3$$
$$[(x_4-x)^2+(y_4-y)^2+(z_4-z)]^{1/2}+c(V_{t4}-V_{to})=d_4$$

上述四个方程式中待测点坐标 x、y、z 和 V_{to} 为未知参数，其中 $d_i=c\Delta t_i(i=1、2、3、4)$。$d_i(i=1、2、3、4)$分别为卫星 1、卫星 2、卫星 3、卫星 4 到接收机之间的距离。

Δt_i(i=1、2、3、4)分别为卫星1、卫星2、卫星3、卫星4的信号到达接收机所经历的时间。

c为GPS信号的传播速度(即光速)。

四个方程式中各个参数意义如下：

x、y、z为待测点坐标的空间直角坐标。

x_i、y_i、z_i(i=1、2、3、4)分别为卫星1、卫星2、卫星3、卫星4在t时刻的空间直角坐标，可由卫星导航电文求得。

V_{ti}(i=1、2、3、4)分别为卫星1、卫星2、卫星3、卫星4的卫星钟的钟差，由卫星星历提供。

V_{to}为接收机的钟差。

由以上四个方程即可解算出待测点的坐标x、y、z和接收机的钟差V_{to}。

目前GPS系统提供的定位精度是优于10 m，为得到更高的定位精度，我们通常采用差分GPS技术：将一台GPS接收机安置在基准站上进行观测。根据基准站已知精密坐标，计算出基准站到卫星的距离改正数，并由基准站实时将这一数据发送出去。用户接收机在进行GPS观测的同时，也接收到基准站发出的改正数，并对其定位结果进行改正，从而提高定位精度。

三、GPS的测量实施

GPS测量的基本工作按其性质可分为外业和内业两大部分。其中，外业主要包括选点、埋设和观测；内业主要包括GPS测量的技术设计、测后数据处理及成果检校。

1. 选点

选点工作应遵守以下原则：

(1)点位应设在易于安装接收设备、视野开阔的较高点上。

(2)点位目标要显著，视线周围15°以上不应有障碍物，以减少GPS信号被遮挡或障碍物吸收。

(3)点位应远离功率无线电发射源(如电视机、微波炉等)，其距离不少于200 m；远离高压输电线，其距离不得少于50 m。以避免电磁场对GPS信号的干扰。

(4)点位应选在交通方便，有利于其他观测手段扩展与联测的地方。

(5)地面基础稳定，易于点的保存。

(6)网形应有利于同步观测边、点联结。

(7)当利用旧点时，应对旧点的稳定性、完好性，以及觇标是否安全、可用性进行检查，符合要求方可利用。

2. 标志埋设

GPS网点一般应埋设具有中心标志的标石，以精确标志点位，点的标石和标志必须稳定、坚固以利长久保存和利用。在基岩露头地区，也可以直接在基岩上嵌入金属标志。

3. 观测工作

(1)天线安置。

1)在正常点位，天线应架设在三脚架上，并安置在标志中心的上方直接对中，天线基座上的圆水准气泡必须整平。

2)在特殊点位，当天线需要安置在三角点觇标的观测台或回光台上时应先将觇顶拆除，防止对GPS信号的遮挡。天线的定向标志应指向正北，并顾及当地磁偏角的影响，以减弱相位中心偏差的影响。天线定向误差依定位精度不同而异，一般不应超过±3°～±5°。

3)架设天线不宜过低，一般应距地1 m以上。天线架设好后，在圆盘天线间隔120°的三个方向分别量取天线高，三次测量结果之差不应超过3 mm，取其三次结果的平均值记入测量手簿中，天线高记录取值0.001 m。

4)复查点名并记入测量手簿中，将天线电缆与仪器进行联结，经检查无误后，方能通电启动仪器。

(2)开机观测。观测作业的主要目的是捕获GPS卫星信号，并对其进行跟踪、处理和量测，以获得所需要的定位信息和观测数据。

天线安置完成后，在离开天线适当位置的地面上安放GPS接收机，接通接收机与电源、天线、控制器的连接电缆，并经过预热和静置，即可启动接收机进行观测。

(3)观测记录。观测记录由GPS接收机自动进行，均记录在存储介质(如硬盘、硬卡或记忆卡等)上。

4. 数据预处理及外业检核

(1)数据预处理。GPS网数据处理分基线解算和网平差两个阶段。各阶段数据处理软件可采用随机软件或经正式鉴定的软件，对于高精度的GPS网成果处理也可选用国际著名的GAMIT/GLOBK、BERNESE、GIPSY、GFZ等软件。

(2)观测成果的外业检核。观测成果的外业检核是测量工作中比较重要的环节之一，每次观测结束后，需对测量数据进行检核，以保证观测成果的精度，检核主要包括每个时段同步观测数据的检核、重复观测边的检核、同步观测环检核和异步观测环检核等内容。

任务七 坐标测量仪器的检验与校正

任务描述

在进行坐标测量前，需要对测量仪器进行相应的检验与校正。如前所述，坐标测量的仪器主要包括经纬仪、钢尺、全站仪及其辅助工具。钢尺的检验与校正已进行了叙述，经纬仪和全站仪的仪器构造基本相同，本任务主要介绍经纬仪的检验与校正。

夯实基础

根据角度测量原理，经纬仪测角时，照准部应在水平面内转动，望远镜应在竖直面内转动，竖轴铅垂，横轴水平。如图 2-54 所示，经纬仪的主要轴线有视准轴 CC、横轴 HH、竖轴 VV、水准管轴 LL。这些轴线应满足以下关系：

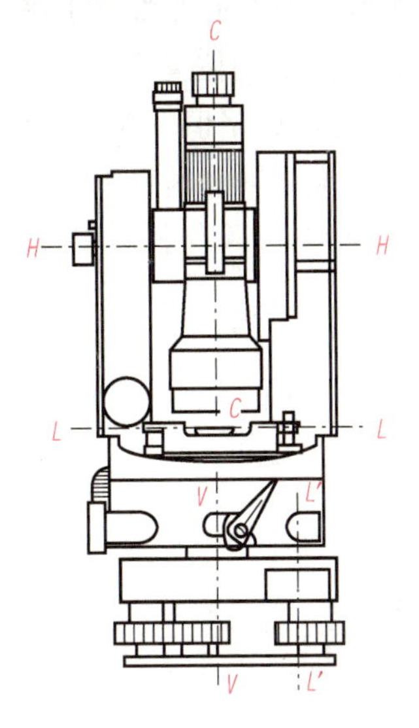

▲图 2-54

(1)水准管轴应垂直于竖轴（$LL \perp VV$）。

(2)十字丝的竖丝应垂直于横轴(竖丝$\perp HH$)。

(3)视准轴应垂直于横轴($CC \perp HH$)。

(4)横轴应垂直于竖轴($HH \perp VV$)。

(5)竖盘指标差应为零。

通常上述轴线关系在仪器出厂时是满足要求的。但由于仪器使用过程中，受到碰撞、振动、磨损等影响，造成仪器的轴线位置发生变化，从而使仪器精度不能满足要求。故在使用前必须对经纬仪进行相应的检验和校正，使其满足要求。

任务实施

一、照准部水准管轴垂直于竖轴($LL \perp VV$)的检验与校正

1. 检验方法

安置好经纬仪，大致整平仪器。转动经纬仪照准部，使水准管轴与任意两个脚螺旋的连线方向平行，调节这两个脚螺旋，使水准管气泡严格居中，再转动照准部 180°(即水准管两端对调)。此时，如果水准管气泡仍然居中，则表明水准管轴与竖轴相垂直。若气泡偏离 1 格以上，则需要进行校正。

2. 校正方法

如图 2-55 所示，当水准管气泡居中，水准管轴水平，竖轴倾斜，竖轴与铅垂线之夹角为 α。当转动照准部 180°时，基座和竖轴位置不变，但气泡不居中，此时水准管轴与水平线的夹角为 2α，反映为气泡偏离中心的格值。此时用校正针拨动水准管校正螺钉，使气泡返回偏离量的一半，即 α，这时水准管轴就垂直于竖轴，再用脚螺旋使水准管气泡居中，这时，水准管轴水平，竖轴铅垂。此项检验与校正要反复进行，直至照准部处于任何位置，气泡偏离中心不大于 1 格为止。

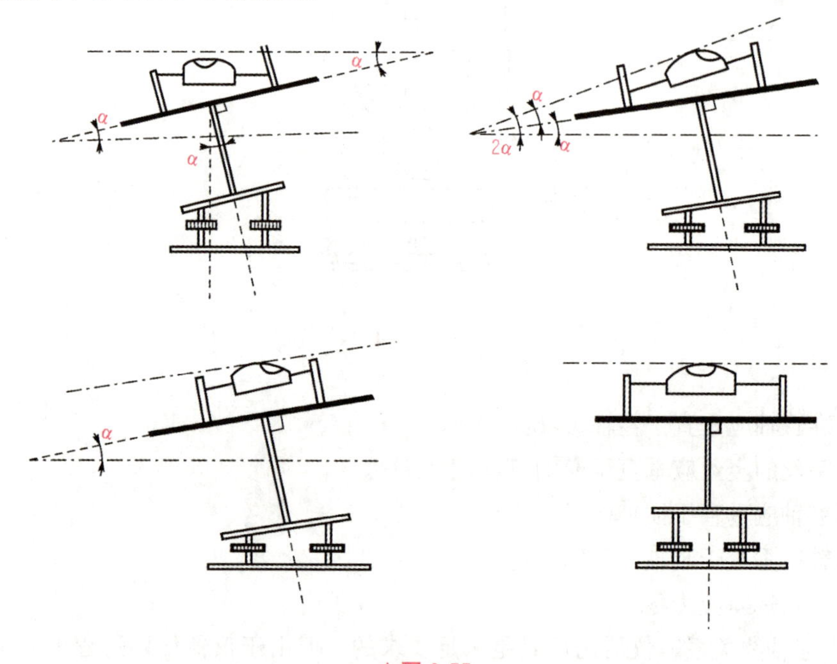

▲图 2-55

二、十字丝竖丝垂直于仪器横轴(竖丝⊥HH)的检验与校正

1. 检验方法

安置好经纬仪，对仪器进行整平，用十字丝交点瞄准远处一目标点 P，固定水平制动螺旋和望远镜制动螺旋，然后转动望远镜微动螺旋，使望远镜上下移动。若 P 点沿竖丝移动，则满足条件，否则需要校正，如图 2-56 所示。

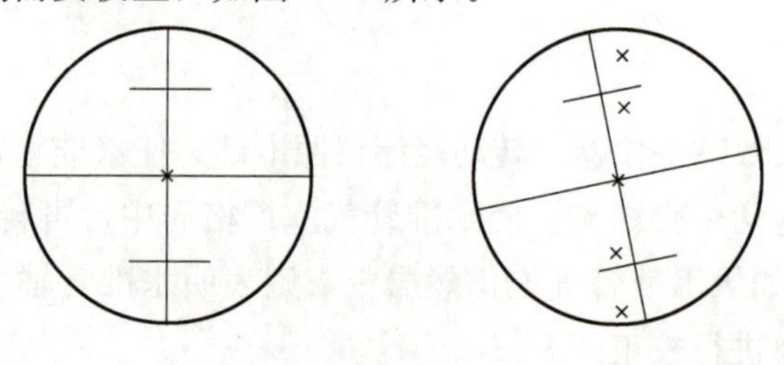

▲图 2-56

2. 校正方法

旋下十字丝护罩，略微松开十字丝环的4个固定螺丝，转动十字丝环，使目标点P始终在望远镜竖丝上移动，满足要求后及时旋紧固定螺丝，并旋紧十字丝护罩。

三、视准轴垂直于横轴($CC \perp HH$)的检验与校正

1. 检验方法

如图2-57所示，在平坦地面上选取A、B两个目标点，A、B两点相距60～100 m，在A点立一标志，在B点上横置一有毫米分划的直尺，并使A点标志和B点直尺大致同高。在目标点AB中点O上架设仪器，盘左位置瞄准A点，锁定水平制动螺旋，纵转望远镜在B点尺子上读数B_1，盘右在瞄准A点，锁定水平制动螺旋，纵转望远镜在B点尺子上读数B_2。若B_1、B_2数值相同，则说明视准轴与横轴垂直，若视准轴误差$c=\frac{B_1B_2}{2OB}\rho>$ $\pm 1'$时，则需要校正。

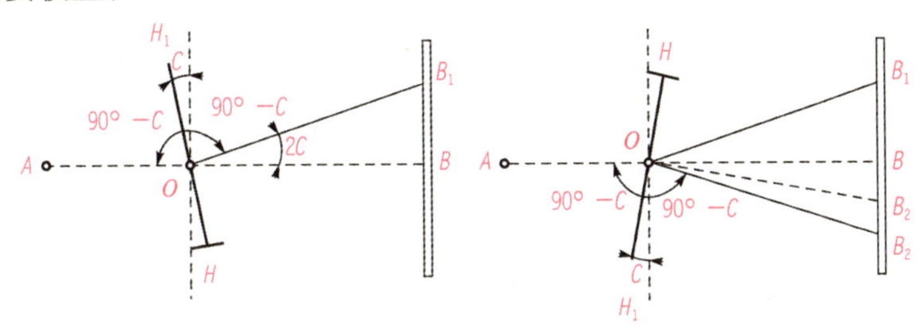

▲图2-57

2. 校正方法

从图2-57中看出$\angle B_1OB_2=4C$，在尺上定出B_3点，使$B_2B_3=1/4B_1B_2$，则OB_3垂直于仪器横轴。旋下十字丝护罩，略微松开十字丝上下两个校正螺丝，之后用校正针拨动左右两个十字丝校正螺丝，如图2-58所示，一松一紧，使十字丝交点与B_3重合即可，则此时满足视准轴垂直于横轴，此项工作需反复校正几次，直到满足条件，最后旋紧校正螺丝，固定好护罩。需要说明的是采用盘左、盘右观测并取平均值的方法观测角值，可以消除此项误差的影响。

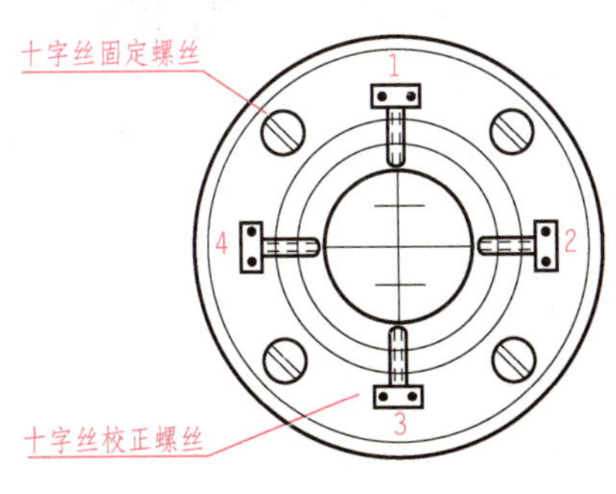

▲图2-58

四、横轴垂直于竖轴($HH \perp VV$)的检验与校正

1. 检验方法

如图 2-59 所示，在距墙约 20 m 处安置经纬仪，用盘左位置瞄准墙上仰角大于 30°的高处目标 P，固定照准部，调整竖盘水准器居中，读取竖盘读数 L，然后将望远镜大致置平，在墙上标出十字丝交点 P_1，盘右同样瞄准 P 点，读取竖盘读数 R，放平望远镜，在墙上标出另一点 P_2，若点 P_1、P_2 重合，说明条件满足，否则需要校正。

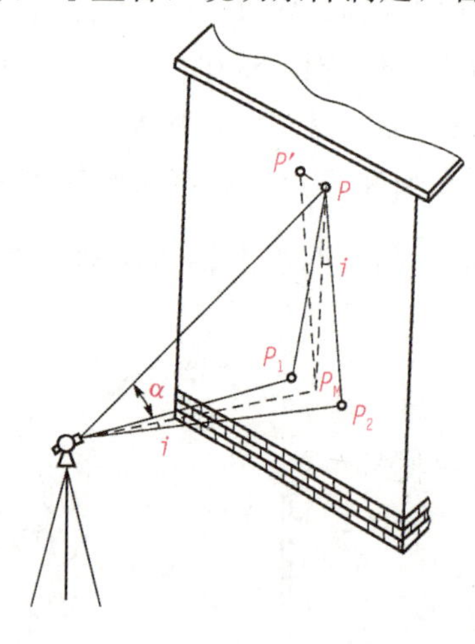

▲图 2-59

2. 校正方法

如图 2-59 所示，用望远镜瞄准 P_1P_2 直线的中点 P_M，然后抬高望远镜使十字丝交点移动到点 P'，由于 i 角的影响，P' 与 P 不重合。校正横轴一端支架上的偏心环时应打开支架护盖，放松支架内的校正螺丝，使横轴一端升高或降低，直至十字丝交点对准 P 点。此项检验也应反复进行，直到满足要求，需要注意的是，由于经纬仪横轴密封在支架内，该项校正应由专业维修人员进行。

全站仪的检验与校正基本相同，其不同是由于仪器的构造产生的。此外，在具体测量工作中，要满足经纬仪理论上的要求往往很难达到，为了消除仪器在实际工作中产生的残余误差的影响，采用规定的测量方法和步骤，可以大部分消除误差。

任务总结

1. 经纬仪的主要轴线有视准轴 CC、横轴 HH、竖轴 VV、水准管轴 LL。这些轴线应满足的要求是水准管轴应垂直于竖轴（$LL \perp VV$）；十字丝的竖丝应垂直于横轴(竖丝$\perp HH$)；视准轴应垂直于横轴($CC \perp HH$)；横轴应垂直于竖轴($HH \perp VV$)；竖盘指标差应为零。

2. 照准部水准管轴应垂直于竖轴($LL\perp VV$)的检验与校正方法。
3. 十字丝竖丝应垂直于仪器横轴(竖丝$\perp HH$)的检验与校正方法。
4. 视准轴应垂直于横轴($CC\perp HH$)的检验与校正方法。
5. 横轴垂直于竖轴($HH\perp VV$)的检验与校正方法。

课后训练

1. 经纬仪的轴线应满足哪些几何条件?
2. 坐标测量的误差来源有哪些?
3. 角度测量中哪些误差可以采用盘左、盘右观测取平均值的方法进行消除或减小?
4. 钢尺量距时，应注意哪些事项?

知识拓展

坐标测量误差及注意事项

坐标测量的误差来源主要可以归纳为仪器误差、观测误差及外界条件的影响三个方面。为了得到符合测量规范规定精度的成果，必须对这些误差的影响进行分析，并对其采取相应的有效措施，使之消除或控制在容许的范围以内。

一、仪器误差

仪器误差主要来源于两个方面，一方面是仪器的制造、加工不完善所引起的误差，如钢尺的尺寸刻划误差、经纬仪的度盘刻划误差和度盘偏心误差等，这些误差一般通过采取一定的观测方法进行消除或削弱其影响，如钢尺的刻划误差通过尺长改正进行消除，经纬仪的度盘刻划误差可采用不同的度盘部位进行观测；度盘偏心误差可以采用盘左、盘右观测取其平均值的方法加以消除。另一方面是仪器检验校正不完善所引起的误差，如经纬仪的视准轴不垂直于横轴的误差、横轴不垂直于竖轴的误差、水准管轴不垂直于竖轴的误差等。下面主要介绍如何消除或减小其影响。

1. 角度测量

(1)视准轴误差。视准轴误差是由于视准轴不垂直于横轴而产生的，对水平角观测影响较大，但由于采用盘左、盘右观测时该误差的大小相等，符号相反，故采用盘左、盘右观测取平均值的方法来削减。

(2)横轴误差。横轴误差是由于横轴不垂直于竖轴而产生的，对水平角和竖直角均有影响。但由于采用盘左、盘右观测同一目标时该误差的大小相等，符号相反，故也采用盘左、盘右观测取平均值的方法来削减。

(3)竖轴误差。竖轴误差是由于水准管轴不垂直于竖轴而产生的，对水平角观测有所影响。由于该误差不能用盘左、盘右取平均值的方法来消除，故只能用校正水准管轴的办法来消除。

(4)度盘偏心误差。度盘偏心误差是由于水平度盘分划中心与照准部旋转中心不重合而产生的，对水平角观测影响大。采用盘左、盘右角值取平均值的方法或采用对径分划的测微尺，可以得到削减。

(5)度盘分划误差。度盘分划误差是由于度盘的分划不均匀而产生的。该误差对于角度测量的影响较小，在高精度测量中，为了提高测角精度，可采用多测回观测、变换度盘位置的方法来消除。由于电子经纬仪和全站仪采用的是电子度盘，故不存在该项误差。

2. 距离测量

(1)尺长误差。如果采用钢尺量距，钢尺的名义长度和实际长度不符，就会产生尺长误差，尺长误差随着测量距离的增加而增加，因此，新购置的钢尺应进行检定，测出其尺长改正数。

(2)视距乘常数的误差。如果采用视距测量，由于仪器的误差，K 值不一定恰好等于100，而 K 值对于距离的影响较大，故需对仪器的 K 值进行检定。

二、观测误差

测量工作与人的参与是密不可分的，由于观测者的感觉器官的鉴别能力有限，所以在整个测量工作中不可避免地会产生误差，如钢尺量距时的对点误差，经纬仪、全站仪的对中误差、目标偏心误差等，这些误差不能消除，只能通过精心认真的观测来减少。

1. 角度测量

(1)仪器对中误差。仪器对中误差是指仪器在进行对中后，仪器的中心和测站点的中心不在同一条铅垂线上，对中误差主要与边长有关，边长一定时，对中误差越大，测角误差也越大；对中误差一定时，边长越大，则测角误差越小。故为了尽量减少对中误差的影响，角的边长不宜过短，对中偏差不能太大，一般不应超过 3 mm，当边短时，对中应特别仔细。

(2)整平误差。整平误差是指水准器气泡偏离过大，该项误差会导致竖轴不再铅垂，水平度盘和横轴不再水平，对水平角和竖直角观测都有影响，且通过盘左、盘右观测取平均值的方法并不能消除，故在观测时要求圆水准器气泡不应跑出圈外，水准管气泡的偏离不得超过 1 格。否则，应重测。

(3)目标偏心误差。目标偏心误差是指目标点竖直的标杆倾斜或棱镜中心与目标点不在同一铅垂线上。目标偏心误差对水平方向的影响与目标偏心差成正比，与边长成反比。为了减少目标偏心误差的影响，观测时标杆应竖直，并尽可能瞄准标杆的下部。

(4)照准误差。照准误差主要与望远镜的放大倍率和人眼的分辨率有关，此外还与目标形状、光亮程度、对光时是否消除视差等因素有关，故观测时尽量选择有利的观测时间和观测目标，从而减小此项误差的影响。

(5)读数误差。读数误差与仪器的读数设备有关。对于坐标测量而言，主要涉及的是光学经纬仪和钢尺的读数，对于光学经纬仪，秒位是估读的，钢尺主要涉及 0.1 mm 的问题，这主要取决于观测者的测量水平和仪器调焦。

2. 距离测量

(1)定线误差。钢尺量距时如定线不准，则测量的距离就是一组折线，造成测量成果的偏大，故在定线和测量时，需仔细进行直线定线。

(2)丈量误差。钢尺量距时，如在地面标志点位置放测钎不准，或钢尺端点对准误差等都会引起丈量误差，这种误差有正有负，属于偶然误差的范围，在丈量时要加倍注意。

(3)标尺扶立不直误差。进行视距测量时，如标尺前后倾斜，会带来较大误差，其影响随标尺的倾斜度增加而增加，故在测量中，应严格扶直标尺。

三、外界条件的影响

坐标测量是在一定的外界条件下进行的，外界影响观测成果精度的因素很多，如大风、松土会影响仪器的稳定；阳光照射会使气泡偏离；地面辐射热会影响大气稳定而引起物像的跳动；大气折光会影响瞄准精度等。这些因素对测量工作的影响是不可避免的，所以在观测时应采取一定的措施来降低这些因素的影响，如选择有利的观测条件和时间，避开大风、烈日、雾天等不利天气，使这些影响因素降低到最小的程度，从而保证测量的精度。

四、坐标测量的注意事项

综上所述，为了保证坐标测量的精度要求，在观测时必须注意下列事项：

1. 角度测量的注意事项

(1)观测前应对仪器进行检验，如不符合要求应进行校正。

(2)仪器高度要和观测者的身高相适应；三脚架要踩实，仪器与脚架连接要牢固，操作仪器时不要用手扶三脚架；转动照准部和使用各种螺旋时，应先松开制动螺旋，使用各种螺旋时用力要轻。

(3)对中、整平要准确，测角精度要求越高或边长越短的，对中要求越严格；如同一测回内发现照准部水准管气泡偏离居中位置，不允许重新调整水准管使气泡居中；若气泡偏离中央超过一格时，则需重新整平仪器，重新观测。

(4)照准标志要竖直，尽可能用十字丝交点瞄准标杆或测钎底部。

(5)记录要清楚，应当场计算，发现错误，立即重测。

(6)选择有利的观测时间和避开不利的外界因素。

2. 距离测量的注意事项

(1)钢尺量距的注意事项。无论是一般方法，还是精密方法，在进行丈量距离时，需要注意以下几方面的问题。

1)量距时应用经过检定的钢尺。

2)前、后尺手动作要配合好，定线要直，尺身要水平，尺子要拉紧，用力要均匀，待尺子稳定时再读数或插测钎。

3)用测钎标志点位，测钎要竖直插下。前、后尺所量测钎的部位应一致。

4)读数要细心，小数要防止错把9读成6，或将21.042读成21.024等。

5)记录应清楚，记好后及时回读，互相校核。

6)钢尺性脆易折断，防止打折、扭曲、拖拉，并严禁车碾、人踏，以免损坏。钢尺易锈，用后需擦净、涂油。

(2)视距测量的注意事项。虽然视距测量的相对精度不高，但测量时，仍需注意以下问题，从而使读数精度满足要求。

1)视线水平时的视距测量，也可使用水准仪进行测量，观测时仪器只需粗平即可。

2)作业前要对仪器进行检验与校正，保证仪器的精度满足要求。

3)由于上下丝读数差 1 mm 的误差相当于 0.1 m 的距离差值，故在观测过程中必须消除视差的影响。

4)读数时，要注意水准尺的竖直，最好选择带有水准器的水准尺，且要对水准尺进行检验和校正。

5)读数时应快速读取，且视线高应在 1 m 以上，以减少大气折光的影响。

6)仪器高 i 量至 cm，竖盘读数 L 读至分。

项目三

高程测量

学习目标

1. 掌握绝对高程、相对高程、高差的概念；
2. 掌握水准测量的原理，明确高差法和视线高法的计算方法；
3. 掌握水准仪的类型、构造和性能特点；
4. 掌握水准路线的定义及分类；
5. 掌握普通水准测量的外业测量步骤及内业成果计算方法；
6. 掌握高程控制测量的基本概念及三、四等水准测量的观测方法；
7. 了解水准仪应满足的几何条件、检验和校正的方法；
8. 了解水准测量误差的来源和注意事项。

考工要求

1. 熟悉普通水准仪的构造、轴线关系、操作方法；
2. 熟悉普通水准仪的检验与校正的方法和步骤；
3. 熟悉普通经纬仪的构造、轴线关系观测程序。

任务一　高程体系的建立

任务描述

我国是以黄海平均海平面作为高程测量的基准，按照参照物的不同可分为绝对高程和相对高程。

夯实基础

我国在 50 年代曾以青岛验潮站多年观测的资料求得的黄海平均海平面作为我国的大

地水准面，由此建立了“1956 年黄海高程系”，并在青岛的观象山上建立了国家水准原点，其高程 $H=72.289$ m，之后随着验潮站观测数据的积累和计算，更加精确地确定了黄海的平均海平面，在 1987 年启用了“1985 国家高程基准”，测定国家水准原点的高程 $H=72.260$ m，并沿用至今，如图 3-1 所示。测绘部门在全国设置了很多水准点，以水准原点为依据，通过精密方法测得各水准点的高程，作为工程建设引测高程的依据。

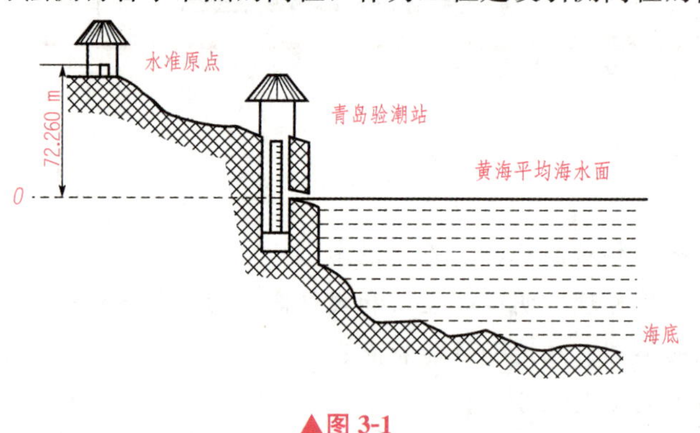

▲图 3-1

地面点的高程的确定方法有两种，如图 3-2 所示，地面点到大地水准面的铅垂距离称为绝对高程(又称海拔)，简称高程，用 H 表示，如图 3-2 所示，地面点 A、B 的高程分别为 H_A、H_B。在局部测区或远离已知高程水准点，引用绝对高程有困难时，也可假定一个水准面作为高程起算的基准面，地面点到假定水准面的铅垂距离，称为该点的相对高程或假定高程，用 H'表示，如图 3-2 所示，地面点 A、B 的高程分别为 H'_A、H'_B。

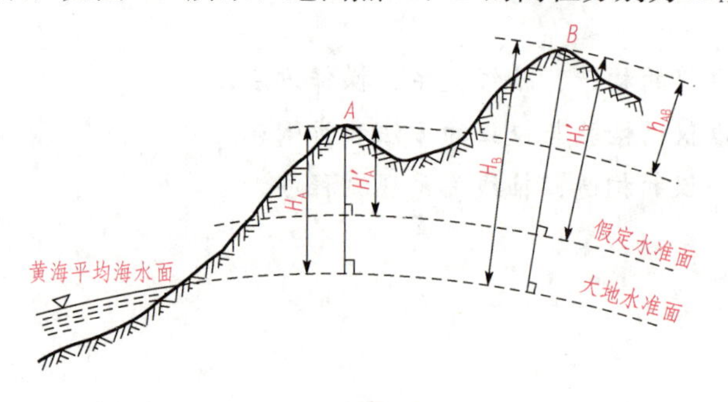

▲图 3-2

地面上两点之间的高程的差值，称为高差，用 h 表示，如图 3-2 所示，地面点 A、B 之间的高差称为 h_{AB}。需要注意的是 h_{AB}是 B 点相对于 A 点的高差，计算结果为“+”值时，说明 B 点比 A 点高；为“−”值时，说明 B 点比 A 点低。

由图 3-2 可知：

$$h_{AB}=H_B-H_A=H'_B-H'_A \tag{3-1}$$

从上式可以看出：不同的高程基准面计算出的高差相同，说明高差的大小与高程起算面无关。

任务总结

1. 地面点高程的确定方法有两种，分别是绝对高程和相对高程。
2. 绝对高程是指地面点到大地水准面的铅垂距离（又称海拔），简称高程。
3. 相对高程是指地面点到假定水准面的铅垂距离，也称为假定高程。
4. 地面上两点之间的高程的差值，称为高差，用 h 表示。

$$h_{AB}=H_B-H_A=H'_B-H'_A$$

课后训练

1. 什么是绝对高程？什么是相对高程？什么是高差？
2. 高差的计算公式是什么？高差的正负有何含义？

任务二　普通水准测量及其成果整理

任务描述

本任务主要包括水准测量原理、水准仪的认识与使用及水准测量的外业观测和内业的成果计算等内容。

夯实基础

一、水准测量的原理

水准测量是利用水准仪提供的水平视线，并借助水准尺测定地面两点间的高差，然后通过已知点的高程，求出未知点的高程。

如图 3-3 所示，设已知 A 点的高程为 H_A，欲测定 B 点的高程 H_B。在 A、B 两点中间安置水准仪，并在 A、B 两点上分别竖立水准尺，根据水准仪提供的水平视线在 A 点水准尺上的读数为 a，在 B 点水准尺上的读数为 b，则 A、B 两点间的高差为：

$$h_{AB}=a-b \tag{3-2}$$

根据图 3-3，箭头表示前进方向，A 点在前进方向的后面，故规定 A 点上的水准尺为后视尺，读取的数值称之为后视读数；B 点在前进方向的前面，故规定 B 点上的水准尺为前视尺，读取的数值称之为前视读数。高差等于“后视读数”减去“前视读数”。

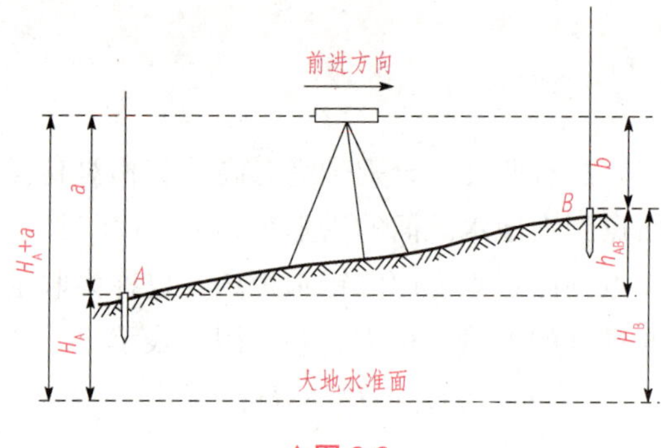

▲图 3-3

若已知 A 点的高程为 H_A，则 B 点的高程为：

$$H_B=H_A+h_{AB}=H_A+(a-b) \tag{3-3}$$

这种根据先求得两点的高差，再根据高差和已知点高程计算未知点高程的方法称为高差法，如果按照安置一次仪器要求测出若干点高差，采用高差法不是很便捷，常采取先计算出仪器的视线高 H_i，再依次减去前视读数的方法计算未知点高程，称为视线高法或仪高法。这种方法在建筑工程测量中被广泛应用。

$$H_i=H_A+a \tag{3-4}$$

$$H_B=H_i-b \tag{3-5}$$

【例 3-1】 如图 3-3 所示，已知 A 点高程 $H_A=451.624$ m，后视读数 $a=1.579$ m，前视读数 $b=0.783$ m，求 B 点高程。

解：

B 点对于 A 点高差：$h_{AB}=1.579-0.783=0.796$(m)

B 点高程：　　　$H_B=451.624+0.796=452.420$(m)

【例 3-2】 如图 3-4 所示，已知 A 点高程 $H_A=451.624$ m，先测得 A 点后视读数 $a=1.579$ m，接着在各待定点上立尺，分别测得读数 $b_1=0.924$ m，$b_2=1.539$ m，$b_3=1.314$ m。求 1、2、3 点的高程。

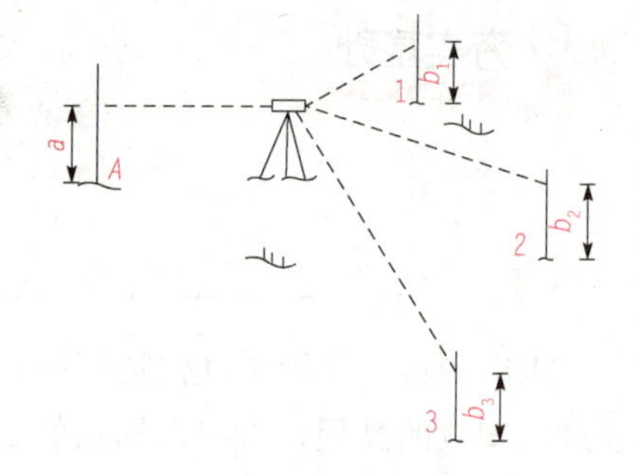

▲图 3-4

解：

计算出视线高程 H_i 为：

$H_i=H_A+a=451.624+1.579=453.203$(m)

各待定点高程分别为：

$H_1=H_i-b_1=453.203-0.924=452.279$(m)

$H_2=H_i-b_2=453.203-1.539=451.664$(m)

$H_3=H_i-b_3=453.203-1.314=451.889$(m)

在实际水准测量中，A、B 两点间相距较远或者两点高差较大，如图 3-5 所示，超出了水准仪的允许视线范围，安置一次水准仪不能测定两点之间的高差，此时需要连续多次安置仪器才能测出两点间的高差。如图 3-5 所示，沿 A、B 的水准路线增设若干个必要的临时立尺点，称为转点，如图中的 TP_1、TP_2…，根据水准测量的原理依次连续测定相邻各点间高差，求和即可求得到 A、B 间的高差值，这种方法称为连续水准测量。先在 A 点和转点 TP_1 大致中间处安置水准仪，分别在 A 点和 TP_1 立水准尺，分别读取读数 a_1、b_1，即可求得 h_1；同法可以测出 h_2……一直到 h_n。则：

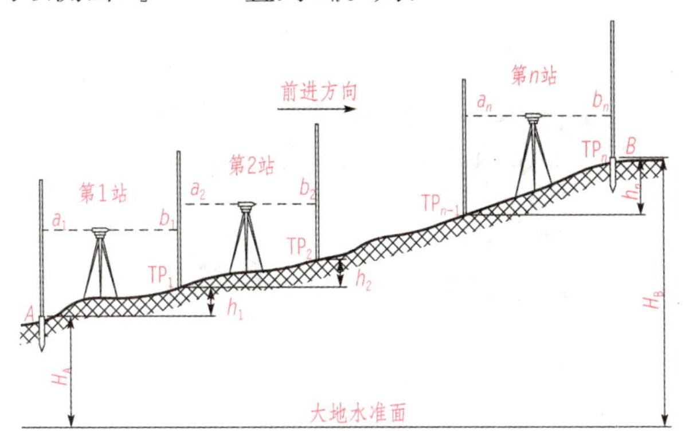

▲图 3-5

$$h_1=a_1-b_1$$
$$h_2=a_2-b_2$$
$$\vdots$$
$$h_n=a_n-b_n$$

则

$$h_{AB}=h_1+h_2+\cdots+h_n=\sum h=\sum a-\sum b \tag{3-6}$$

则 B 点的高程为：

$$H_B=H_A+\sum h \tag{3-7}$$

转点主要起到传递高程的作用，为了保证高程传递的正确性，在连续水准测量中，不仅要求选择土质稳固的地方作为转点位置，还需放置尺垫。同时在观测过程中，为了消除或减弱地球曲率和某些仪器误差对高差的影响，要求前、后视距大致相等，还要通过调节前、后视距，尽可能保证整条水准路线的前视距之和与后视距之和相等。

二、水准测量的仪器和工具

水准测量所用的的主要仪器是水准仪，主要工具是水准尺和尺垫。

1. 水准仪

水准仪是指为水准测量提供水平视线并在水准尺上读数的仪器，按照其构造的不同，分为微倾式水准仪、自动安平水准仪、数字水准仪三种类型。按其精度可分为 DS_{05}、DS_1、DS_3 等，“D”和“S”分别表示“大地测量仪器”和“水准仪”，下标表示该仪器所能达到的精度(mm)。DS_{05}、DS_1 称为精密水准仪，主要用于国家一、二等精密水准测量及其他精密水准测量；DS_3 称为普通水准仪，主要用于国家三、四等水准测量及一般工程水准测量。本节主要介绍 DS_3 型微倾式水准仪。

如图 3-6 所示，DS_3 型微倾式水准仪主要由望远镜、水准器和基座三部分组成。其各部件的名称如图 3-7 所示。

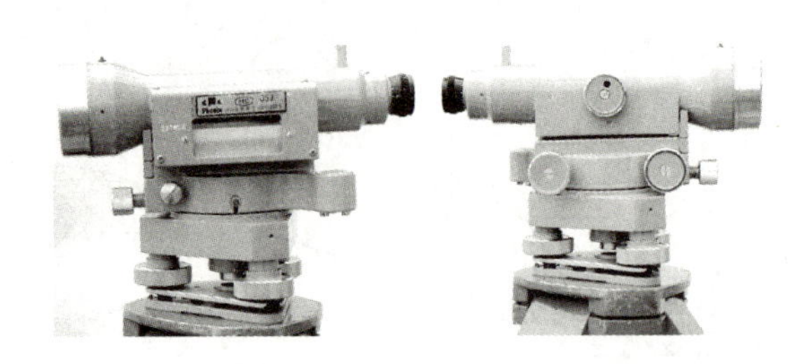

▲图 3-6

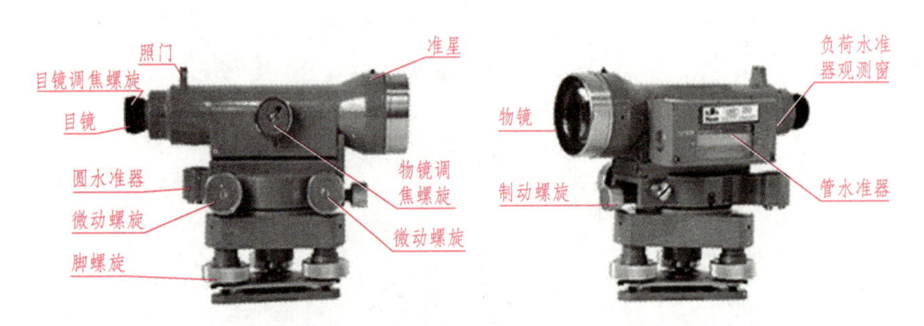

▲图 3-7

(1)望远镜。望远镜是用来瞄准远处目标并提供水平视线用以读数的设备。望远镜及操作部件由物镜及物镜调焦螺旋、目镜及目镜调焦螺旋、十字丝分划板、准星、望远镜制动螺旋、望远镜水平微动螺旋等部分组成，如图 3-8 所示。

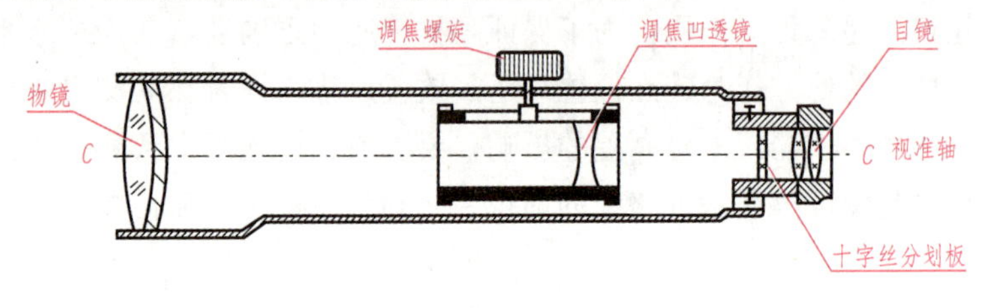

▲图 3-8

旋转物镜调焦螺旋可以使望远镜的目标影像清晰，旋转目镜调焦螺旋可以使十字丝分划板上的十字线清晰。十字丝分划板为一透明玻璃圆片，其上刻有十字线。竖线为一条，称为竖丝；横线为三条，横线中上、下短横线称为上丝和下丝(称为视距丝)，中间长横线称为中丝(也称横丝)。横丝与竖丝互为垂直，其交点称为十字丝交点。在水准测量时，物镜光学中心与十字丝交点的连线，称为视准轴，是瞄准目标的依据。用望远镜瞄准目标时，先松开望远镜制动螺旋，再转动望远镜将准星对准目标，然后拧紧望远镜制动螺旋，再调整水平微动螺旋，以精确瞄准目标。

(2)水准器。水准器是用来检查视准轴是否水平或仪器竖轴是否竖直的装置。水准器分为管水准器和圆水准器两种，管水准器又称为长水准器或水准管。管水准器用来指示视准轴是否水平，圆水准器用来指示竖轴是否竖直，如图 3-9 所示。

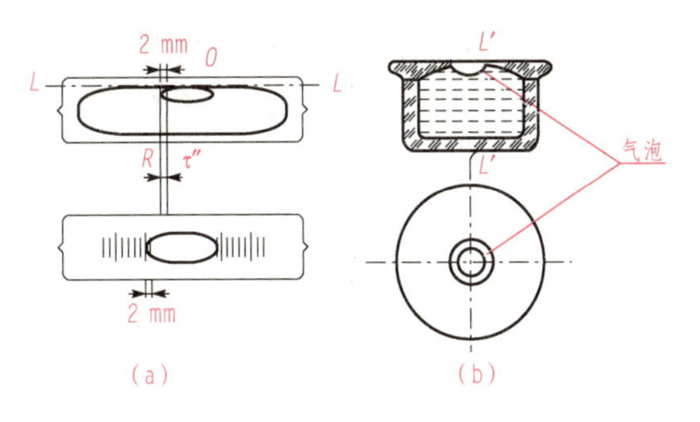

▲图 3-9

(a)管水准器；(b)圆水准器

管水准器是一纵向内壁磨成圆弧形(圆弧半径一般为 7～20 m)的玻璃管，管内装酒精、乙醚或二者的混合液，加热融封冷却后留有一个气泡，如图 3-9 所示。由于气泡较轻，故恒处于管内最高位置。水准管上一般刻有间隔为 2 mm 的分划线，分划线的中点 O，称为水准管零点。通过零点作水准管圆弧的切线，称为水准管轴 LL。当水准管的气泡中点与水准管零点重合时，称为气泡居中，这时水准管轴 LL 处于水平位置。为了便于观察水泡的居中，微倾式水准仪在水准管的上方安装一组符合棱镜。通过符合棱镜的反射作用，使气泡两端的像反映在望远镜旁的符合气泡观察窗中。通过转动微倾螺旋，使气泡的半像成一个圆弧。

圆水准器(又称水准盒)由于精度较低，主要用于粗略整平仪器。它是一个密封玻璃圆盒，里面有一圆形气泡，如图 3-9 所示。圆盒顶面内壁是一个球面，球面中心刻有一个分划圆圈，圆圈中心 O 称为圆水准器零点。通过圆水准器零点的球面法线 $L'L'$，称为圆水准器轴。当圆水准器气泡居中时，圆水准器轴处于铅垂位置。圆水准器的操作部件是组装在基座上的三个脚螺旋，向不同方向旋动脚螺旋，可以使圆水准器气泡居中。

(3)基座。基座主要由轴座、脚螺旋和三角形底板等组成，其作用是支承仪器的上部，并通过连接螺旋将仪器与三脚架相连。

2. 水准尺和尺垫

水准尺是水准测量时使用的标尺。水准尺通常用优质的木材或铝合金制成，要求尺长稳定，分划准确。常用的水准尺有整尺(直尺)、折尺、塔尺三种，如图 3-10 所示。水准尺又可分为单面尺和双面尺。

▲图 3-10

(1)塔尺。塔尺用于等外水准测量，其长度有 3 m 和 5 m 两种，用三节或五节套接在一起。尺的底部为零点，尺上黑白格相间，每格宽度为 1 cm，有的为 0.5 cm，每一米和分米处均有注记。塔尺使用时要注意接合处的卡簧是否卡紧，数值是否连接。

(2)双面尺。双面水准尺用于三、四等水准测量。其长度有 2 m 和 3 m 两种，且两根尺为一对。尺的两面均有刻划，一面为红白相间称红面尺；另一面为黑白相间，称黑面尺(也称主尺)，两面的刻划均为 1 cm，并在分米处注字。两根尺的黑面均由零开始，红面尺由 4.687 m 开始，另一根由 4.787 m 开始，以此作为水准测量时检核读数是否正确。

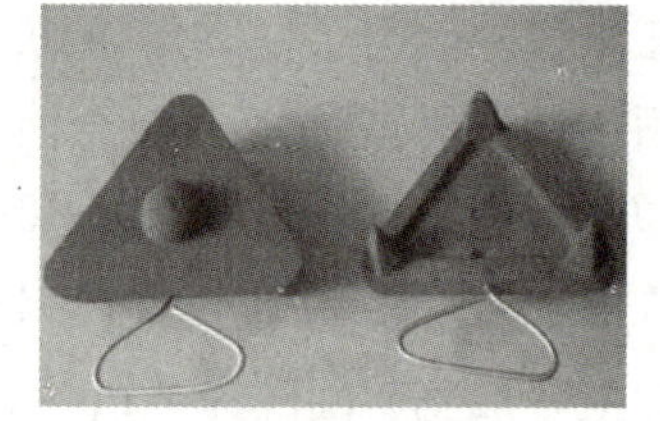

▲图 3-11

如图 3-11 所示，尺垫一般是由铸铁组成的三角形铁块，使用时将三个尖脚踩入土中，圆形凸起物上放置水准尺。在水准测量精度要求较高时，在转点位置需放置尺垫，以防止水准尺下沉或位置移动而影响读数。

三、水准仪的使用

水准仪的使用包括安置仪器、粗略整平、瞄准水准尺、精平和读数等操作步骤。

1. 安置仪器

首先打开三脚架，使脚架高度适中(大致与观测员肩同高)，架头大致水平，牢固架设在地面上，将三脚架的两个架腿连线与前进方向平行。从仪器箱内取出仪器，一手握住仪器，一手旋紧连接螺旋，确认仪器牢固连接在三脚架上后方可放手。

2. 粗略整平

调节水准仪三个脚螺旋使圆水准气泡居中，具体操作是：先将圆水准器置于任一脚螺旋的位置，此时气泡未居中而位于 a 处；同时用两手相对向内或向外转动 1、2 两个脚螺旋，使气泡移到 b 处，如图 3-12(a)所示；转动脚螺旋 3，使气泡居中，如图 3-12(b)所示。注意在整平过程中，气泡的移动方向与左手大拇指转动脚螺旋时的运动方向一致。

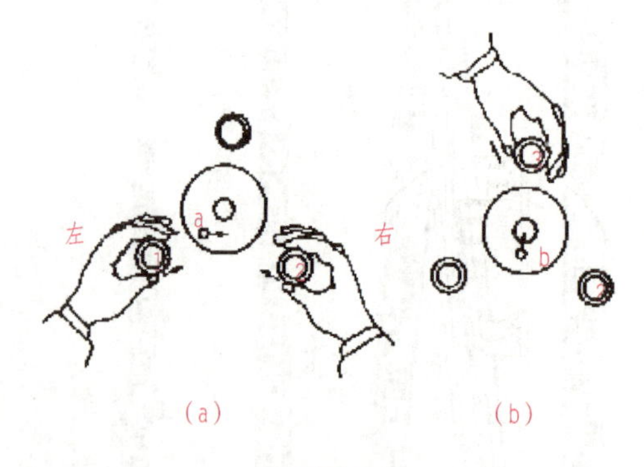

▲图 3-12

3. 瞄准水准尺

(1)调节目镜：将望远镜朝向明亮处，调节目镜调焦螺旋，使十字丝成像清晰、无重影。

(2)初步瞄准：利用望远镜上的准星和照门大致瞄准水准尺，然后旋紧制动螺旋。

(3)调节物镜：调节物镜调焦螺旋，使水准尺成像清晰。

(4)精确瞄准：调节水平微动螺旋，使十字丝的纵丝位于水准尺的中心位置。

(5)消除视差：眼睛在目镜端上下移动，若十字丝的横丝与水准尺影像之间有晃动现象，说明有视差。产生视差的原因是水准尺的影像未在十字丝平面上成像。视差的存在会造成读数不准，应予以消除。消除视差的方法是反复调节目镜调焦螺旋与物镜调焦螺旋，直至水准尺影像与十字丝平面完全重合。

4. 精平

调节望远镜微倾螺旋，从气泡观察窗中看到符合水准气泡两端的影像连成一条抛物线，如图 3-13 所示，此时视线水平。需要注意的是由于微倾式水准仪仪器制造的不完全，故当望远镜由一个方向转动到另一方向时，水准管气泡会产生不吻合的现象，需要重新调节微倾螺旋，使水准气泡吻合，最后才能进行读数。

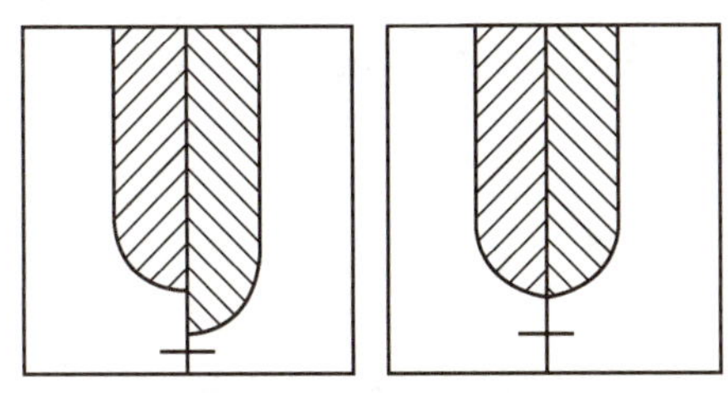

▲图 3-13

5. 读数

仪器精平后，即可读取十字丝中丝在水准尺上的读数，直接读取米、分米、厘米数后，估读毫米位数值，如图 3-14 所示。保证每个读数均为四位数，即使某位数是零也不可省略。读数时要求快速、准确，读数后应立即检查符合水准气泡是否居中，如居中，则读数有限，否则应重新调节微倾螺旋使之居中。

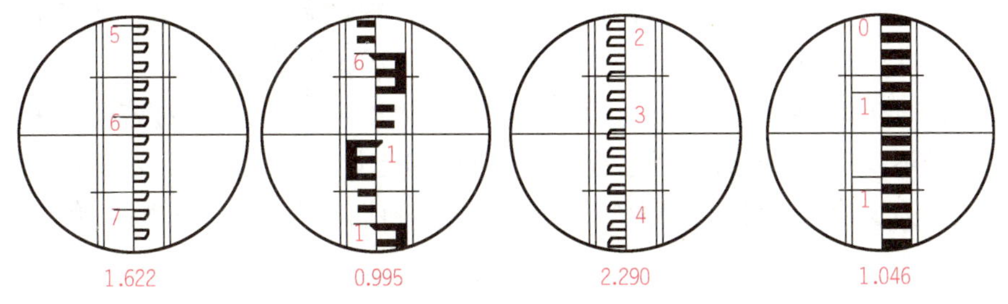

▲图 3-14

四、水准点和水准路线

1. 水准点

为了统一全国的高程系统，国家测绘部门在全国各地埋设并测定了很多高程点，这些点称为水准点，常用 BM 表示。按照等级和保留时间的不同，水准点有永久性和临时性两种。永久性水准点一般用石料或钢筋混凝土制成，深埋到地面冻结线以下，如图 3-15 所示。在标石的顶面设有用不锈钢或其他不易锈蚀的材料制成的半球状标志。有些水准点也可设置在稳定的墙脚下，称为墙上水准点，如图 3-15 所示。工程中的永久性水准点一般用混凝土或钢筋混凝土制成。临时性的水准点可用地面上突出的坚硬岩石或用大木桩打入地下，桩顶钉用半球形铁钉。

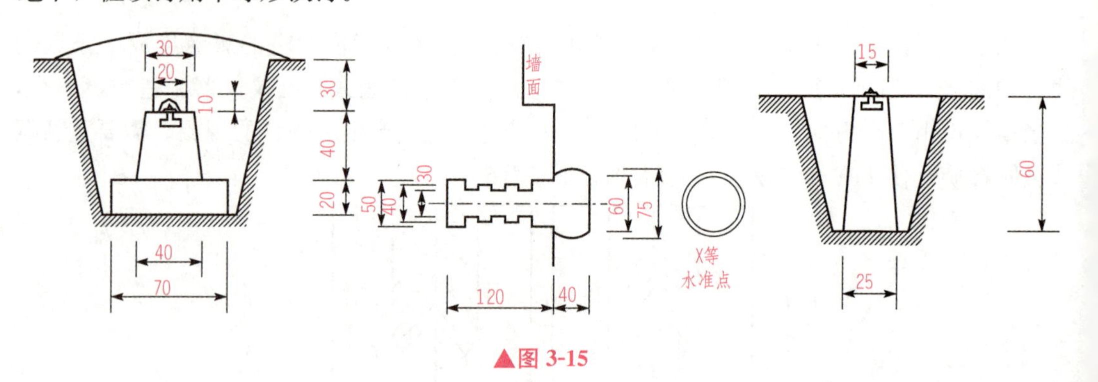

▲图 3-15

为了便于使用时寻找，应绘制水准点与附近固定建筑物或其他地物的关系图，在图上还要写明水准点的编号和高程，称为点之记。

2. 水准路线

水准路线是指进行水准测量所经过的路线，按照布设方式的不同及测区的要求，水准路线可布设成以下几种形式：

(1)附合水准路线。如图 3-16(a)所示，从已知高程水准点 BM_1 出发，经过若干个未知高程点的观测后，到达另一已知高程水准点 BM_2，这种水准路线称为附合水准路线。

(2)闭合水准路线。如图 3-16(b)所示，从已知高程水准点出发，经过若干个未知高程点的观测后，回到起始高程水准点，这种水准路线称为闭合水准路线。

(3)支水准路线。如图 3-16(c)所示，从已知高程水准点出发，经过若干个未知高程点的观测后，既不到达另一已知高程水准点，也不回到起始高程水准点，这种水准路线称为支水准路线。为了检核这种水准路线观测成果的正确性和提高观测精度，必须进行往返测量。

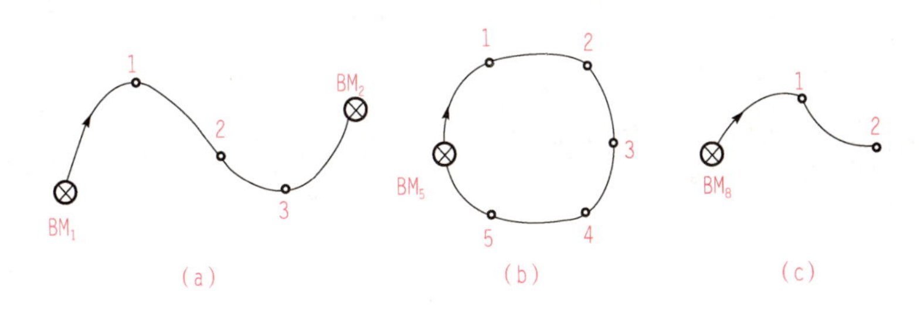

▲图 3-16

(a)附合水准路线；(b)闭合准路线；(c)支水准路线

任务实施

一、普通水准测量的外业观测

当欲测的高程点距水准点较远或高差很大时，就需要连续多次安置仪器以测出两点的高差。具体观测步骤如下。

1. 观测与记录

(1)在离 A 点适当距离处，选择 TP_1 点，放置尺垫，在 A 点和 TP_1 点尺垫上分别竖立水准尺。

(2)在 A、TP_1 两点中间安置水准仪，调节脚螺旋，使圆水准器气泡居中。

(3)瞄准后视点 A 的水准尺，转动微倾螺旋，使水准管气泡居中，读取后视读数 2.142 m，记入水准测量手簿相应栏内(见表 3-1)。

(4)转动望远镜，瞄准前视点 TP_1 的水准尺，精确整平之后，读取前视读数 1.258 m，记入手簿(表 3-1)。

(5)计算 A、TP_1 两点间的高差，即：

$$h_{ATP_1}=2.142-1.258=+0.884(\mathrm{m})$$

将计算出来的高差记入手簿相应栏内(见表 3-1)。至此完成一个测站的观测工作。

第一站测完，TP_1 点上的水准尺不动，A 点上的水准尺与水准仪向前移动。在距 TP_1 点适当距离处选择 TP_2 点，水准尺立于 TP_2 点，在 TP_1、TP_2 两点中间安置水准仪。用同样的方法进行观测和计算，直到测到 B 点为止。

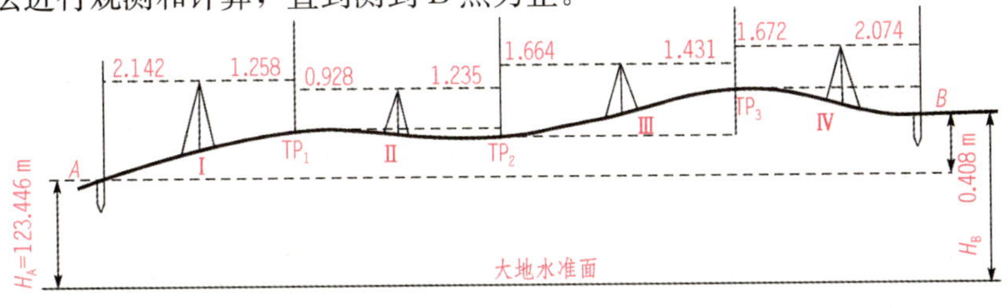

▲图 3-17

▼表 3-1　水准测量手簿

时　间＿＿＿＿　仪器型号＿＿＿＿　观测者＿＿＿＿　记录者＿＿＿＿

测站	测点	水准尺读数/m		高差/m		高程/m	备注
		后视读数	前视读数	+	−		
	2	3	4	5		6	7
1	BM_A	2.142		+0.884		123.446	
	TP_1		1.258				
2	TP_1	0.928			−0.307		
	TP_2		1.235				
3	TP_2	1.664		+0.233			
	TP_3		1.431				
4	TP_3	1.672			−0.402		
	BM_B		2.074			123.854	
计算检核	$\sum$	6.406	5.998	+1.117	−0.709		
	$\sum a-\sum b=+0.408$			$\sum h=+0.408$		$h_{AB}=H_B-H_A=+0.408$	

2. 计算

(1)每一测站都可测得前、后视两点的高差，即：

$$h_{ATP_1}=a_1-b_1=2.142-1.258=+0.884(\text{m})$$

将各测站高差相加，得：

$$h_{AB}=\sum a-\sum b=6.406-5.998=+0.408(\text{m})$$

则 B 点高程为：

$$H_B=H_A+\sum h=123.446+0.408=123.854(\text{m})$$

(2)计算检核。为了保证记录表中计算数据的正确，应对后视读数总和减前视读数总和、高差总和、B 点高程与 A 点高程之差进行检核，这三个数据应相等。

$$\sum a-\sum b=6.406-5.998=+0.408(\text{m})$$

$$\sum h=1.117-0.709=+0.408(\text{m})$$

$$h_{AB}=H_B-H_A=123.854-123.446=+0.408(\text{m})$$

3. 水准测量的测站检核

上述计算中只能检核计算是否正确，不能及时检核观测、记录中的问题，对于水准路线测量，单测站的错误会直接影响到整条水准路线的成果。为保证每一测站数据的正确性，需要对测站进行检核，以检查观测中存在的问题。常用的测站检核的方法有双面尺法和变动仪器高法两种。

(1)双面尺法。水准尺两面都有刻度，测量时保持仪器不动，分别对水准尺的黑面和红面进行观测。利用前、后视的黑面和红面读数，计算出两个高差。如果高差的差值不超过规定的限差(例如四等水准测量容许值为±5 mm)，取其平均值作为该测站最后结果，否则需要重测。

(2)变动仪器高法。变动仪器高法是在同一个测站上用两次不同的仪器高度，测得两次高差进行检核。要求：改变仪器高度应大于 10 cm，两次所测高差之差不超过容许值，取其平均值作为该测站最后结果，否则需要重测。

二、水准测量的成果计算

测站检核只能检核单个测站上是否存在错误或误差超限。对于水准路线来说，由于仪器不够完善，观测、读数带有误差，以及外界条件(如大气折光、温度变化等)的影响，虽然在单个测站上反映不明显，但随着测站数的增多会使误差积累，有时也会超过规定的限差。因此必须对水准路线的成果进行检核，当观测误差小于容许误差时，认为测量成果合格，可供使用；若大于容许误差，则说明发生了差错，应该查明原因，予以重测。工程测量规范中，对不同等级水准测量的高差闭合差都进行了规定，其具体技术要求应符合表 3-2的规定。

表 3-2　水准测量的主要技术要求

等级	路线长度/km	水准仪型号	水准尺	观测次数		往返较差、附合或环线闭合差	
				与已知点联测	附合或环线	平地/mm	山地/mm
二等	—	DS_1	因瓦	往返各一次	往返各一次	$4\sqrt{L}$	—
三等	≤50	DS_1	因瓦	往返各一次	往一次	$12\sqrt{L}$	$4\sqrt{n}$
		DS_3	双面		往返各一次		
四等	≤16	DS_3	双面	往返各一次	往一次	$20\sqrt{L}$	$6\sqrt{n}$
五等	—	DS_3	单面	往返各一次	往一次	$30\sqrt{L}$	—
等外	≤5	DS_3	单面	往返各一次	往一次	$\pm 40\sqrt{L}$	$\pm 12\sqrt{n}$

注：1. 结点之间或结点与高级点之间，其路线的长度，不应大于表中规定的 0.7 倍。
2. L 为往返测段，附合或环线的水准路线长度(km)；n 为测站数。
3. 数字水准仪测量的技术要求和同等级的光学水准仪相同。

1. 附合水准路线的成果计算

图 3-18 是一附合水准路线等外水准测量示意图，A、B 为已知高程的水准点，$H_A=65.376$ m，$H_B=68.623$ m，1、2、3 为待定高程的水准点。现采用等外水准测量的方法进行观测，各段观测高差、测站数、路线长度均注在图 3-18 中，现按步骤计算各待测点高程。

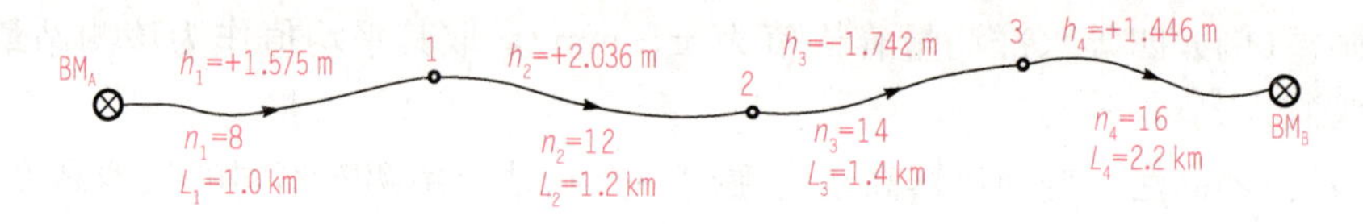

▲图 3-18

(1)将观测数据及已知数据填入表 3-3 中。

▼表 3-3　附合水准路线测量成果计算表

点号	测量路线/km	测站数 n	实测高差/m	改正数/mm	改正后的高差/m	高程/m	备注
BM_A						65.376	
	1.0	8	+1.575	−12	+1.563		
1						66.939	
	1.2	12	+2.036	−14	+2.022		
2						68.961	
	1.4	14	−1.742	−16	−1.758		
3						67.203	
	2.2	16	+1.446	−26	+1.420		
BM_B						68.623	
$\sum$	5.8	50	+3.315	−68	+3.247		
辅助计算	$f_h=\sum h_{测}-(H_B-H_A)=3.315-(68.623-65.376)=+0.068(m)=+68(mm)$ $f_{h容}=\pm 40\sqrt{L}=\pm 40\sqrt{5.8}=\pm 96(mm)$　　$\lvert f_h\rvert<\lvert f_{h容}\rvert$　成果合格						

(2)求和。分别计算出测量路线、测站数、实测高差的和，并将数值填入表 3-3 中。

(3)计算高差闭合差。附合水准路线代数和的理论值应等于两个已知水准点的高差($\sum h_{理}=H_{终}-H_{始}$)，但由于测量误差的存在，致使各测段的代数和往往不等于理论值，这个差值就是高差闭合差。

根据附合水准路线的测站数及路线长度求出每公里测站数，以便确定采用平地或山地高差闭合差容许值的计算公式。在本例题中：

$$\frac{\sum n}{\sum L}=\frac{50}{5.8}=8.6(站/km)<16(站/km)$$

故高差闭合差容许值采用平地公式计算。等外水准测量平地高差闭合差容许值 $f_{h容}$ 的计算公式为：

$$f_{h容}=\pm 40\sqrt{L}(mm)$$

$f_h=\sum h_{测}-(H_B-H_A)=3.315-(68.623-65.376)=+0.068(m)=+68(mm)$

$f_{h容}=\pm 40\sqrt{L}=\pm 40\sqrt{5.8}=\pm 96(mm)$　　$\lvert f_h\rvert<\lvert f_{h容}\rvert$

精度符合要求，进行高差闭合差的调整。

(4)高差闭合差的调整。当高差闭合差在容许的范围以内，可将高差闭合差分配到给测段高差中。对于同一条水准路线观测条件相同，则出现误差的概率是相同的，故高差闭合差的调整按与测站数或测段长度成正比例的原则，将高差闭合差反号分配到各相应测段的高差上，得改正后高差。即：

$$v_i = -\frac{f_h}{\sum n} \times n_i \qquad v_i = -\frac{f_h}{\sum L} \times L_i \tag{3-8}$$

式中　v_i——第 i 测段的高差改正数(mm)；

$\sum n$、$\sum L$——水准路线总测站数与总长度；

n_i、L_i——第 i 测段的测站数与测段长度。

在本例中，各测段改正数为：

$$v_1 = -\frac{f_h}{\sum L} \times L_1 = -\frac{68}{5.8} \times 1.0 = -12(\text{mm})$$

$$v_2 = -\frac{f_h}{\sum L} \times L_2 = -\frac{68}{5.8} \times 1.2 = -14(\text{mm})$$

$$v_3 = -\frac{f_h}{\sum L} \times L_3 = -\frac{68}{5.8} \times 1.4 = -16(\text{mm})$$

$$v_4 = -\frac{f_h}{\sum L} \times L_4 = -\frac{68}{5.8} \times 2.2 = -26(\text{mm})$$

将计算出的改正数填入表 3-3 中相应位置，注意改正数的和应与高差闭合差大小相等，符号相反，即 $\sum v_i = -f_h$，作为检核计算的正确性。

(5)计算改正后高差。各测段改正后高差等于各测段观测高差加上相应的改正数，即：

$$h'_i = h_{i测} + v_i \tag{3-9}$$

本例题中，各测段改正后高差为：

$$h'_1 = h_1 + v_1 = +1.575 + (-0.012) = +1.563(\text{m})$$

$$h'_2 = h_2 + v_2 = +2.036 + (-0.014) = +2.022(\text{m})$$

$$h'_3 = h_3 + v_3 = -1.742 + (-0.016) = -1.758(\text{m})$$

$$h'_4 = h_4 + v_4 = +1.446 + (-0.026) = +1.420(\text{m})$$

将计算出的改正后高差填入表 3-3 中相应位置。

(6)各点高程的计算。根据检核过的改正后高差，由起始点 A 开始，逐点推算出各点的高程，填入表 3-3 相应位置。最后算得的 B 点高程应与已知的高程 H_B 相等，否则说明高程计算有误。本例中各待测点高程分别是：

$$H_1 = H_A + h'_1 = 65.376 + 1.563 = 66.939(\text{m})$$

$$H_2 = H_1 + h'_2 = 66.939 + 2.022 = 68.961(\text{m})$$

$$H_3 = H_2 + h'_3 = 68.961 + (-1.758) = 67.203(\text{m})$$

$$H_{B(推算)} = H_3 + h'_4 = 67.203 + 1.420 = 68.623(\text{m}) = H_{B(已知)}$$

2. 闭合水准路线的成果计算

图 3-19 是一闭合水准路线等外水准测量示意图，A 为已知高程的水准点，H_A = 65.376 m，1、2、3 为待定高程的水准点。现采用等外水准测量的方法进行观测，各段观测高差、测站数均注在图 3-19 中，现按步骤计算各待测点高程。

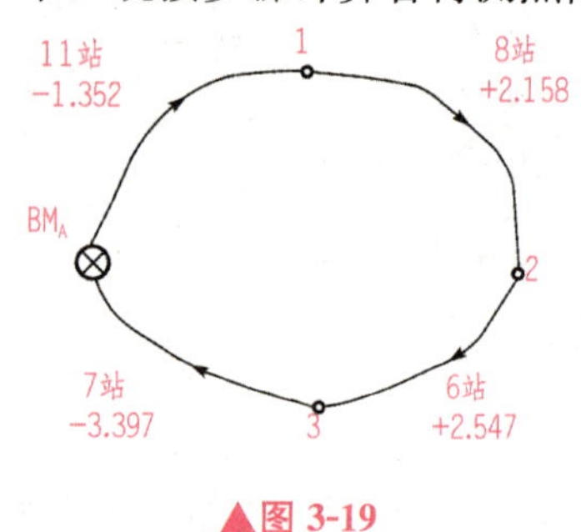

▲图 3-19

(1)将观测数据及已知数据填入表 3-4 中。

▼表 3-4 闭合水准路线测量成果计算表

点号	测站数 n	实测高差/m	改正数/mm	改正后的高差/m	高程/m	备注
BM$_A$					65.376	
	11	−1.352	+15	−1.337		
1					64.039	
	8	+2.158	+11	+2.169		
2					66.208	
	6	+2.547	+8	+2.555		
3					68.763	
	7	−3.397	+10	−3.387		
BM$_A$					65.376	
$\sum$	32	−0.044	+44	0.000		
辅助计算	$f_h=\sum h_{测}=-44(\text{mm})$ $f_{h容}=\pm12\sqrt{n}=\pm12\sqrt{32}=\pm68(\text{mm})$　$\lvert f_h\rvert<\lvert f_{h容}\rvert$　成果合格					

(2)求和。分别计算出测站数、实测高差的和，并将数值填入到表 3-4 中。

(3)计算高差闭合差。对于闭合水准路线，由于是从一已知点出发，经过若干待测点测量后，回到起点，故高差的代数和理论值应等于 0，但由于测量中不可避免地会存在误差，致使观测值代数和不等于 0，这个差值就是高差闭合差。

$$f_h=\sum h_{测}=-44(\text{mm})$$

$$f_{h容}=\pm12\sqrt{n}=\pm12\sqrt{32}=\pm68(\text{mm})\qquad \lvert f_h\rvert<\lvert f_{h容}\rvert$$

精度符合要求，进行高差闭合差的调整。

(4)高差闭合差的调整。在本例中，各测段改正数为：

$$v_1=-\frac{f_h}{\sum n}\times n_1=-\frac{-44}{32}\times 11=15(\text{mm})$$

$$v_2=-\frac{f_h}{\sum n}\times n_2=-\frac{-44}{32}\times 8=11(\text{mm})$$

$$v_3=-\frac{f_h}{\sum n}\times n_3=-\frac{-44}{32}\times 6=8(\text{mm})$$

$$v_4=-\frac{f_h}{\sum n}\times n_4=-\frac{-44}{32}\times 7=10(\text{mm})$$

将计算出的改正数填入表 3-4 中相应位置，$\sum v_i=-f_h$，说明计算的正确性。

(5)计算改正后高差。本例中，各测段改正后高差为：

$$h'_1=h_1+v_1=-1.352+(+0.015)=-1.337(\text{m})$$

$$h'_2=h_2+v_2=+2.158+(+0.011)=+2.169(\text{m})$$

$$h'_3=h_3+v_3=+2.547+(+0.008)=+2.555(\text{m})$$

$$h'_4=h_4+v_4=-3.397+(+0.010)=-3.387(\text{m})$$

将计算出的改正后高差填入表 3-4 中相应位置。

(6)各点高程的计算。本例中，各待测点高程分别是：

$$H_1=H_A+h'_1=65.376+(-1.337)=64.039(\text{m})$$

$$H_2=H_1+h'_2=64.039+2.169=66.208(\text{m})$$

$$H_3=H_2+h'_3=66.208+2.555=68.763(\text{m})$$

$$H_{A(推算)}=H_3+h'_4=68.763+(-3.387)=65.376(\text{m})=H_{A(已知)}$$

3. 支水准路线的成果计算

如图 3-20 所示为一支水准路线等外水准测量示意图，A 为已知高程的水准点，其高程 H_A 为 45.276 m，1 点为待定高程的水准点，h_f 和 h_b 为往返测量的观测高差。往、返测的测站数共 16 站，计算 1 点的高程。

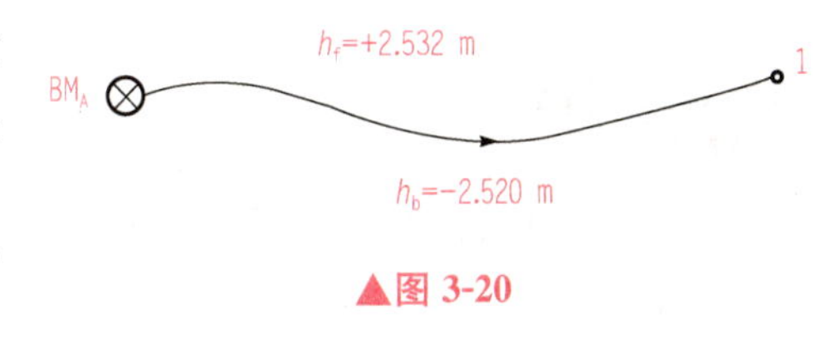

▲图 3-20

(1)计算高差闭合差。对于支水准路线，为了检核数据的正确性，需进行往返测量，由于往返测量的方向相反，故往、返测量得到的高差理论值应大小相等，符号相反，其相加应等于 0，但由于测量误差的存在，故高差闭合差为：

$$f_h=h_f+h_b=+2.532+(-2.520)=+0.012(\text{m})=+12\ \text{mm}$$

(2)计算高差闭合差容许值。

$$n=\frac{1}{2}(n_f+n_b)=\frac{1}{2}\times 16=8\ 站$$

$$f_{h容}=\pm 12\sqrt{n}=\pm 12\sqrt{8}=\pm 34(\text{mm})$$

因 $|f_h|<|f_{h容}|$，故精确度符合要求。

(3)计算改正后高差。取往测和返测的高差绝对值的平均值作为 A 和 1 两点间的高差，其符号和往测高差符号相同，即：

$$h_{A1}=\frac{+2.532+2.520}{2}=+2.526(\text{m})$$

(4)计算待定点高程。

$$H_1=H_A+h_{A1}=45.276+2.526=47.802(\text{m})$$

任务总结

1. 水准测量是利用水准仪提供的水平视线，并借助水准尺测定地面两点间的高差，然后通过已知点的高程，求出未知点的高程。

2. 水准测量方法有高差法和视线高法两种。

3. 水准测量所用的的仪器主要是水准仪、水准尺和尺垫。

4. DS_3 型微倾式水准仪主要由望远镜、水准器和基座三部分组成。

5. 望远镜及操作部件由物镜及物镜调焦螺旋、目镜及目镜调焦螺旋、十字丝分划板、准星、望远镜制动螺旋、望远镜水平微动螺旋等部分组成。

6. 水准仪的使用包括安置仪器、粗略整平、瞄准水准尺、精平和读数等操作步骤。

7. 视差是指眼睛在目镜端上下移动，十字丝的横丝与水准尺影像之间有晃动现象。产生视差的原因是水准尺的影像未在十字丝平面上成像。视差的存在会造成读数不准，应予以消除。

8. 水准路线可分为附合水准路线、闭合水准路线和支水准路线。

9. 常用的测站检核的方法有双面尺法和变动仪器高法两种。

10. 水准测量成果计算的步骤是计算高差闭合差、高差闭合差的调整、计算改正后高差和各点高程。

课后训练

1. 已知 A 点高程 $H_A=345.875$ m，后视读数 $a=1.451$ m，前视读数 $b=1.670$ m，求 B 点高程。

2. 已知 A 点高程 $H_A=451.624$ m，先测得 A 点后视读数 $a=1.611$ m，接着在各待定点上立尺，分别测得读数 $b_1=1.021$ m，$b_2=1.716$ m，$b_3=2.058$ m。求 1、2、3 点的高程。

3. 什么是转点？其作用是什么？

4. 水准仪由哪些部分组成？其作用分别是什么？

5. 水准仪的使用包括哪些步骤？

6. 什么是视差？应如何消除？

7. 按照布设方式的不同及测区的要求，水准路线可布设成哪几种形式？

8. 简述水准测量的外业观测。

9. 完成表 3-5 水准测量手簿的计算。

▼表 3-5　水准测量手簿计算

测站	测点	水准尺读数/m		高差/m		高程/m	备注
		后视读数	前视读数	+	−		
1	2	3	4	5	6	7	
1	BM_A	1.351					
	TP_1		1.432				
2	TP_1	1.781					
	TP_2		1.596				
3	TP_2	0.964					
	TP_3		1.107				
4	TP_3	1.653					
	BM_B		1.298				
计算检核	$\sum$						

10. 水准测量的测站检核常用方法有哪些？为什么要进行测站检核？

11. 完成图 3-21 所示附合水准路线的成果计算，并将结果填入表 3-6 中。

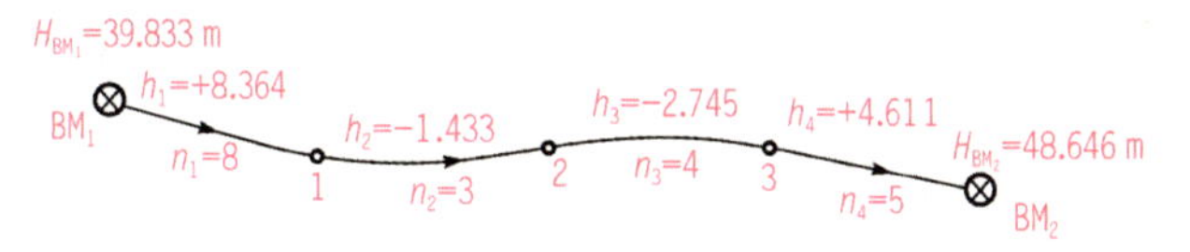

▲图 3-21

▼表 3-6　附合水准路线成果计算

点号	测站数/km	实测高差/m	改正数/mm	改正后的高差/m	高程/m	备注
BM_1						
1						
2						
3						
BM_2						
$\sum$						
辅助计算						

12. 完成图 3-22 所示闭合水准路线的成果计算，并将结果填入表 3-7 中。

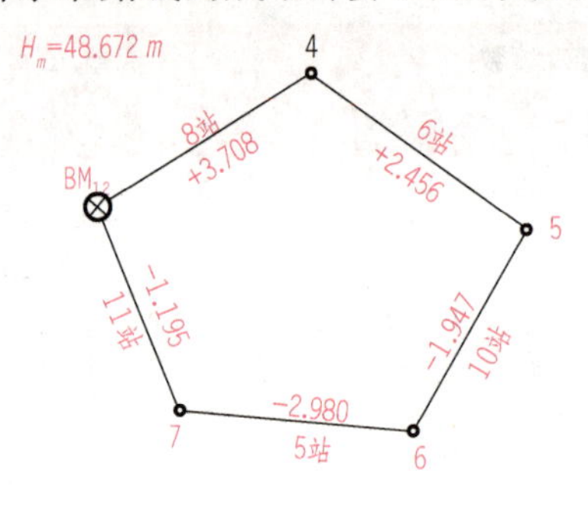

▲图 3-22

▼表 3-7 闭合水准路线成果计算

点号	测站数/km	实测高差/m	改正数/mm	改正后的高差/m	高程/m	备注
BM_{12}						
4						
5						
6						
7						
BM_{12}						
$\sum$						
辅助计算						

13. 已知一支水准路线等外水准测量 A 为已知高程的水准点，其高程 H_A 为 56.296 m，B 点为待定高程的水准点，h_f=1.985 m，h_b=1.991 m。往、返测的测站数共 20 站，计算 B 点的高程。

自动安平水准仪

自动安平水准仪是指在一定的竖轴倾斜范围内，利用补偿器自动获取视线水平时水准标尺读数的水准仪。是用自动安平补偿器代替管状水准器，在仪器微倾时补偿器受重力作用而相对于望远镜筒移动，使视线水平时标尺上的正确读数通过补偿器后仍旧落在水平十字丝上。它可简化操作手续，提高作业速度，以减少外界条件变化所引起的观测误差。图3-23是NAL124自动安平水准仪的各部件名称。

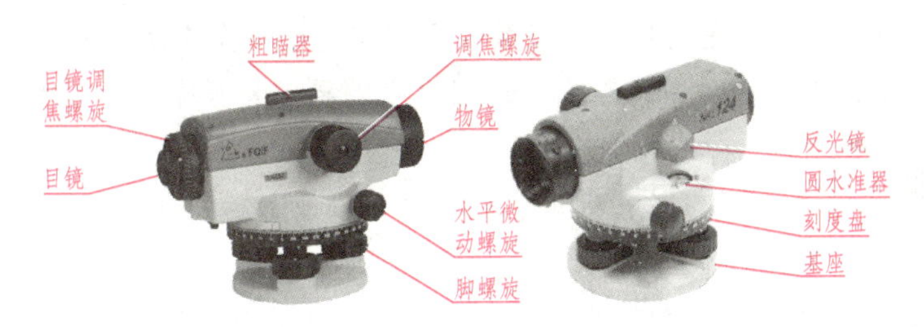

▲图 3-23

自动安平水准仪与微倾式水准仪操作十分相似。两者区别在于：(1)自动安平水准仪的机械部分采用了摩擦制动(无制动螺旋)控制望远镜的转动；(2)自动安平水准仪在望远镜的光学系统中装有一个自动补偿器，代替了管水准器起到了自动安平的作用，当望远镜视线有微量倾斜时，补偿器在重力作用下对望远镜作相对移动，从而能自动而迅速地获得视线水平时的标尺读数。需要注意的是，自动安平水准仪的目镜旁设有按钮，此按钮可以直接触动补偿器。读数前轻按此按钮，如果水准尺上读数变动后又能恢复为原来读数，则表示补偿器工作正常。

自动安平水准仪由于没有制动螺旋、管水准器和微倾螺旋，在观测时，仪器粗略整平后，即可直接在水准尺上进行读数，省略了“精平”过程，从而大大加快了测量速度。据统计，该仪器与普通水准仪比较能提高观测速度约40%，从而显示了它的优越性。目前其广泛应用于测绘和工程建设中。

数字水准仪

数字水准仪又称电子水准仪，是现代微电子技术和传感器工艺发展的产物，它依据图像识别原理，将编码尺的图像信息与已存储的参考信息进行比较获得高程信息，从而实现了水准测量数据采集、处理和记录的自动化。其基本构造由光学机械部分、自动安平补偿装置和电子设备组成，电子设备主要包括调焦编码器、光电传感器(线阵CCD器件)、读取电子元件、单片微处理机、CSI接口(外部电源和外部存储记录)、显示器件、键盘和测量键以及影像、数据处理软件等，标尺采用条形码供电子测量使用。如图3-24所示为EL28电子水准仪的各部件名称。

数字水准仪是以自动安平水准仪为基础，在望远镜光路中增加了分光镜和探测器(CCD)，并采用条码标尺和数字图像处理系统而构成的光机电测量一体化的高科技产品。采用普通标尺可以像一般自动安平水准仪一样使用，它与传统光学水准仪相比有以下优点。

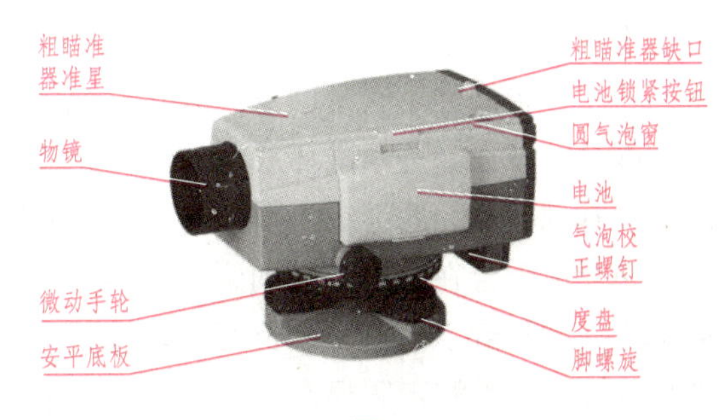

▲图 3-24

(1)读数客观：不存在误读、误记问题，没有人为读数误差。

(2)精度高：视线高和视距读数都是采用大量条码分划图像经过处理后取平均得出来的，因此削弱了标尺分划误差的影响。多数仪器都有进行多次读数取平均的功能，可以削弱外界条件如振动、大气扰动等的影响。这同时也就要求标尺条码要有足够的可见范围，用于测量的条码不能遮挡。

(3)速度快：由于省去了报数、听记、现场计算以及人为出错的重测数量，测量时间与传统仪器相比可以节省1/3左右。

(4)效率高：只需调焦和按键就可以自动读数，减轻了劳动强度。视距还能自动记录、检核、处理，并能输入电子计算机进行后处理，可实现内外业一体化。

(5)操作简单：由于仪器实现了读数和记录的自动化，并预存了大量测量和检核程序，在操作时还有实时提示，因此测量人员可以很快掌握使用方法，减少了培训时间，即使不熟练的作业人员也能进行高精度测量。

任务三　高程控制测量

任务描述

高程控制测量主要涉及测定高程控制点的工作，目前常采用的方法是三、四等水准测量。

夯实基础

高程控制测量是指测定高程控制点的工作。建立高程控制网的主要方法是水准测量，对于山区、丘陵等地形起伏较大、测量精度要求不高时，可以采用三角高程的测量方法。

国家高程控制网是用精密水准测量方法建立的，按照精度要求的不同包括一、二、三、四等，逐级布设。

一等水准网是沿平缓的交通路线布设成周长约1 500 km的环形路线。一等水准网是精度最高的高程控制网，它是国家高程控制的骨干，同时也是地学科研工作的主要依据。二等水准网是布设在一等水准环线内，形成周长为500～750 km的环线。它是国家高程控制网的全面基础。三、四等级水准网是直接为地形测图或工程建设提供高程控制点。三等水准一般布置成附合在高级点间的附合水准路线，长度不超过200 km。四等水准均为附合在高级点间的附合水准路线，长度不超过80 km。

图根水准测量是测定图根水准点位置的工作。所谓图根水准点是指直接供地形测图使用的控制点。其密度取决于测图精度和地形的复杂程度，具体要求应符合国家有关规范的要求。各等级水准观测的主要技术要求，应符合表 3-8 的规定。

表 3-8　水准观测的主要技术要求

等级	水准仪型号	视线长度/m	前后视较差/m	前后视累积差/m	视线离地面最低高度/m	基、辅分划或黑、红面读数较差/mm	基、辅分划或黑、红面所测高差较差/mm
二等	DS_1	50	1	3	0.5	0.5	0.7
三等	DS_1	100	3	6	0.3	1.0	1.5
	DS_3	75				2.0	3.0
四等	DS_3	100	5	10	0.2	3.0	5.0
五等	DS_3	100	近似相等	—	—	—	—

注：1. 二等水准视线长度小于 20 m 时，其视线高度不应低于 0.3 m。
2. 三、四等水准采用变动仪器高度观测单面水准尺时，所测两次高差较差，应与黑面、红面所测高差之差的要求相同。
3. 数字水准仪观测，不受基、辅分划或黑、红面读数较差指标的限制，但测站两次观测的高差较差，应满足表中相应等级基、辅分划或黑、红面所测高差较差的限值。

任务实施

三、四等水准测量，除用于国家高程控制网的加密外，还常用作小地区的首级高程控制网，以及工程建设地区内工程测量和变形观测的基本控制。三、四等水准网应从附近的国家一、二等水准点引测高程。三、四等水准点应埋设普通水准标石或临时水准点标志，也可利用埋石的平面控制点作为水准点。位置应选择地基稳固，能长久保存和便于观测的地方。

一、三、四等水准测量的观测方法

三、四等水准测量应在通视良好、望远镜成像清晰稳定的情况下进行，常用的仪器是水准仪，如果是自动安平水准仪，则不需要精平，如果不是，则每次读数前必须精平，从而保证成果的精度。常用的观测方法有变动仪器高法和双面尺法，由于变动仪器高需要调节两次仪器，故一般采用双面尺法。现介绍用双面尺法完成一个测站的观测。

(1)安置水准仪，整平，瞄准后视尺，精平，读取后视水准尺的黑面上丝、下丝和中丝读数，记入表 3-9(1)、(2)、(3)中。

(2)转动水准尺，读取红面的中丝读数，记入表 3-9(4)中。

(3)转动望远镜，瞄准前视尺，精平，读取水准尺黑面上丝、下丝和中丝读数，记入表 3-9(5)、(6)、(7)中。

(4)转动水准尺，读取红面的中丝读数，记入表 3-9(8)中。

以上即完成一个测站的观测，这个观测顺序称为“后－后－前－前”或“黑－红－黑－红”，主要用于四等水准测量，可减小仪器操作误差对测量结果的影响，且便于跑尺，对于三等水准测量，为了减小仪器下沉对测量成果的影响，可采用“后－前－前－后”或“黑－黑－红－红”的观测顺序。

完成一个测站观测时，需对该测站的数据进行计算和检核，满足表 3-8 的限差要求后，方可搬站。

▼表 3-9 三、四等水准测量记录

时 间________ 仪器型号________ 观测者________ 记录者________

测站编号	测点编号	后尺 上丝 下丝 后视距/m 视距差 d	前尺 上丝 下丝 前视距/m $\sum d$	方向及尺号	中丝读数/m 黑面	中丝读数/m 红面	黑＋K－红/mm	平均高差/m	备注
		(1) (2) (9) (11)	(5) (6) (10) (12)	后 前 后－前	(3) (7) (15)	(4) (8) (16)	(13) (14) (17)	(18)	
1	BM_1 | TP_1	1.891 1.525 36.6 −0.2	0.758 0.390 36.8 −0.2	后 前 后－前	1.708 0.574 ＋1.134	6.395 5.361 ＋1.034	0 0 0	＋1.134 0	
2	TP_1 | TP_2	2.746 2.313 43.3 −0.9	0.867 0.425 44.2 −1.1	后 前 后－前	2.530 0.646 ＋1.884	7.319 5.333 ＋1.986	−2 0 −2	＋1.885 0	K_7＝4.687 K_8＝4.787
3	TP_2 | TP_3	2.043 1.502 54.1 ＋1.0	0.849 0.318 53.1 −0.1	后 前 后－前	1.773 0.584 ＋1.189	6.459 5.372 ＋1.087	＋1 −1 ＋2	＋1.188 0	
4	TP_3 | BM_2	1.167 0.655 51.2 −1.0	1.677 1.155 52.2 −1.1	后 前 后－前	0.911 1.416 −0.505	5.696 6.102 −0.406	＋2 ＋1 ＋1	−0.505 5	

二、三、四等水准测量的测站检核

1. 视距的计算和检核

后视距：(9)=[(1)－(2)]×100

前视距：(10)=[(5)－(6)]×100

前后视距差：(11)=(9)－(10)

前后视距累计视距差：(12)=本站的(11)＋上站的(12)

上述误差应符合表 3-8 的规定。

本例中：

后视距：(1.891－1.525)×100=36.6(m)

前视距：(0.758－0.390)×100=36.8(m)

前后视距差：36.6－36.8=－0.2(m)

对于第一测站而言，由于没有上站的累计视距差，故：

前后视距累计视距差：(12)=－0.2(m)

2. 同一水准尺红、黑面中丝读数差的检核

同一水准尺红、黑面中丝读数差为：

(13)=(3)＋K－(4)

(14)=(7)＋K－(8)

K 为水准尺红、黑面常数差，一对水准尺的常数差 K 分别为 4.687 和 4.787。

本例中：

1.708＋4.687－6.395=0(m)

0.574＋4.787－5.361=0(m)

在实际计算中，为了加快计算速度，可只计算厘米和毫米，具体方法是黑－红－13，得同一水准尺红、黑面中丝读数差。例如：108－95－13=0(m)。

3. 高差的计算和检核

黑面高差：(15)=(3)－(7)

红面高差：(16)=(4)－(8)

黑、红面读数较差：(17)=(13)－(14)=(15)－(16)±100

式中±100 为两水准尺常数 K 之差。

上述误差应符合表 3-8 的规定。

本例中：

黑面高差：1.708－0.574=＋1.134(m)

红面高差：6.395－5.361=＋1.034(m)

黑、红面读数较差：0－0=0=(＋1.134)－(1.034)－0.100

4. 计算平均高差

$$(18)=\frac{1}{2}[(15)+(16)\pm100]$$

5. 每页水准测量记录的计算校核

(1)视距的计算和检核。

$$\text{末站的}(12)=\sum(10)$$

无误后计算：

$$\text{总视距}=\sum(9)+\sum(10)$$

(2)高差的计算和检核。

当测站数为偶数时：

$$\text{总高差}=\sum(18)=\frac{1}{2}\left[\sum(15)+\sum(16)\right]$$

当测站数为奇数时：

$$\text{总高差}=\sum(18)=\frac{1}{2}\left[\sum(15)+\sum(16)\pm100\right]$$

三、三、四等水准测量的成果计算

三、四等水准测量外业成果经检核无误后，可按水准测量成果计算的方法，进行高差闭合差的调整，计算出各待测点的高程。

任务总结

1. 高程控制测量是指测定高程控制点的工作。建立高程控制网的主要方法是水准测量和三角高程的测量方法。

2. 国家高程控制网是用精密水准测量方法建立的，按照精度要求的不同包括一、二、三、四等，逐级布设。

3. 三、四等水准测量的观测步骤为安置水准仪、整平，瞄准后视尺、精平、读数，瞄准前视尺、精平、读数。

4. 四等水准测量的测站检核包括视距，同一水准尺红、黑面中丝读数差，高差的检核。

课后训练

1. 简述三、四等水准测量的外业工作。

2. 完成表 3-10 所示四等水准测量的计算。

▼表 3-10　四等水准测量的计算

测站编号	测点编号	后尺 上丝 下丝 后视距/m 视距差 d	前尺 上丝 下丝 前视距/m $\sum d$	方向及尺号	中丝读数/m		黑+K−红/mm	平均高差/m	备注
					黑面	红面			
		(1) (2) (9) (11)	(5) (6) (10) (12)	后 前 后−前	(3) (7) (15)	(4) (8) (16)	(13) (14) (17)	(18)	
1	BM1 | TP1	1.614 1.156	0.774 0.326	后 前 后−前	1.384 0.551	6.171 5.239			
2	TP1 | TP2	2.188 1.682	2.252 1.758	后 前 后−前	1.934 2.008	6.622 6.796			
3	TP2 | TP3	1.922 1.529	2.066 1.668	后 前 后−前	1.726 1.866	6.512 6.554			
4	TP3 | BM2	2.041 1.622	2.220 1.790	后 前 后−前	1.832 2.007	6.520 6.793			

任务四　水准仪的检验与校正

任务描述

水准仪主要轴线有视准轴 CC、水准管轴 LL、圆水准器轴 $L'L'$ 和仪器竖轴 VV。本任务主要是进行水准仪轴线几何条件的检验与校正。

夯实基础

如图 3-25 所示，水准仪的主要轴线有：视准轴 CC、水准管轴 LL、圆水准器轴 $L'L'$ 和仪器竖轴 VV。这些轴线应满足以下几何条件：

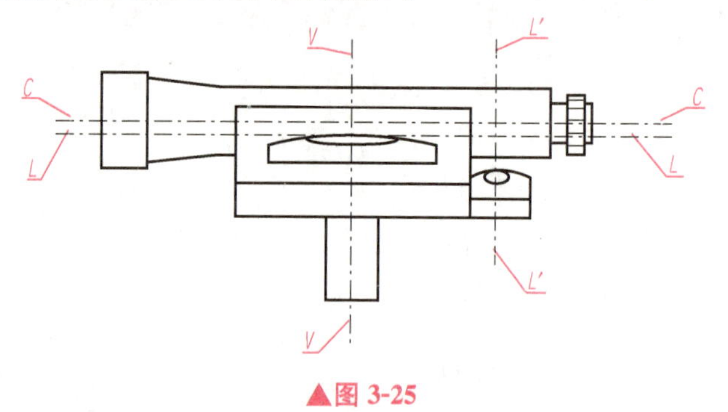

▲图 3-25

(1)圆水准器轴应平行于仪器竖轴($L'L'//VV$)；

(2)十字丝横丝应垂直于仪器竖轴(横丝$\perp VV$)；

(3)水准管轴应平行于视准轴($LL//CC$)。

以上条件仪器在出厂时都是满足的，但由于在长期使用和运输过程中受到振动和碰撞等原因，使各轴线之间的关系发生变化，为保证测量的精度，在测量前必须对仪器进行检验与校正，使其满足要求。

任务实施

一、圆水准器轴平行于仪器竖轴($L'L'//VV$)的检验与校正

1. 检验方法

将水准仪安置好，调节脚螺旋使圆水准器气泡居中。然后把仪器旋转 180°(望远镜的目镜和物镜位置对调)，若气泡仍然处于居中状态，则说明仪器竖轴 $L'L'$ 与 VV 平行，如图 3-26(a)所示；若气泡偏离，则说明仪器竖轴 VV 与 $L'L'$ 不平行，如图 3-26(b)所示，则需要校正。

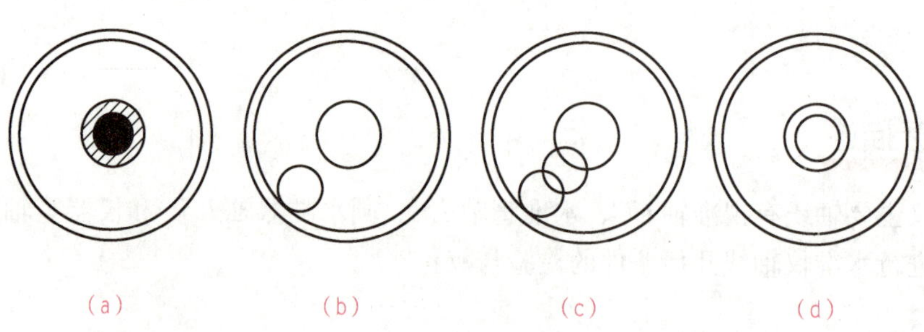

▲图 3-26

2. 校正方法

保持水准仪不动，调整圆水准器下面的三个校正螺丝，圆水准器校正结构如图 3-27 所示，校正前应先稍松中间的固紧螺丝，然后调整三个校正螺丝，使气泡向居中位置移动偏离量的 1/2，如图 3-26(c)所示。这时，圆水准器轴 $L'L'$ 与 VV 平行。然后再用脚螺旋整平，使圆水准器气泡居中，竖轴 VV 则处于竖直状态，如图 3-26(d)所示。该项校正一般很难一次完成，需反复进行直至仪器旋转到任何位置圆水准器气泡皆居中时为止，最后应注意拧紧固紧螺丝。

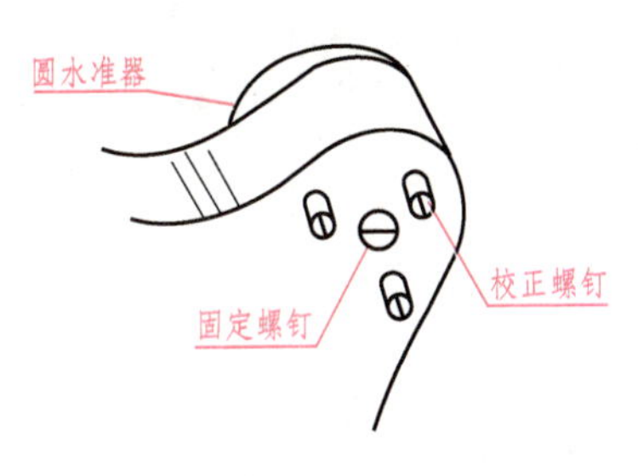

▲图 3-27

二、十字丝横丝垂直于仪器竖轴(横丝⊥VV)的检验与校正

1. 检验方法

安置仪器后，整平仪器，将十字丝横丝一端对准一个明显的点状目标 P，固定制动螺旋，转动微动螺旋，如果标志点 P 不离开横丝，则说明横丝垂直仪器竖轴，不需要校正。如果标志点 P 离开横丝，则说明横丝不垂直竖轴，则需要校正。如图 3-28 所示。

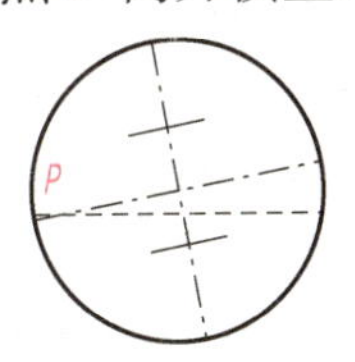

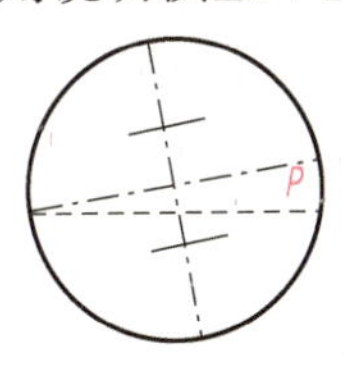

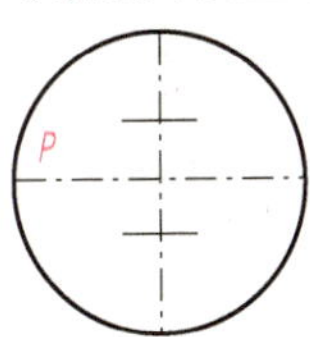

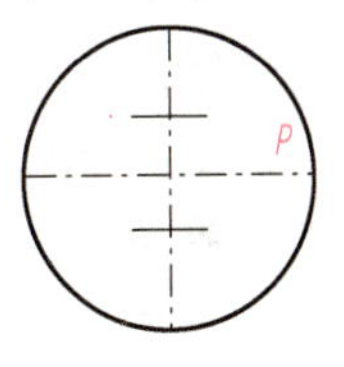

▲图 3-28

2. 校正方法

先卸下目镜处护盖，用螺丝刀松开十字丝分划板的四个固定螺丝，使十字丝横丝水平，再进行检验，如 P 点始终在横丝上移动，则说明横丝已水平，最后转紧十字丝分划板的固定螺丝。

三、水准管轴平行于视准轴($LL//CC$)的检验与校正(i 角误差的检验)

1. 检验方法

在点 C 处安置水准仪，从仪器向两侧各量取 40～50 m，定出等距离的 A、B 两点。

(1)在 C 点处用变动仪器高(或双面尺)法，测出 A、B 两点的高差。若两次测得的高差之差不超过 3 mm，则取其平均值 h_{AB}作为最后结果，如图 3-29 所示。由于 C 点到两个目标点的距离相等，故可消除 i 角误差的影响。

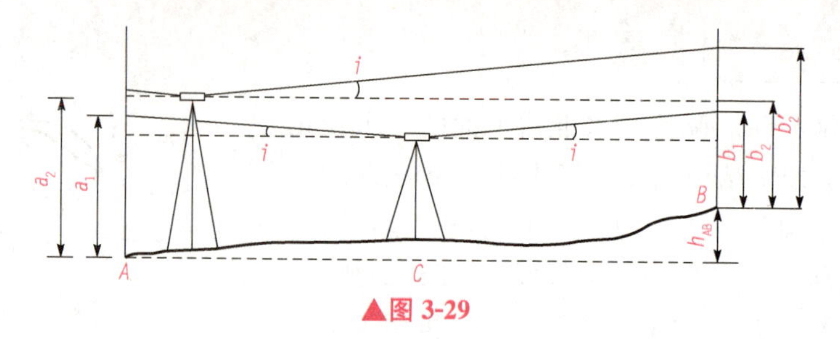

▲图 3-29

(2)安置仪器于离 A 点约 3 m，精平后读得 B 点水准尺上的读数为 b_2，因仪器离 A 点很近，水准管轴不平行于视准轴引起的读数误差可忽略不计。故根据 a_2 和 A、B 两点的正确高差 h 算出 B 点尺上应有读数为：

$$b_2 = a_2 + h_{AB} \tag{3-10}$$

瞄准 B 点水准尺，读出水平视线读数 b'_2，如果 b'_2 与 b_2 相等，则说明水准管轴平行于视准轴。否则存在 i 角误差，其值为：

$$i'' = \frac{b'_2 - b_2}{D_{AB}} \times \rho'' \tag{3-11}$$

式中　$\rho'' = 206\ 265''$。

DS_3 型微倾式水准仪要求 i 值不得大于 20″，如果超限，则需要校正。

2. 校正方法

转动微倾螺旋使十字丝横丝对准 B 点尺上正确读数 b_2，此时视准轴处于水平位置，但管水准气泡必然偏离中心。用拨针旋松水准管的左、右两个固定螺丝，拨动水准管的上、下两个校正螺丝，使水准管气泡居中。校正完毕再旋紧左右固定螺丝。此项校正应反复校正，直至满足要求为止。

上述三项检验与校正之间相互影响，故顺序不能颠倒。校正时，应按规定要求进行操作，动作要轻，校正时要先松后调整，直到水准仪精度达到规范的规定。

任务总结

1. 水准仪的主要轴线有：视准轴 CC、水准管轴 LL、圆水准器轴 $L'L'$ 和仪器竖轴 VV。
2. 水准仪轴线应满足的几何条件是：$L'L'//VV$、横丝⊥VV 和 $LL//CC$。
3. 圆水准器轴平行于仪器竖轴($L'L'//VV$)的检验与校正。
4. 十字丝横丝垂直于仪器竖轴(横丝⊥VV)的检验与校正。
5. 水准管轴平行于视准轴($LL//CC$)的检验与校正(i 角误差的检验)。

课后训练

1. 水准仪应满足哪些几何条件？
2. 高程测量误差有哪些？其中哪些误差可以通过前后视距相等观测进行消除或减小？
3. 水准测量有哪些注意事项？

高程测量误差及注意事项

在高程测量中，由于各方面因素的影响，不可避免地存在误差。高程测量误差的来源主要包括仪器误差、观测误差和外界条件的影响。

一、仪器误差

水准测量的仪器误差主要来源于水准仪和水准尺两个方面。

1. 视准轴不平行水准管轴引起的误差(即 i 角误差)

仪器经检验与校正后，由于仪器校正的不完善及其他方面的影响，仍会存在残余误差，对于水准仪来说，主要是 i 角误差，该误差的大小与仪器至水准尺的距离成正比。所以在观测时将仪器安置于前后视距相等处，即可以削减此误差。

2. 水准尺误差

水准尺是水准测量的重要工具，其误差主要包括尺长误差、分划误差和零点误差。尺长误差和分划误差不能通过观测的方式进行消除或减弱，所以，在水准测量时，要使用经过检定的水准。零点误差可采用在每个测段设置偶数测站的方法来消除。

二、观测误差

1. 水准管气泡居中误差

在水准测量时，仪器竖直，视线水平时通过调节水准管气泡居中的方法来实现，但气泡居中是凭观测者的肉眼进行判断，不能完全准确；且根据水准测量原理，视线越长，该误差越大，因此，在进行不同等级的水准测量时，对视距进行了规定，且在读数前做好精平，读数后应检查精平，以保证读数的有效。

2. 读数误差

由于水准测量的读数中毫米位是估读的，读数误差主要是因为瞄准时未能消除视差和估读毫米数不准而产生的误差。所以读数的准确与望远镜的放大率及视线的长度有关，因此在读数前应消除视差。

3. 水准尺倾斜误差

水准尺倾斜误差是由于水准尺没有竖立而产生的误差。此误差大小与立尺倾角和视线高度成正比。水准尺左右倾斜可通过检查水准尺的刻度是否与十字丝横丝平行。但前后倾斜无法检查，且会使读数变大，因此在测量时，应注意水准尺的扶直。可通过水准尺上气泡进行检查。

三、外界条件的影响

1. 仪器下沉和尺垫下沉的影响

当水准仪安置在土质松软的地方时，在后视读数读完转入前视的过程中，由于土质松软导致仪器下沉，以致在完成后视读数转而读前视读数时，视线高度会下降，从而使前视读数较正常时偏小。同样，若转点选在土质松软的地方时，测完上一测站的高差后，将仪器搬至下一测站、准备测后视读数的过程中，由于尺垫下沉使下一站的后视读数增大，从而使读数产生误差。所以在观测时，应将测站及转点选在土质坚硬处。并在观测中采用后—前—前—后的观测顺序以及沿同一路线进行往返观测，并取平均值来抵偿仪器和尺垫下沉的影响。

2. 地球曲率和大气折光的影响

由于地球曲率的存在，故对于高程而言，即使距离很短，也不能将水准面当作水平面，一定要考虑地球曲率对高程的影响。在水准观测中，可采用前后视距相等的方法进行消除。由于越靠近地面空气密度越大，光线通过不同密度的介质而产生折射，所以视线并不水平而呈向下弯曲状，视线离地面越近，折射越大，这就是大气折光的影响。该项误差可采取前后视距相等的方法来观测，即可减少。另外，应选择有利的时间，每天上午10时至下午4时这段时间大气比较稳定，大气折光的影响较小，但在中午前后观测时，尺像会有跳动，影响读数，应避开这段时间，阴天、有微风的天气可全天观测。

3. 气候的影响

温度的变化不仅引起大气折光的变化，而且当烈日照射水准管时，由于水准管本身和管内液体温度的升高，气泡向着温度高的方向移动，而影响仪器水平，产生气泡居中误差，观测时应注意撑伞遮阳。另外，风吹会造成仪器和水准尺的晃动，故在观测时尽量选择无风的天气。

四、水准测量的注意事项

为了减小水准测量误差影响，保证水准测量的精度，在水准测量时应注意以下几点：

(1)水准测量施测前，应对所使用的水准仪和工具进行必要的检验和校正。

(2)仪器安置在三脚架上时，必须用中心螺旋手把将仪器固紧，三脚架应安放稳固。在测站旁走动时勿碰架腿，观测时要克服手扶脚架的不良习惯。微动螺旋不应旋转到头。

(3)仪器在工作时，应尽量避免阳光直接照射。

(4)水准尺要扶直，转点处应放尺垫，尺垫顶和尺底不应沾有泥土，尺子应放在尺垫上凸出的顶端。转点的位置不应变动。

(5)为了提高测量精度，抵消水准管轴不平行于视准轴所引起的残余误差，以及消除地球曲率和大气折光的影响，应尽量使前后视距离大致相等。

(6)操作仪器时，动作要轻快敏捷，读数时要注意精平和消除视差。

(7)仪器使用过后应放入仪器箱内，并保存在干燥通风的房间内。

(8)仪器在长途运输过程中，应使用外包装箱，并应采取防震防潮措施。

(9)为了防止出错，保证测量成果的质量，每个测量人员必须严格遵守操作规程，认真实行。全组必须紧密配合，团结一致。

(10)记录员要精神集中，听到读数后要回报，以免听错，记录读数后应立即计算，经测站校核，认为测量合格后，方可通知观测员迁站。

项目四

建筑施工测量

学习目标

1. 掌握建筑施工测量的主要内容及特点；
2. 能够使用钢尺测定水平距离；
3. 能进行已知水平角的测设；
4. 能进行竖直角的测定；
5. 掌握高程的测定方法与步骤；
6. 能进行已知高程的测设；
7. 掌握建筑施工控制测量的内容及作用；
8. 明确建筑基线的概念及测设方法；
9. 掌握测量坐标系与施工坐标系的换算方法和计算测设参数；
10. 会做各种施工控制网的布设；
11. 掌握民用建筑施工测量的主要内容及测设前的准备工作；
12. 掌握建筑的定位方式与轴线放样的方法与步骤；
13. 掌握民用建筑物的基础和主体放线的方法与步骤；
14. 掌握高层建筑物竖向投测的方法。

考工要求

1. 能运用公式进行建筑坐标系和测量坐标系、直角坐标和极坐标的换算；
2. 角度交会法和距离交会法的定位计算；
3. 掌握建筑物基线的布设及方格网的布设；
4. 施工场地的高程控制网的布设；
5. 根据施工需要引测水准点抄平；
6. 用经纬仪进行两点间的方向投测；
7. 用直角坐标法、极坐标法和交会法测量或测设点位；
8. 掌握由已知控制点测设控制网成主轴线的方法；
9. 按平面控制网进行定位放线；
10. 熟练掌握从基础到各施工层的弹线方法；
11. 能绘制皮数杆；

12. 掌握建筑物的竖向控制及标高传递方法；
13. 掌握坡度测设方法；
14. 掌握布设施工控制网的方法；
15. 测绘各种施工平面图；
16. 制定施工放线方案及组织的测设。

任务一 认识建筑施工测量

任务描述

建筑施工测量是指建筑工程在施工阶段进行的测量工作，其特点是精度要求较高，与施工进度关系密切。

任务实施

一、施工测量的工作内容

各种工程在施工阶段所进行的测量工作称为施工测量。施工测量的主要工作是将设计图纸上的建筑物和构筑物，按其设计的平面位置和高程，通过测量手段和方法，用线条、桩点等可见标志，在现场标定出来，作为施工的依据，这种由图纸到现场的测量工作称为测设，也称为放样。

施工测量除了测设外，还包括施工控制测量、检查验收与竣工测量和变形测量。施工控制测量是为了保证放样精度和统一坐标系统，事先在施工场地上进行的前期测量工作；检查验收与竣工测量是为了检查每道工序施工后建筑物和构筑物的尺寸是否符合设计要求，以及确定竣工后建筑物和构筑物的真实位置和高程，而进行的事后测量工作；变形测量是为了监视重要建筑物和构筑物，在施工过程和使用过程中位置和高程的变化情况，而进行的周期性测量工作。

由于工程类型的不同和施工现场条件的不同，具体的施工测量工作内容会有所不同，相应的施工测量方法也会不同，本项目主要介绍最基本、最常用并可普遍应用于各种工程的施工测量方法，即基本测量要素(水平距离、水平角和高差)的测设方法。

二、施工测量的特点

1. 测量精度要求较高

总的来说，为了保证建筑物和构筑物位置的准确，以及其内部几何关系的准确，满足使用、安全与美观等方面的要求，应以较高的精度进行施工测量。但不同类型的建筑物和构筑物，其测量精度要求有所不同；同类建筑物和构筑物在不同的工作阶段，其测量精度要求也有所不同。

对不同类型的建筑物和构筑物，从大类来说，工业建筑的测量精度要求高于民用建筑，高层建筑的测量精度要求高于低(多)层建筑，桥梁工程的精度要求高于道路工程；从小类来说，以工业建筑为例，钢结构的工业建筑测量精度要求高于钢筋混凝土结构的工业建筑，自动化和连续性的工业建筑测量精度要求高于一般的工业建筑，装配式工业建筑的测量精度要求高于非装配式工业建筑。

对同类建筑物和构筑物来说，测设整个建筑物和构筑物的主轴线，以便确定其相对其他地物的位置关系时，其测量精度要求可相对低一些；而测设建筑物和构筑物内部有关联的轴线，以及在进行构件安装放样时，精度要求则相对高一些；如要对建筑物和构筑物进行变形观测，为了发现位置和高程的微小变化量，测量精度要求更高。

为了满足较高的施工测量精度要求，应使用经过检校的测量仪器和工具进行测量作业，测量作业的工作程序应符合“先整体后局部、先控制后细部”的一般原则，内业计算和外业测量时均应细心操作，注意复核，防止出错，测量方法和精度应符合有关的测量规范和施工规范的要求。

2. 测量与施工进度关系密切

施工测量直接为工程的施工服务，一般每道工序施工前都要先进行放样测量，为了不影响施工的正常进行，应按照施工进度及时完成相应的测量工作。特别是现代工程项目，规模大，机械化程度高，施工进度快，对放样测量的密切配合提出了更高的要求。

在施工现场，各工序经常交叉作业，运输频繁，并有大量土方填挖和材料堆放，使测量作业的场地条件受到影响，视线被遮挡，测量桩点被破坏等。因此，各种测量标志必须埋设稳固，并设在不易破坏和碰动的位置，此外，还应经常检查，如有损坏及时恢复，以满足现场施工测量的需要。

为了满足施工进度对测量的要求，应提高测量人员的操作熟练程度，并要求测量小组各成员之间配合良好。此外，应事先根据设计图纸、施工进度、现场情况和测量仪器设备条件，研究采用效率最高的测量方法，并准备好所有相应的测设数据。一旦具备作业条件，就应尽快进行测量，在最短的时间内完成测量工作。

任务总结

1. 施工测量是指各种工程在施工阶段所进行的测量工作。施工测量的主要工作是将设计图纸上的建筑物和构筑物，按其设计的平面位置和高程，通过测量手段和方法，用线条、桩点等可见标志在现场标定出来，作为施工的依据，这种由图纸到现场的测量工作称为测设，也称为放样。

2. 施工测量的特点是测量精度要求较高和测量与施工进度关系密切。

课后训练

1. 什么是施工测量？其主要内容有哪些？
2. 简述施工测量的特点。

任务二　测设的基本工作

任务描述

测设是最主要的施工测量工作，主要工作包括水平距离、水平角和高程的测设。

任务实施

测设与测定一样，也是确定地面上点的位置，只不过是程序刚好相反，即把建筑物和构筑物的特征点由设计图纸上标定到实际地面上去。在测设过程中，我们也是通过测设设计点与施工控制点或现有建筑物之间的水平距离、水平角和高差，将该设计点在地面上的位置标定出来。因此，水平距离、水平角和高程是测设的基本要素，或者说，测设的基本工作是水平距离测设、水平角测设和高程测设。

一、水平距离测设

水平距离测设是从现场上的一个已知点出发，沿给定的方向，按已知的水平距离量距在地面上标出另一个端点。水平距离测设的方法有钢尺丈量法、视距测量法和全站仪测距法等，下面主要介绍在建筑施工测量中最常用的钢尺丈量法和全站仪测距法。

1. 钢尺丈量法

(1)一般方法。当已知方向在现场已用直线标定，且测设的已知水平距离小于钢卷尺的长度时，测设的一般方法很简单，只需将钢尺的零端与已知始点对齐，沿已知方向水平拉紧拉直钢尺，钢尺上的读数等于已知水平距离的位置定点即可。为了校核和提高测设精度，可将钢尺移动 10～20 cm，用钢尺始端的另一个读数对准已知始点，再测设一次，定出另一个端点，若两次点位的相对误差在限差(1/3 000～1/5 000)以内，则取两次端点的平均位置作为端点的最后位置。如图 4-1 所示，A 为已知始点，AB 为已知方向，D 为已知水平距离，P'为第一次测设所定的端点，P''为第二次测设所定的端点，则 P'和 P''的中点 P 即为最后所定的点。AP 即为所要测设的水平距离 D。

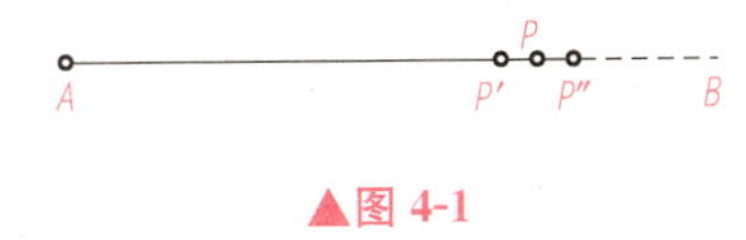

▲图 4-1

若已知方向在现场已用直线标定，而已知水平距离大于钢卷尺的长度，则沿已知方向依次水平丈量若干个尺段，在尺段读数之和等于已知水平距离处定点即可。

为了校核和提高测设精度，同样应进行两次测设，然后取中点，方法同上。

当已知方向没有在现场标定出来，只是在较远处给出的另一定向点时，则要先定线再量距。对建筑工程来说，若始点与定向点的距离较短，一般可用拉一条细线绳的方法定线；若始点与定向点的距离较远，则要用经纬仪定线，方法是将经纬仪安置在 A 点上，对中整平，照准远处的定向点，固定照准部，望远镜视线即为已知方向，沿此方向一边定线一边量距，使终点至始点的水平距离等于要测设的水平距离，并且位于望远镜的视线上。

(2)精密方法。当测设精度要求较高(1/5 000～1/10 000 以上)时，必须考虑尺长改正、温度改正和倾斜改正，还要使用标准拉力来拉钢尺，才能达到要求。

如图 4-2 所示，A 是始点，D 是设计的已知水平距离，精密测设一般分两步完成，第一步是按一般方法测设该已知水平距离，在地面上临时定出另一个端点 P'；第二步是按精密钢尺量距法，精确测量出 AP'的水平距离 D'，根据 D'与 D 的差值 $\Delta D=D'-D$ 沿 AP'方向进行改正。若 ΔD 为正值，说明实际测设的水平距离大于设计值，应从 P'往回改正 ΔD，即可得到符合准确的 P 点；反之，若 AD 为负值，则应从 P'往前改正 ΔD 再定点。

2. 全站仪测距法

如图 4-3 所示，在 A 点安置全站仪，进入距离测量模式，输入温度、气压和棱镜常数。照准测设方向上的另一点 P，用望远镜视线指挥棱镜立在测设的方向 AP 上，按平距(HD)测量键，根据测量的距离与设计的放样距离之差，指挥棱镜前后移动，当距离差为 O 时，打桩定点(B)，则 AB 即为测设的距离。

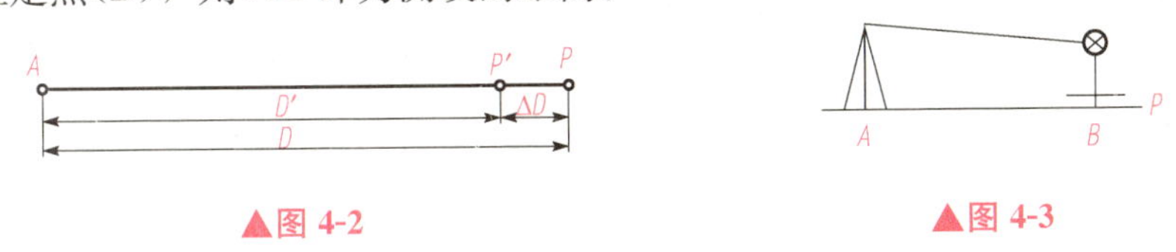

▲图 4-2　　▲图 4-3

二、水平角测设

水平角测设是根据地面上已有的一个点和从该点出发的一个已知方向，按设计的已知水平角值，在地面上标定出另一个方向。水平角测设的仪器主要是经纬仪，测设时按精度要求不同，分为一般方法和精密方法。

1. 一般方法

如图 4-4 所示，设 O 为地面上的已知点，OA 为已知方向，要顺时针方向测设已知水平角 β(例如 $69°28'12''$)，其测设方法如下：

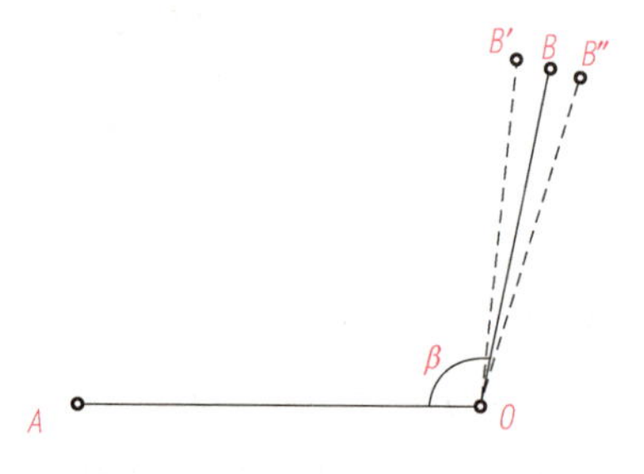

▲图 4-4 水平角测设的一般方法

(1)在 O 点安置经纬仪，对中整平。

(2)盘左状态瞄准 A 点，调水平度盘配置手轮，使水平度盘读数为 $0°00'00''$，然后旋转照准部，当水平度盘读数为 β(例如 $69°28'12''$)时，固定照准部，在此方向上合适的位置定出 B' 点。

(3)倒转望远镜成盘右状态，测设 β 角，定出 B'' 点，方法同上。

(4)取 B' 和 B'' 的中点 B，则 $\angle AOB$ 就是要测设的水平角。

采用盘左和盘右两种状态进行水平角测设并取其中点，可以校核所测设的角度是否有误，同时可以消除由于经纬仪视准轴与横轴不垂直，以及横轴与竖轴不垂直等仪器误差所引起的水平角测设误差。

如果是逆时针方向测设水平角，则旋转照准部，使水平度盘读数为 $360°$ 减去所要测设的角值(例如 $360°-69°28'12''=290°31'48''$)，在此方向上定点。为了减少计算工作量和操作方便，也可在照准已知方向点时，将水平度盘读数配置为所要测设的角值(例如 $69°28'12''$)，然后旋转照准部，使水平度盘读数为 $0°00'00''$ 时定点。

2. 精密方法

当测设水平角精度要求较高时，也和精密测设水平距离一样，分两步进行。如图 4-5 所示，第一步是用盘左按一般方法测设已知水平角，定出一个临时点 B'。第二步是用测回法精密测量出 $\angle AOB'$ 的水平角 β'(精度要求越高，则测回数越多)，设 β 与已知值 β' 的差为 $\Delta\beta=\beta'-\beta$，若 $\Delta\beta$ 超出了限差要求($\pm10''$)，则应对 B' 进行改正。改正方法是先根据 $\Delta\beta$ 和 AB' 的长度，计算从 B' 至改正后的位置 B 的距离，在现场过 B' 作 AB' 的垂线，若 $\Delta\beta$ 为正值，说明实际测设的角值比设计角值大，应沿垂线往内改正距离 d；反之，若 $\Delta\beta$ 为负值，则应沿垂线往外改正距离 d，改正后得到 B 点，$\angle AOB$ 即符合精度要求的测设角。

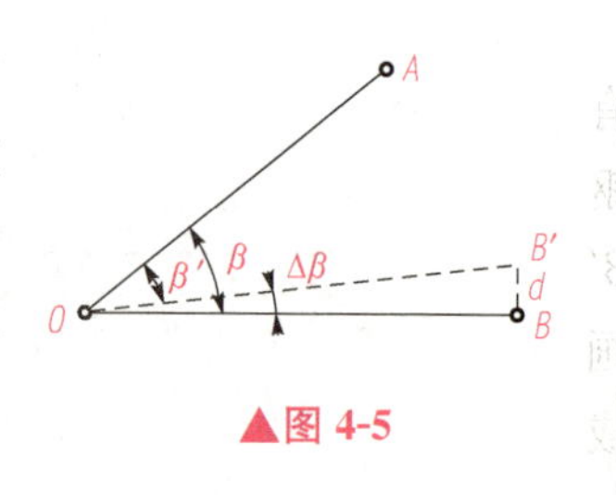

▲图 4-5

$$d=AB\cdot\Delta\beta/\rho$$

式中 $\rho=206\ 265''$，$\Delta\beta$ 以秒为单位。

3. 简易方法测设直角

在小型、简易型以及临时建筑和构筑物的施工过程中，经常需要测设直角，如果测设水平角的精度要求不高，也可以不用经纬仪，而是用钢尺或皮尺，按简易方法进行测设。

(1)勾股定理法测设直角。如图 4-6 所示，勾股定理指直角三角形斜边(弦)的平方等于对边(股)与底边(勾)的平方和，即

$$c^2=a^2+b^2 \tag{4-1}$$

据此原理，只要使现场上一个三角形的三条边长满足上式，该三角形即为直角三角形，从而得到我们想要测设的直角。

在实际工作中，最常用的做法是利用勾股定理的特例“勾 3 股 4 弦 5”测设直角。如图 4-7 所示，设 AB 是现场上已有的一条边，要在 A 点测设与 AB 成 90°的另一条边，做法是先用钢尺在 AB 线上量取 3 m 定出 P 点，再以 A 点为圆心、4 m 为半径在地面上画圆弧，然后以 P 点为圆心、5 m 为半径在地面上画圆弧，两圆弧相交于 C 点，则$\angle BAC$ 即为直角。

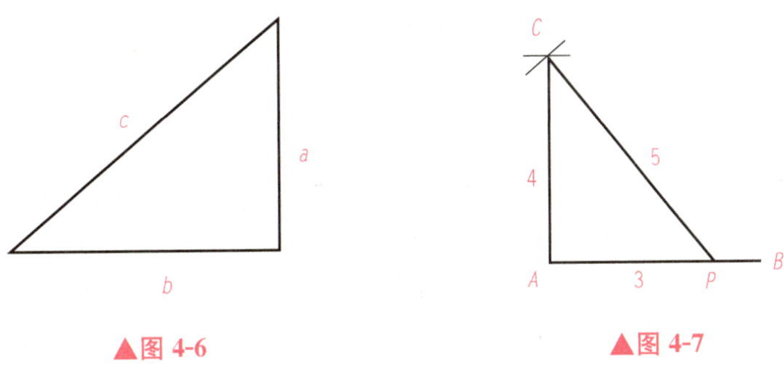

▲图 4-6　　▲图 4-7

也可用一把皮尺，将刻划为 0 m 和 12 m 处对准 A 点，在刻划为 4 m 处和 9 m 处同时拉紧皮尺，并让 4 m 处对准直线 AB 上任意位置，在 9 m 处定点 C，则$\angle BAC$ 便是直角。

如果要求直角的两边较长，可将各边长保持“3 ∶ 4 ∶ 5”的比例，同时放大若干倍，再进行测设。

(2)中垂线法测设直角。如图 4-8 所示，AB 是现场上已有的一条边，要过 P 点测设与 AB 成 90°的另一条边，可用钢尺在直线 AB 上定出与 P 点距离相等的两个临时点 A' 和 B'，再分别以 A' 和 B' 为圆心，以大于 PA' 的长度为半径，画圆弧相交于 C 点，则 PC 为 $A'B'$ 的中垂线，即 PC 与 AB 成 90°。

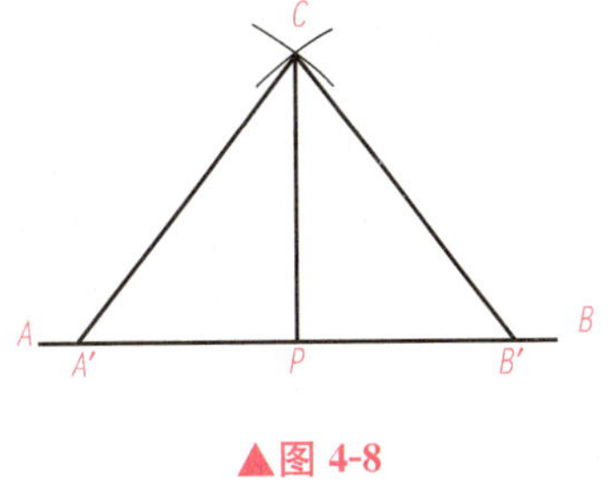

▲图 4-8

三、高程测设

高程测设是根据邻近已有的水准点或高程标志，在现场标定出某设计高程的位置。高程测设是施工测量中常见的工作内容，一般用水准仪进行测设。

1. 一般方法

如图 4-9 所示，某点 P 的设计高程为 $H_P=81.200$ m，附近一水准点 A 的高程为 $H_A=81.345$ m，现要将 P 点的设计高程测设在一个木桩上，其测设步骤如下：

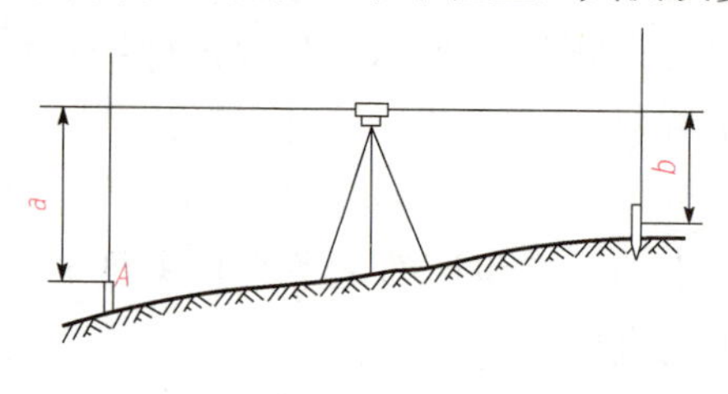

▲图 4-9

(1)在水准点 A 和 P 点木桩之间安置水准仪，后视立于水准点上的水准尺，调节符合气泡居中，读中线读数 $a=1.458$ m。

(2)计算水准仪前视 P 点木桩水准尺的应读读数 b。根据图 4-9 可列出下式：

$$b=H_A+a-H_P \tag{4-2}$$

将有关的各数据代入上式得：

$$b=81.345+1.458-81.200=1.603(\text{m})$$

(3)前视靠在木桩一侧的水准尺，调节符合气泡居中，上下移动水准尺，当读数恰好为 $b=1.603$ m时，在木桩侧面沿水准尺底边画一横线，此线就是 P 点的设计高程 81.200 m。也可先计算视线高程 $H_{视}$，再计算应读读数 b，即：

$$H_{视}=H_A+a \tag{4-3}$$

$$b=H_{视}-H_P \tag{4-4}$$

这种算法的好处是，当在一个测站上测设多个设计高程时，先按式(4-3)计算视线高程 $H_{视}$，然后每测设一个新的高程，只需将各个新的设计高程代入，便可得到相应的前视水准尺应读读数，简化了计算工作，因此在实际工作中用得很多。

2. 钢尺配合水准仪进行高程测设

当需要向深坑底或高楼面测设高程时，因水准尺长度有限，中间又不便安置水准仪转站观测，可用钢尺配合水准仪进行高程的传递和测设。

如图 4-10 所示，已知高处水准点 A 的高程 $H_A=95.267$ m，需测设低处 P 的设计高程 $H_P=88.600$ m。施测时，用检定过的钢尺，挂一个与要求拉力相等的重锤，悬挂在支架上，零点一端向下，先在高处安置水准仪，读取 A 点上水准尺的读数 $a_1=1.642$ m 和钢尺上的读数 $b_1=9.216$ m，然后在低处安置水准仪，读取钢尺上的读数 $a_2=1.358$ m，如图 4-10 所示，可得低处 P 点上水准尺应读读数 b_2 的算式为：

$$b_2=H'_A+a_1-(b_1-a_2)-H_P \tag{4-5}$$

由该式算得 $b_2=95.267+1.642-(9.216-1.358)-88.600=0.451(\text{m})$

上下移动低处 P 的水准尺，当读数恰好为 $b_2=0.735$ m 时，沿尺底边画一横线即是设计高程标志。

从低处向高处测设高程的方法与此类似。如图 4-11 所示，已知低处水准点 A 的高程 H_A，需测设高处 P 的设计高程 H_P，先在低处安置水准仪，读取读数 a_1 和 b_1，再在高处安置水准仪，读取读数 a_2，则高处水准尺的应读读数 b_2 的算式为：

$$b_2 = H_A + a_1 + (a_2 - b_1) - H_P \tag{4-6}$$

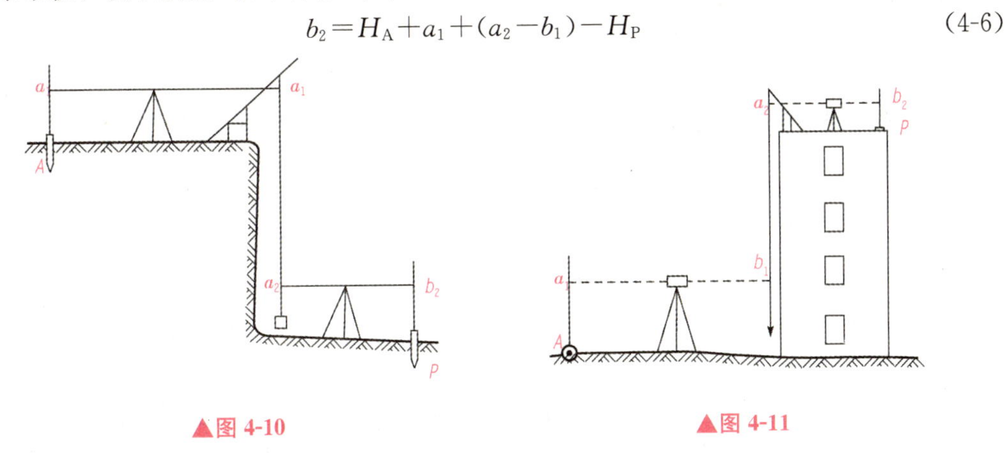

▲图 4-10　　▲图 4-11

钢尺配合水准仪进行高程测设，其算式(4-5)、式(4-6)与式(4-2)比较，只是中间多了一个向下$(b_1 - a_2)$或向上$(a_2 - b_1)$传递水准仪视线高程的过程。如果现场不便直接测设高程，也可先用钢尺配合水准仪将高程引测到低处或高处的某个临时点上，再在低处或高处按一般方法进行高程测设。

3. 简易高程测设法

在施工现场，当距离较短、精度要求不太高时，施工人员常利用连通管原理，用一条装了水的透明胶管，代替水准仪进行高程测设，方法如下：

如图 4-12 所示，设墙上有一个高程标志 A，其高程为 H_A，想在附近的另一面墙上，测设另一个高程标志 P，其设计高程为 H_P。将装了水的透明胶管的一端放在 A 点处，另一端放在 P 点处，两端同时抬高或者降低水管，使 A 端水管水面与高程标志对齐，在 P 处与水管水面对齐的高度作一临时标志 P'，则 P'高程等于 H_A，然后根据设计高程与已知高程的差 $\Delta H = H_P - H_A$，以 P'为起点垂直往上(ΔH 大于 0 时)或往下(ΔH 小于 0 时)量取 ΔH，作标志 P，则此标志的高程为设计高程。

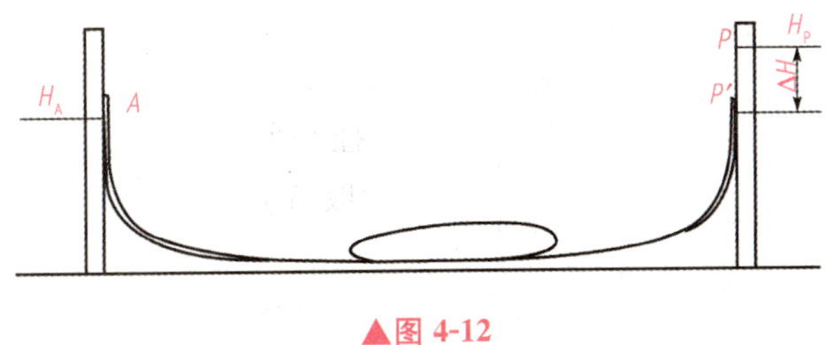

▲图 4-12

例如，若 $H_P = 78.368$ m，$H_A = 78.000$ m，$d_h = 78.368 - 78.000 = 0.368$(m)，按上述方法标出与 H_P 同高的 P'点后，再往下量 0.368 m 定点即为设计高程标志。

使用这种方法时，应注意水管内不能有气泡，在观察管内水面与标志是否同高时，应使眼睛与水面高度一致，此外，不宜连续用此法往远处传递和测设高程。

四、测设直线

在施工过程中，经常需要在两点之间测设直线或将已知直线延长，由于现场条件和要求不同，有多种不同的测设方法，应根据实际情况灵活应用，下面介绍一些常用的测设方法。

1. 在两点间测设直线

在两点间测设直线是最常见的情况，如图 4-13 所示，A、B 为现场上已有的两个点，欲在其间再定出若干个点，这些点应与 AB 在同一直线上，或再根据这些点在现场标绘出一条直线来。

(1)一般测设法。如果两点之间能通视，并且在其中一个点上能安置经纬仪，则可用经纬仪定线法进行测设。先在其中一个点上安置经纬仪，照准另一个点，固定照准部，再根据需要，在现场合适的位置立测钎，用经纬仪指挥测钎左右移动，直到恰好与望远镜竖丝重合时定点，该点即位于 AB 直线上，同法依次测设出其他直线点。如果需要，可在每两个相邻直线点之间用拉白线、弹墨线和撒灰线的方法，在现场将此直线标绘出来，作为施工的依据。

如果经纬仪与直线上的部分点不通视，例如，图 4-14 中深坑下面的 P_1、P_2 点，则可先在与 P_1、P_2 点通视的地方(如坑边)测设一个直线点 C，再搬站到 C 点测设 P_1、P_2 点。

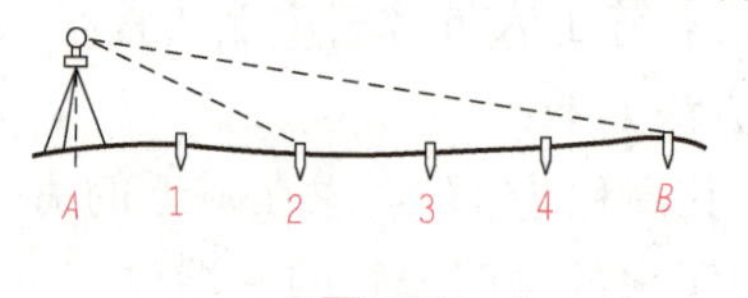

▲图 4-13

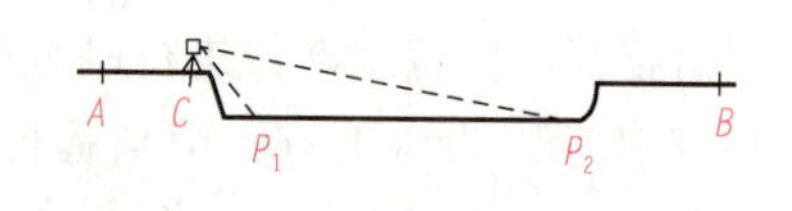

▲图 4-14

一般测设法通常只需在盘左(或盘右)状态下测设一次即可，但应在测设完所有直线点后，重新照准另一个端点，检验经纬仪直线方向是否发生了偏移，如有偏移，应重新测设。此外，如果测设的直线点较低或较高(如深坑下的点)，应在盘左和盘右状态下各测设一次，然后取两次的中点作为最后结果。

(2)正倒镜投点法。如果两点之间不通视，或者两个端点均不能安置经纬仪，可采用正倒镜投点法测设直线。如图 4-15 所示，A、B 为现场上互不通视的两个点，需在地面上测设以 A、B 为端点的直线，测设方法如下：

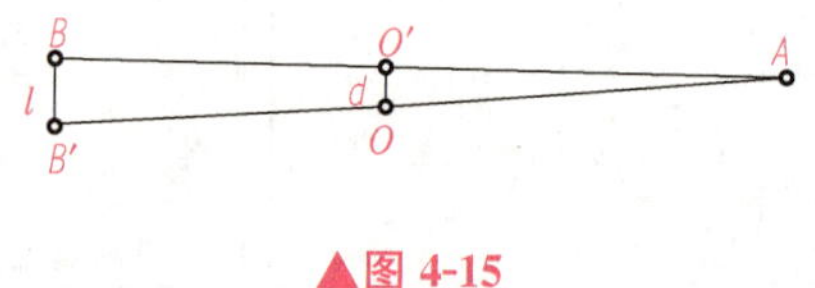

▲图 4-15

在 A、B 之间选一个能同时与两端点通视的 O 点处安置经纬仪，尽量使经纬仪中心在 A、B 的连线上，最好是与 A、B 的距离大致相等。盘左(也称为正镜)瞄准 A 点并固定照准部，再倒转望远镜观察 B 点，若望远镜视线与 B 点的水平偏差为 $BB'=l$，则根据距离 OB 与 AB 的比，计算经纬仪中心偏离直线的距离 d。

$$d=l\cdot\frac{OA}{AB} \tag{4-7}$$

然后将经纬仪从 O 点往直线方向移动距离 d，重新安置经纬仪并重复上述步骤的操作，使经纬仪中心逐次往直线方向趋近。

最后，当瞄准 A 点，倒转望远镜便正好瞄准 B 点，这并不等于仪器一定就在 AB 直线上，因为仪器存在误差。因此还需要用盘右(也称为倒镜)瞄准 A 点，再倒转望远镜，看是否也正好瞄准 B 点。如果是，则证明正倒镜无仪器误差，且经纬仪中心已位于 AB 直线上。如果不是，则仪器有误差，这时可松开中心螺栓，轻微移动仪器，使得正镜与倒镜观测时，十字丝纵丝分别落在 B 点两侧，并对称于 B 点。这样，就使仪器精确安置在 AB 直线上，这时即可用前面所述的一般方法测设直线。

正倒镜投点法的关键是用逐渐趋近法将仪器精确安置在直线上，在实际工作中，为了减少通过搬动脚架来移动经纬仪的次数，提高作业效率，在安置经纬仪时，可按图 4-16 所示的经纬仪脚架摆放方式安置脚架，使一个脚架与另外两个脚架中点的连线与所要测设的直线垂直。当经纬仪中心往直线方向移动的距离不太大(10～20 cm 以内)时，可通过伸缩该脚架来移动经纬仪，而当移动的距离更小(2～3 cm 以内)时，只需在脚架头上移动仪器即可。

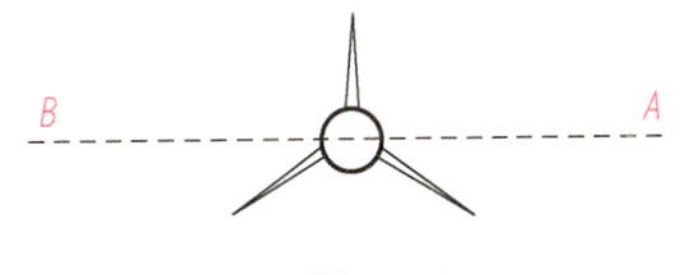

▲图 4-16

按式(4-7)计算偏离直线的距离 d 时，有关数据和结果并不需要非常准确，甚至可以直接目估距离 d，主要是靠不断的趋近操作使仪器严格处于直线上。为了提高精度，应使用检验校正过的经纬仪，并且用盘左和盘右进行最后的趋近操作。

(3)直线加吊锤法。当距离较短时，也可用一条细线绳，连接两个端点便得到所要测设的直线。如果地面高低不平，或者局部有障碍物，应将细线绳抬高，以免碰线，此时要用吊锤线将地面点引至适宜的高度再拉线，拉好线后，还要用吊锤线将直线引到地面上，如图 4-17 所示。用细线绳和吊锤线测设直线方法简便，在施工现场用得很普遍，用经纬仪测设直线时也经常需要这些简易工具的配合。

2. 延长已知直线

如图 4-18 所示，在现场有已知直线 AB 需要延长至 C，根据 BC 是否通视，以及经纬仪设站位置不同，有以下几种不同的测设方法。

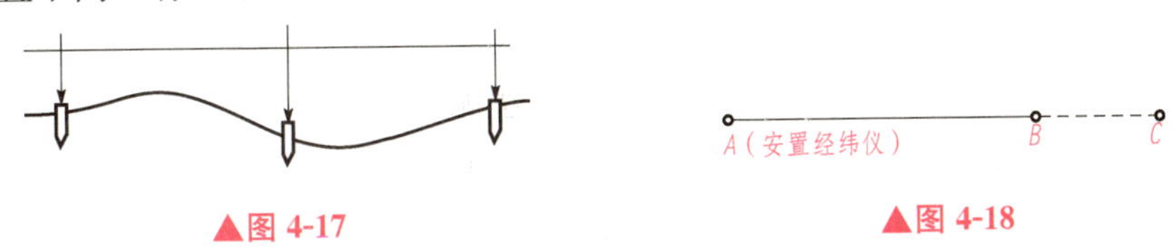

▲图 4-17　　▲图 4-18

(1)顺延法。在 A 点安置经纬仪，照准 B 点，抬高望远镜，用视线(纵丝)指挥在现场上定出 C 点即可。这个方法与两点间测设直线的一般方法基本一样，但由于测设的直线点在两端点以外，因此更要注意测设精度问题。延长线长度一般不要超过已知直线的长度，否则误差较大，当延长线长度较长或地面高差较大时，应用盘左和盘右各测设一次。

(2)倒延法。当 A 点无法安置经纬仪，或者当 AC 距离较远，从 A 点用顺延法测设 C 点的照准精度降低时，可以用倒延法测设。如图 4-19 所示，在 B 点安置经纬仪，照准 A 点，倒转望远镜，用视线指挥在现场上定出 C 点，为了消除仪器误差，应用盘左和盘右各测设一次，取两次的中点。

(3)平行线法。当延长直线上不通视时，可用测设平行线的方法，延过障碍物。如图 4-20 所示，AB 是已知直线，先在 A 点和 B 点以合适的距离 d 作垂线，得 A' 和 B'，再将经纬仪安置在 A'(或 B')，用顺延法(或倒延法)测设 $A'B'$ 直线的延长线，得 C' 和 D'，然后分别在 C' 和 D' 以距离 d 作垂线，得 C 和 D，则 CD 是 AB 的延长线。

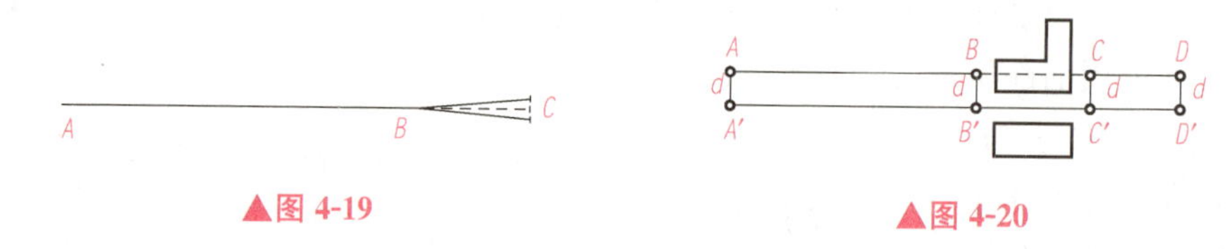

▲图 4-19

▲图 4-20

五、测设坡度线

在平整场地、铺设管道及修筑道路等工程中，往往要按一定的设计坡度(倾斜度)进行施工，这时需要在现场测设坡度线，作为施工的依据。根据坡度大小不同和场地条件不同，坡度线测设的方法有水平视线法和倾斜视线法。

1. 水平视线法

当坡度不大时，可采用水平视线法。如图 4-21 所示，A、B 为设计坡度线的两个端点，A 点设计高程为 $H_A=56.487$ m，坡度线长度(水平距离)为 $D=110$ m，设计坡度为 -1.5%，要求在 AB 方向上每隔距离 $d=20$ m 打一个木桩，并在木桩上定出一个高程标志，使各相邻标志的连线符合设计坡度。设附近有一水准点 M，其高程为 $H_M=56.128$ m，测设方法如下：

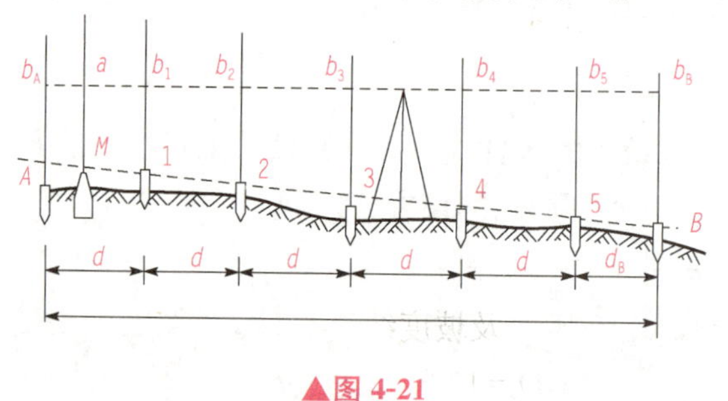

▲图 4-21

(1)在地面上沿 AB 方向，依次测设间距为 d 的中间点 1、2、3、4、5，在点上打好木桩。

(2)计算各桩点的设计高程。

先计算按坡度 i 每隔距离 d 相应的高差：

$$h=i\cdot d=-1.5\%\times 20=-0.3\ \text{m}$$

再计算各桩点的设计高程，其中：

第 1 点：$H_1 = H_A + h = 56.487 - 0.3 = 56.187(\mathrm{m})$

第 2 点：$H_2 = H_1 + h = 56.187 - 0.3 = 55.887(\mathrm{m})$

同法算出其他各点设计高程为 $H_3 = 55.587$ m，$H_4 = 55.287$ m，$H_5 = 54.987$ m，最后根据 H_5 和剩余的距离计算 B 点设计高程为：

$$H_B = 54.987 + (-1.5\%) \times (110 - 100) = 54.837(\mathrm{m})$$

B 点设计高程也可用下式计算：

$$H_B = H_A + i \cdot D$$

用来检核上述计算是否正确，例如，这里为 $H_B = 56.487 + (-1.5\%) \times 110 = 54.837$ m，说明高程计算正确。

(3)在合适的位置(与各点通视，距离相近)安置水准仪，后视水准点上的水准尺，设读数盘 $a = 0.866$ m，先代入式(4-3)计算仪器视线高为：

$$H_{视} = H_A + a = 56.128 + 0.866 = 56.994(\mathrm{m})$$

再根据各点设计高程，依次代入式(4-4)计算测设各点时的应读前视读数。

例如 A 点为：$b_A = H_{视} - H_A = 56.994 - 56.487 = 0.507(\mathrm{m})$

1 号点为：

$$b_1 = H_{视} - H_A = 56.994 - 56.187 = 0.807(\mathrm{m})$$

同理得 $b_2 = 1.107$ m，$b_3 = 1.407$ m，$b_4 = 1.707$ m，$b_5 = 2.007$ m，$b_B = 2.157$ m。

(4)水准尺依次贴靠在各木桩的侧面，上下移动尺子，直至尺读数为 b 时，沿尺底在木桩上画一横线，该线即在 AB 坡度线上。也可将水准尺立于桩顶上，读前视读数 b'，再根据应读读数和实际读数的差 $l = b - b'$，用小钢尺自桩顶向下量取高度 l 画线。

2. 倾斜视线法

当坡度较大时，坡度线两端高差太大，不便按水平视线法测设，这时可采用倾斜视线法。如图 4-22 所示，A、B 为设计坡度线的两个端点，A 点设计高程为 $H_A = 132.600$ m，水平距离为 $D = 80$ m，设计坡度为 $i = -10\%$，附近有一水准点 M，其高程为 $H_M = 131.958$ m，测设方法如下：

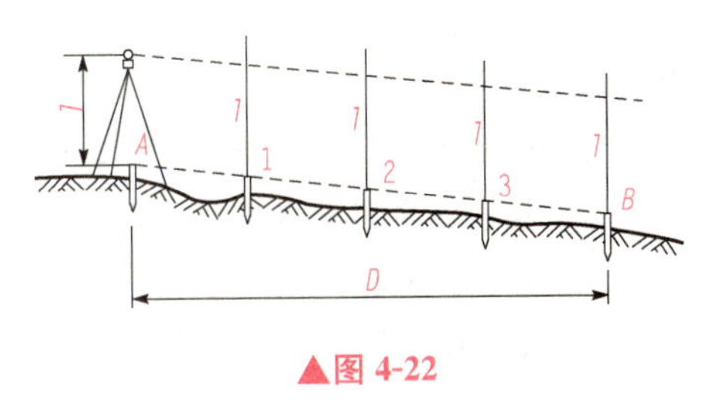

▲图 4-22

(1)根据 A 点设计高程、坡度 i 及坡度线长度 D，计算 B 点设计高程，即：

$$H_B = H_A + i \cdot D = 132.600 - 10\% \times 80 = 124.600(\mathrm{m})$$

(2)按测设已知高程的一般方法，将 A、B 两点的设计高程测设在地面的木桩上。

(3)在 A 点(或 B 点)上安置水准仪，使基座上的一个脚螺旋在 AB 方向上，其余两个脚螺旋的连线与 AB 方向垂直，如图 4-23 所示，粗略对中并调节与 AB 方向垂直的两个脚螺旋基本水平，量取仪器高(1.453 m)。通过转动 AB 方向上的脚螺旋和微倾螺旋，使望远镜十字丝横丝对准 B 点(或 A 点)水准

▲图 4-23

尺上读数等于仪器高(1.453 m)处，此时仪器的视线与设计坡度线平行，同一点上视线比设计坡度线高 1.453 m。

(4)在 *AB* 方向的中间各点 1、2、3……的木桩侧面立水准尺，上下移动水准尺，直至尺上读数等于仪器高(1.453 m)时，沿尺底在木桩上画线，则各桩画线的连线就是设计坡度线。

由于经纬仪可方便地照准不同高度和不同方向的目标，因此也可在一个端点上安置经纬仪来测设各点的坡度线标志，这时经纬仪可按常规对中整平和量仪器高，直接照准立于另一个端点水准尺上等于仪器高的读数，固定照准部和望远镜，得到一条与设计坡度线平行的视线，据此视线在各中间桩点上绘坡度线标志线的方法同水准仪法。

任务总结

1. 测设是最主要的施工测量工作，它与测定一样，也是确定地面上点的位置，其基本工作是水平距离测设、水平角测设和高程测设。

2. 水平距离测设的方法有钢尺丈量法、视距测量法和全站仪测距法等。

3. 水平角测设是根据地面上已有的一个点和从该点出发的一个已知方向，按设计的已知水平角值，在地面上标定出另一个方向。测设时按精度要求不同，分为一般方法和精密方法。

4. 高程测设是根据邻近已有的水准点或高程标志，在现场标定出某设计高程的位置。常采用的仪器是水准仪，测设时可分为一般方法和精密方法。

5. 测设直线包括两点间测设直线和延长已知直线两种情况。

6. 测设坡度线的方法有水平视线法和倾斜视线法。

课后训练

1. 测设的基本工作有哪些？
2. 简述全站仪测设水平距离的方法。
3. 简述水平角测设的精密方法。
4. 工程何种情况下需测设坡度线？其方法有哪些？

任务三　建筑施工控制测量

任务描述

施工控制测量是施工测量的第一步，主要是为具体的施工测量服务，其主要内容包括平面控制测量和高程控制测量。

任务实施

建筑施工测量也应遵循“从整体到局部，先控制后碎部”的原则，以统一测量坐标系统和限制测量误差的积累，保证各建筑物的位置及形状符合设计要求。根据这个原则，建筑施工测量的第一步，就是在建筑场地上建立统一的施工控制网，布设一批具有较高精度的测量控制点，作为测设建筑物平面位置和高程的依据。

原有的为测绘地形图而建立的测图控制网可以作为施工控制网，但由于测图控制网没有考虑测设工作的需要，在控制点的分布、密度和精度上都不一定能满足施工测量的要求，而且经过场地平整后，很多控制点遭到破坏，所以一般应在工程施工前，在原有测图控制网的基础上，重新建立专门的施工控制网。

施工控制网分为平面控制网和高程控制网，平面控制网满足测设点的平面位置的需要，高程控制网满足测设点的高程位置的需要。平面控制网的形式除 GPS 和导线网外，还有建筑基线和建筑方格网两种形式，可以根据实际情况来选用，本节将主要介绍后面两种形式。高程控制网的形式主要是水准测量，场地高差起伏很大时，也可采用能满足精度要求的三角高程测量。

一、建筑基线

建筑基线是建筑场地的施工控制基准线。在面积较小、地势较平坦的建筑场地上，通常布设一条或几条建筑基线，作为施工测量的平面控制。建筑基线布设的位置是根据建筑物的分布、原有测图控制点的情况以及现场地形情况而定的。建筑基线通常可以布设成图 4-24 中的几种形式，但无论哪种形式，其点数均不应少于三个，以便今后检查基线点位有无变动。

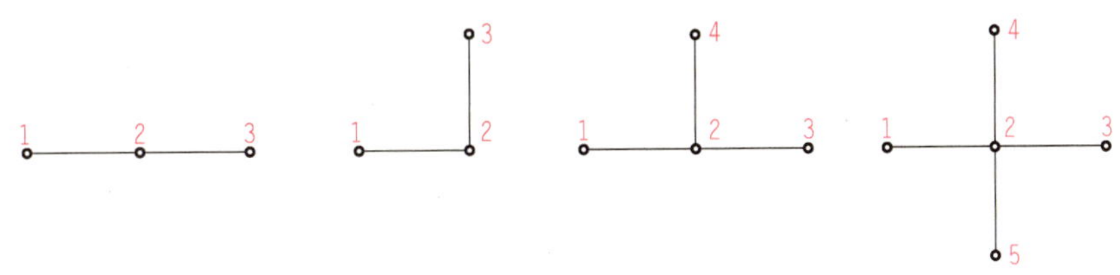

▲图 4-24

建筑基线一般是先在建筑总平面图上设计，然后根据测图控制点或原有建筑物在地面相应位置上标定出来。在建筑基线设计时，应使其尽量靠近主要建筑物，并且平行于主要建筑物的主轴线，以便采用直角坐标法测设建筑物。下面介绍在现场设置建筑基线的几种方法。

1. 根据控制点测设建筑基线

如图 4-25 所示，欲测设一条由 A、O、B 三个点组成的“一”字形建筑基线，先根据邻近的测图控制点 1、2，采用极坐标法将三个基线点测设到地面上，得 A'、O'、B' 三点，然后在 O' 点安置经纬仪，观测 $\angle A'O'B'$，检查其值是否为 180°，如果角度误差大于±10″，说明不在同一直线上，应进行调整。调整时将 A'、O'、B' 沿与基线垂直的方向移动相等的距离 l，得到位于同一直线上的 A、O、B 三点，l 的计算如下：

设 A、O 距离为 a，B、O 距离为 b，那么 $\angle A'O'B'=\beta$，则有

$$l=\frac{ab}{(a+b)\rho''}\times\left(90^\circ-\frac{\beta}{2}\right)''$$

式中 $\rho''=206\ 265''$。

例如，图 4-25 中 $a=120$ m，$b=180$ m，$\beta=170°59'12''$。则：

$$l=\frac{120\times 180}{(120+180)\times 206\ 265''}\times\left(90^\circ-\frac{170^\circ 59'12''}{2}\right)''=\frac{72}{206\ 265''}\times 24''=0.008(\mathrm{m})$$

调整到一条直线上后，用钢尺检查 A、O 和 B、O 的距离与设计值是否一致，若偏差大于 1/10 000，则以 O 点为基准，按设计距离调整 A、B 两点。

如果是如图 4-26 所示的“L”形建筑基线，测设 A'、O、B' 三点后，在 O 点安置经纬仪检查 $\angle A'OB'$ 是否为 90°，如果偏差值 $\Delta\beta$ 大于±20″则保持 O 点不动，按精密角度测设时的改正方法，将 A' 和 B' 各改正 $\Delta\beta/2$，其中 A'、B' 改正偏距 l_A、l_B 的算式分别为：

A' 和 B' 沿直线方向上的距离检查与改正方法同“一”字形建筑基线。

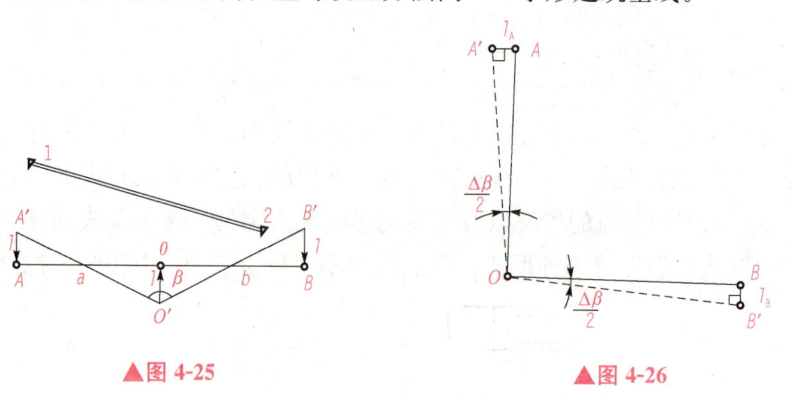

▲图 4-25　　▲图 4-26

$$l_A=AO$$
$$l_B=BO$$

2. 根据边界桩测设建筑基线

在城市建设区，建筑用地的边界线，是由城市测绘部门根据经过审批的规划图测设的，又称为“建筑红线”，其界桩可作为测设建筑基线的依据。

如图 4-27 中的 1、2、3 点为建筑边界桩，1—2 线与 2—3 线互相垂直，根据边界线设计“L”形建筑基线 AOB。测设时采用平行线法，以距离 d_1 和 d_2，将 A、O、B 三点在实地标定出来，再用经纬仪检查基线的角度是否为 90°，用钢尺检查基线点的间距是否等于设计值，必要时对 A、B 进行改正，即可得到符合要求的建筑基线。

3. 根据建筑物测设建筑基线

建筑基线附近有永久性的建筑物，并且建筑物的主轴线平行于基线时，可以根据建筑物测设建筑基线，如图 4-28 所示，采用拉直线法，沿建筑物的四面外墙延长一定的距离，得到直线 ef 和 gh，延长这两条直线得其交点 O，然后安置经纬仪于 O 点，分别延长 fe 和 gh，使之符合设计长度，得到 A 点和 B 点，再用上面所述方法对 A 和 B 进行调整，便得到两条互相垂直的基线。

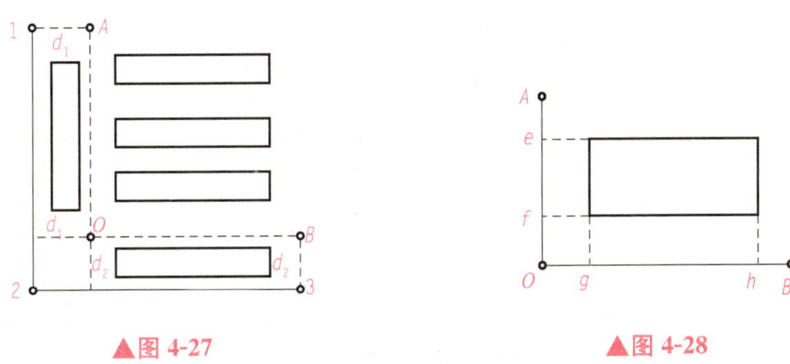

▲图 4-27　　▲图 4-28

二、建筑方格网

在平坦地区建筑大中型工业厂房，通常都是沿着互相平行或互相垂直的方向布置控制网点，构成正方形或矩形格网，这种施工测量平面控制网称为建筑方格网，如图 4-29 所示。建筑方格网具有使用方便、计算简单、精度较高等优点，它不仅可以作为施工测量的依据，还可以作为竣工总平面图施测的依据。建筑方格网的布置和测设较为复杂，一般由专业测量人员进行。

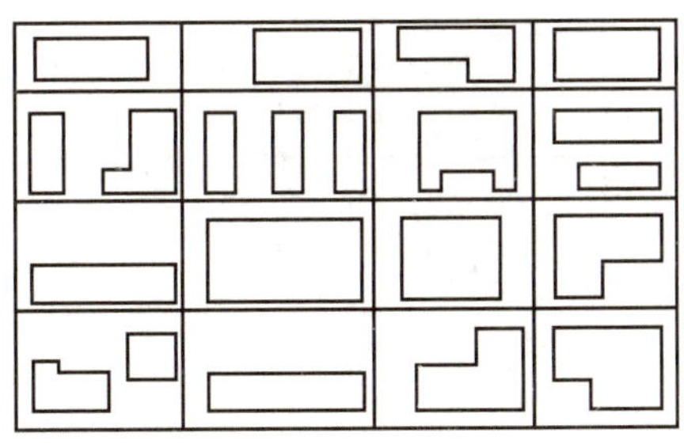

▲图 4-29

三、测量坐标系与施工坐标系的换算

1. 施工坐标系统

在设计总平面图上，建筑物的平面位置一般用施工坐标系统的坐标来表示，坐标轴的方向与主建筑物轴线的方向平行，坐标原点设置在总平面图的西南角上，使所有建筑物的设计坐标均为正值。有的厂区建筑因受地形限制，不同区域建筑物的轴线方向不同，因而在不同区域采用不同的施工坐标系统。

为与原测量坐标系统区别开，规定施工坐标系统的 z 轴改名为 A 轴，y 轴改名为 B 轴，并在总平面图上每隔 10 cm 绘一条坐标格网线，如图 4-30 所示。

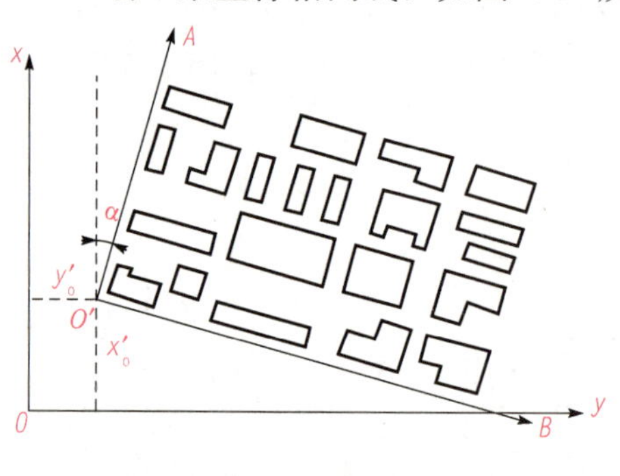

▲图 4-30

建筑基线和建筑方格网一般采用施工坐标系统，与原测量坐标系统不一致。在测量工作中，经常需要将一些点的施工坐标换算为测量坐标，或者将测量坐标换算为施工坐标。

2. 换算参数

如图 4-31 所示，测量坐标系为 xOy，施工坐标系为 $AO'B$，两者的关系由施工坐标系的原点 O' 的测量坐标(x'_o，y'_o)及 $O'A$ 轴的坐标方位角 α 确定，它们是坐标换算的重要参数。这三个参数一般由设计单位给出，若设计单位未给出参数，而是给出两个点的施工坐标和测量坐标，则可反算出换算参数。

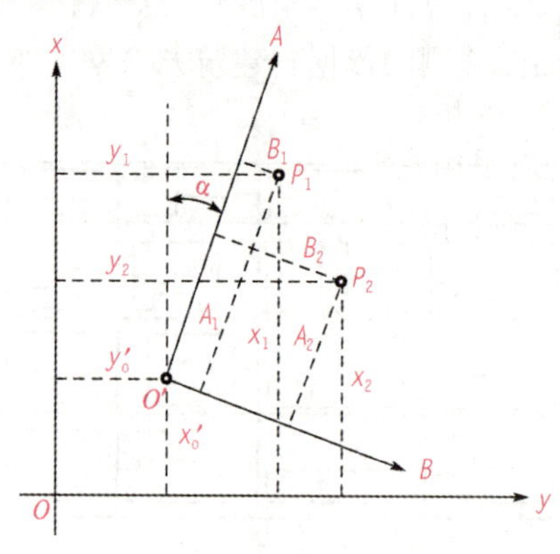

▲图 4-31

如图 4-31 所示 P_1、P_2 两点，在测量坐标系中的坐标为(x_1，y_1)和(x_2，y_2)在施工坐标系中的坐标为(A_1，B_1)和(A_2，B_2)，则可按下列公式计算(x'_o，y'_o)和 α。

$$\alpha=\arctan\frac{y_2-y_1}{x_2-x_1}-\arctan\frac{B_2-B_1}{A_2-A_1} \tag{4-8}$$

$$x'_o=x_2-A_2\cdot\cos\alpha+B_2\cdot\sin\alpha$$

$$y'_o=y_2-A_2\cdot\sin\alpha-B_2\cdot\cos\alpha \tag{4-9}$$

3. 施工坐标与测量坐标之间的换算

如图 4-32 所示，P 点在测量坐标系中的坐标为 $(x_p，y_p)$，在施工坐标系中的坐标为 $(A_p，B_p)$，施工坐标系原点在测量坐标系内的坐标为 $(x'_o，y'_o)$，$O'A$ 轴与 $O'x'$ 轴的夹角(即 $O'A$ 轴在测量坐标系内的坐标方位角)为 α，则将施工坐标系换算为测量坐标系的计算公式为：

$$
\begin{aligned}
x'_p &= x'_o + A_p \cdot \cos\alpha - B_p . \sin\alpha \\
y'_p &= y'_o + A_p \cdot \sin\alpha + B_p \cdot \cos\alpha
\end{aligned}
\quad (4\text{-}10)
$$

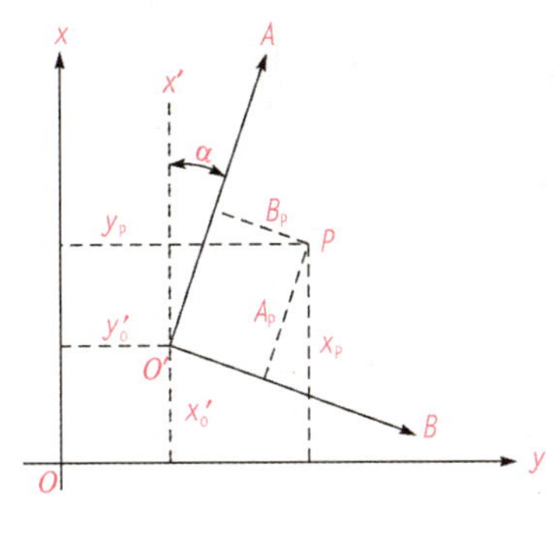

▲图 4-32

将测量坐标系换算为施工坐标系的计算公式为：

$$
\begin{aligned}
A_p &= (x_p - x'_o) \cdot \cos\alpha + (y_p - y'_o) \cdot \sin\alpha \\
B_p &= -(x_p - x'_o) \cdot \sin\alpha + (y_p - y'_o) \cdot \cos\alpha
\end{aligned}
\quad (4\text{-}11)
$$

四、施工测量的高程控制

在建筑场地上还应建立施工高程控制网，作为测设建筑物高程的依据。施工高程控制网点的密度，应尽可能满足安置一次仪器，就可测设出所需观测点位的高程。网点的位置可以实地选定并埋设稳固的标志，也可以利用施工平面控制桩点。为了检查水准点是否因受震动、碰撞和地面沉降等原因而发生高程变化，应在土质坚实和安全的地方布置三个以上的基本水准点，并埋设永久性标志。

施工高程控制网，常采用四等水准测量作为首级控制，在此基础上按相当于图根水准测量的精度进行加密，用闭合水准路线或附合水准路线测定各点的高程。大中型项目和有连续性生产车间的工业场地，应采用三等水准测量作为首级控制。对于小型施工项目的高程测量，可直接采用五等水准测量作为高程控制。

在大中型厂房的高程控制中，为了测设方便，减少误差，应在厂房附近或建筑物内部，测设若干个高程正好为室内地坪设计高程的水准点，这些点称为建筑物的±0.000 水准点或±0.000 标高，作为测设建筑物基础高程和楼层高程的依据。±0.000 标高一般是用红油漆在标志物上绘一个倒立三角形来表示，三角形的顶边代表±0.000 标高。

任务总结

1. 建筑施工控制测量是建筑施工测量的第一步，是测设建筑物平面位置和高程的依据。可分为平面控制网和高程控制网。

2. 建筑基线是建筑场地的施工控制基准线。可根据控制点、边界桩和建筑物测设建筑基线。

3. 施工坐标系一般用于指导实际施工，为了满足不同功能的要求，常需将测量坐标系与施工坐标系进行换算。

4. 施工测量的高程控制网主要作为测设建筑物高程的依据。常采用三、四等水准测量作为首级控制，在此基础上按相当于图根水准测量的精度进行加密，用闭合水准路线或附合水准路线测定各点的高程。

课后训练

1. 简述建筑基线的作用及测设方法。

2. 已知施工坐标原点 O' 的测量坐标：$x_o=100.000$ m，$y_o=200.000$ m，建筑基线点 P 的施工坐标 $A_P=125.000$ m，$B_P=260.000$ m，施工坐标纵轴相对于测量坐标纵轴旋转的夹角为 $-10°18'00''$，试计算 P 点的测量坐标 x_P 和 y_p，并绘出示意图。

任务四　民用建筑施工测量

任务描述

民用建筑施工测量就是按照设计要求，配合施工进度，将民用建筑的平面位置和高程测设出来。主要包括建筑物定位、细部轴线放样、基础施工测量和墙体施工测量等。

任务实施

民用建筑是指住宅、医院、办公楼和学校等，民用建筑施工测量就是按照设计要求，配合施工进度，将民用建筑的平面位置和高程测设出来。民用建筑的类型、结构和层数各不相同，因而施工测量的方法和精度要求也有所不同。本节以一般民用建筑为例，介绍施工测量的基本方法。

一、测设前的准备工作

1. 熟悉图纸

设计图纸是施工测量的主要依据，测设前应充分熟悉各种有关的设计图纸，以便了解施工建筑物与相邻地物的相互关系，以及建筑物本身的内部尺寸关系，准确无误地获取测设工作中所需要的各种定位数据。与测设工作有关的设计图纸主要包括：

(1)建筑总平面图。建筑总平面图给出了建筑场地上所有建筑物和道路的平面位置及其主要点的坐标，标出相邻建筑物之间的尺寸关系，注明各栋建筑物室内地坪高程，它是测设建筑物总体位置和高程的重要依据，如图 4-33 所示。

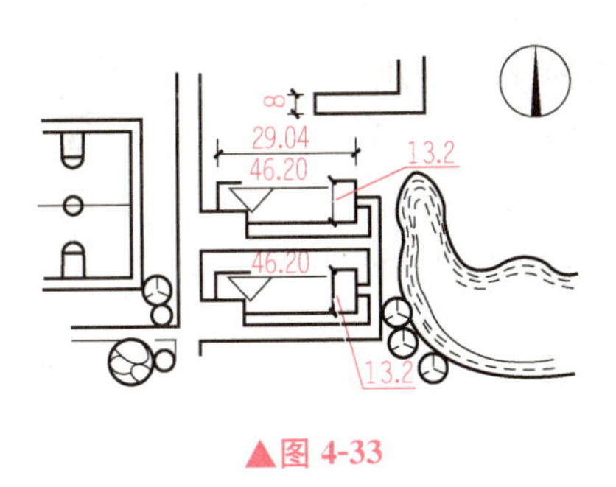

▲图 4-33

(2)建筑平面图。建筑平面图标明了建筑物首层、标准层等各楼层的总尺寸，以及楼层内部各轴线之间的尺寸关系，如图 4-34 所示，它是测设总平面图细部轴线的依据。

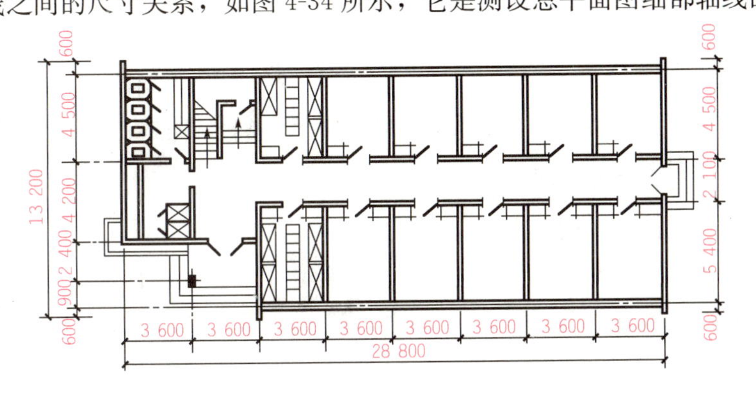

▲图 4-34

(3)基础平面图及基础详图。基础平面图及基础详图标明了基础形式、基础平面布置、基础中心或中线的位置、基础边线与定位轴线之间的尺寸关系、基础横断面的形状和大小以及基础不同部位的设计标高等，它是测设基槽(坑)开挖边线和开挖深度的依据，也是基础定位及细部放样的依据。如图 4-35 所示。

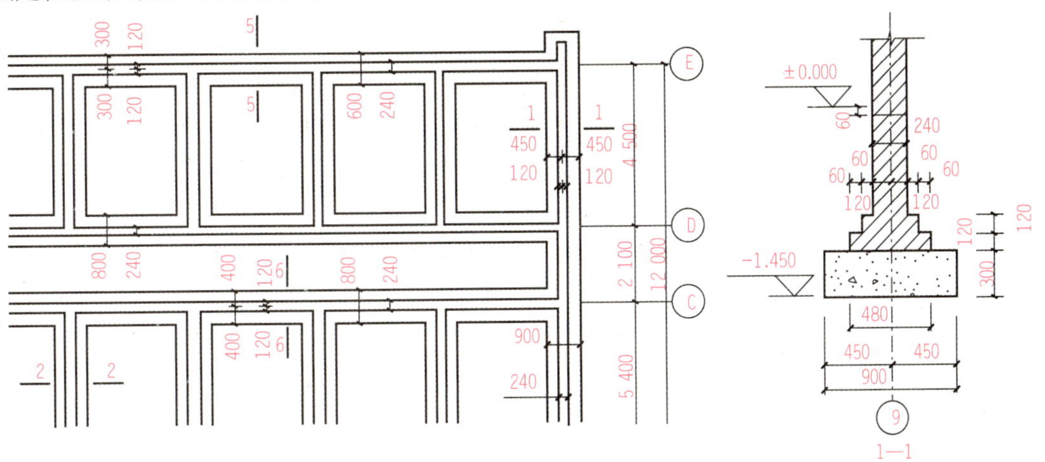

▲图 4-35

(4)立面图和剖画图。立面图和剖画图标明了室内地坪、门窗、楼梯平台、楼板、屋面及屋架等的设计高程，这些高程通常是以±0.000 标高为起算点的相对高程，它是测设建筑物各部位高程的依据。如图 4-36 所示。

在熟悉图纸的过程中，应仔细核对各种图纸上相同部位的尺寸是否一致，同一图纸上总尺寸与各有关部位尺寸之和是否一致，以免发生错误。

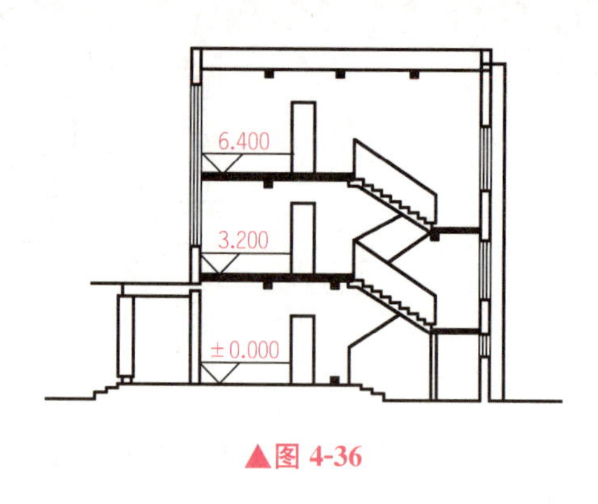

▲图 4-36

2. 现场踏勘

为了解施工现场上地物、地貌以及现有测量控制点的分布情况，应进行现场踏勘，以便根据实际情况考虑测设方案。

3. 确定测设方案和准备测设数据

在熟悉设计图纸、掌握施工计划和施工进度的基础上，结合现场条件和实际情况，拟定测设方案。测设方案包括测设方法、测设步骤、采用的仪器工具、精度要求、时间安排等。

在每次现场测设之前，应根据设计图纸和测量控制点的分布情况，准备好相应的测设数据并对数据进行检核，需要时还可绘出测设略图，把测设数据标注在略图上，使现场测设时更方便、快速，并减少出错的可能。

如图 4-37(a)所示，已知一栋建筑物两个角点的坐标，现场已有 A、B 两个控制点，欲用经纬仪和钢尺按极坐标法测设建筑物的四个角点，则应先计算另两个角点的坐标，再计算 A 至 B 点的方位角，最后计算 A 至四个角点的方位角和水平距离。如果是用全站仪按极坐标法测设，由于全站仪能自动计算方位角和水平距离，则只需要计算另两个角点的坐标即可。

如图 4-37(b)所示，根据建筑物的四个主轴线点测设细部轴线点，一般用经纬仪定线，然后以主轴线点为起点，用钢尺依次测设次要轴线点。准备测设数据时，应根据轴线间距，计算每条次要轴线至主轴线的距离。

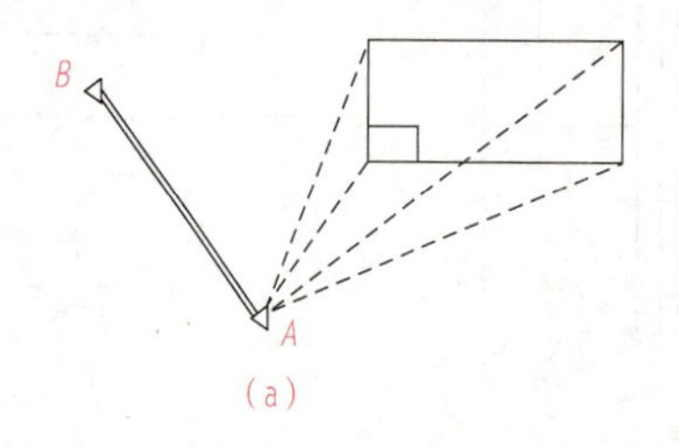

(a)

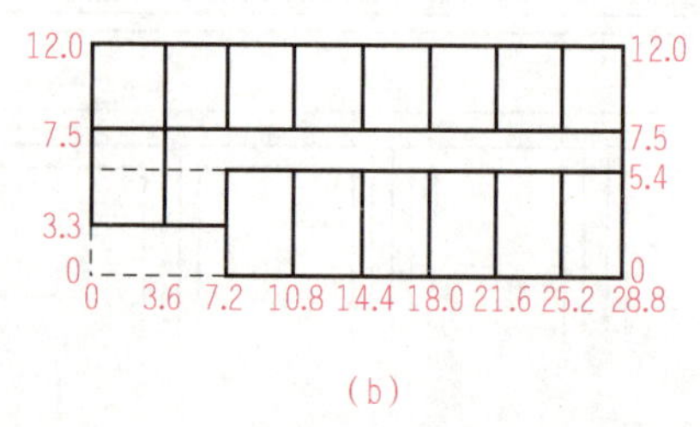

(b)

▲图 4-37

二、定位方法

（1）根据现有建（构）筑物定位。在建筑群内进行新建或扩建时，设计图上往往给出拟建建筑物与现有建筑物或道路中心线的位置关系。此时，其轴线可以根据给定的关系借助作辅助平行线的方法测设。

（2）根据场地平面控制网定位。在施工场地内设有平面控制网时，可根据建筑物各角点坐标与控制点坐标的关系定位。

（3）根据红线桩或定位点定位。

（4）根据线上一点定位。

以上几种定位方法中，在具体选择定位条件时，均应注意尽量以长边为准，测设短边。

三、建筑物的放线

1. 几种桩的含义

（1）控制桩（保险桩、引桩）：在基槽外各轴线延长线的两端钉设的轴线桩为控制桩。

（2）中心桩：在主轴线与非主轴线交点上或非主轴与非主轴交点上钉设的轴线桩为中心桩。

（3）角桩：在主轴线与主轴线交点上钉设的轴线桩为角桩。

2. 放线步骤

（1）龙门板的钉设。

1）在建筑物四周与隔墙两端基槽外边 1.0～1.5 m（根据土质情况和挖槽深度确定）处钉设龙门桩，桩要钉得竖直、牢固，桩面与基槽平行。如图 4-38 所示。

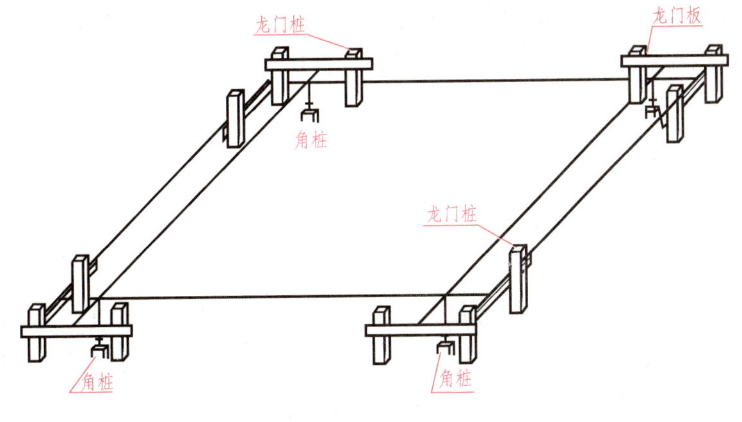

▲图 4-38

2)根据水准点的高程，在每个龙门桩上测设出首层室内地坪设计高程线(即±0.000高程线)或室外地坪设计高程线。

3)沿±0.000桩上的高程线钉设龙门板。

4)用经纬仪将墙、柱中心线投到龙门板顶面上，并钉中心钉标明。

5)用钢尺沿龙门板顶面检查中心钉的间距是否正确，作为测设校核。经校核合格后，以中心钉为准，将墙宽、基槽宽标在龙门板上，最后根据基槽上口宽度拉小线撒灰线。

(2)龙门板的优点。标志明显便于使用，它可以控制±0.000以下高程和槽宽、基础宽、墙宽等。但是，龙门板需要较多的木材，机械挖槽时龙门板不易保存。因此，近年来多数施工单位很少钉或不钉龙门板，而只钉设中心桩和控制桩。

四、基础放线(俗称“撂底”)

当基础垫层浇筑后，在垫层上测设建筑物各轴线、边界线、墙宽线、柱位线等，称为基础放线。这是具体确定建筑物位置的关键环节，应根据基坑边上的建筑物控制桩(即保险桩，但要经场地控制桩校核后方可使用)，仔细施测建筑物主要轴线，经闭合校核后，再详细放出细部轴线，所弹墨线应清晰、准确，精度应符合《砌体结构工程施工质量验收规范》(GB 50203—2011)的规定，见表4-1。

▼表4-1 基础放线尺寸的允许误差

长度 L、宽度 B 的尺寸/m	允许误差/mm
$L(B)\leqslant 30$	±5
$30<L(B)\leqslant 60$	±10
$60<L(B)\leqslant 90$	±15
$90<L(B)$	±20

撂底线经自检合格后，报请有关技术部门和监理单位验线，验线时应先验主轴线的定位条件，再验建筑物自身的相对尺寸，只有验线合格后，方可正式交付施工使用。

五、施工过程中的测量放线工作

1. 控制桩的开挖

基础高程的控制桩(或基坑)是根据基槽灰线破土开挖的。当将要挖至槽设计高程时，应在槽墙上测设距槽底设计高程为某一数值(一般为0.3～0.5 m)的水平桩(俗称“平桩”)，用以控制挖槽深度。如图4-39所示为水平桩的示意图。

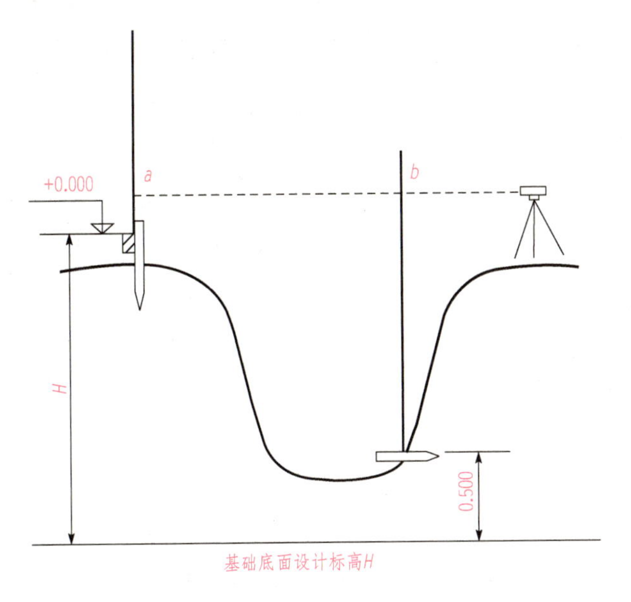

▲图 4-39

2. 皮数杆的测设

皮数杆(亦称线杆)是砌筑工程中控制高程和砖行水平的主要依据，一般立在建筑物拐角和隔墙处，如图 4-40 所示。皮数杆上除画出砖的行数外，还标有门窗口、过梁、预留孔、木砖等位置和尺寸。

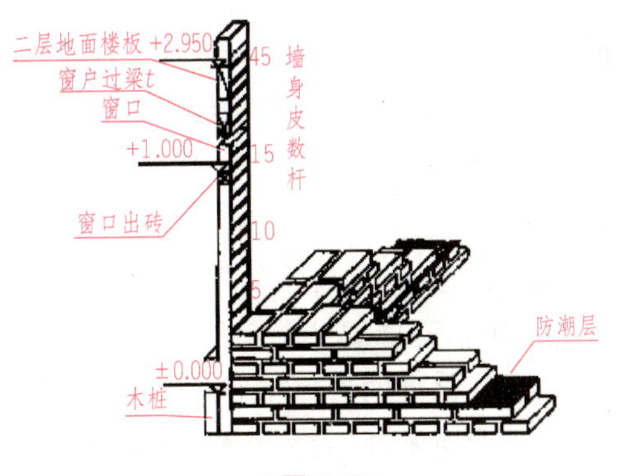

▲图 4-40

画皮数杆的主要依据是建筑物剖面图及外墙详图中各构件的高程、尺寸等。画皮数杆一般有两种方法：一种是门窗口、预留孔、各构件的设计高程可以稍有变动，这时把皮数杆画成整皮数，上下移动门窗口、预留孔、构件等的位置；另一种是门窗口、预留孔、各构件的设计高程有一定工艺要求不能变动，这时可在规范允许的范围内调整水平灰缝大小凑成整皮数。

立皮数杆时，先在地面上打一木桩，用水准仪测设出±0.000 高程位置，然后，把皮数杆上的±0.000 线与木桩上的±0.000 线对齐、钉牢。皮数杆钉好后，要用水准仪进行检验。

3. 多层和高层建筑物高程的传递

±0.000 以上的高程传递，主要是沿结构外墙、边柱或电梯间等上下贯通处竖直量距，一般情况下高层建筑至少要由三处向上传递高程，以便于各层使用和相互校核。高程传递的测法是：首先，用水准仪根据统一的±0.000 水平线，在各传递点准确地测设出相同的起始高程线；然后，用钢尺沿竖直方向向上量至施工层，并画出整分米数水平线。各层传递高程时均应由起始高程向上直接量取，高差超过钢尺尺长时，应在该层精确测设第二条起始高程线，作为再向上传递的依据；最后，将水准仪安置在施工层，校测由下面传递上来的各水平线，允许误差见表 4-2。在各层抄平时，应后视两条水平线以作校核。

表 4-2 高程传递的允许误差

项目		允许误差/mm
每层		±3
总高（H）	$H \leqslant 30$ m	±5
	30 m$<H \leqslant$60 m	±10
	60 m$<H \leqslant$90 m	±15
	90 m$<H \leqslant$120 m	±20
	120 m$<H \leqslant$150 m	±25
	$H>$150 m	±30

为保证高程传递的精度，施测中应注意以下几点：

(1)观测时尽量做到前后视线等长，测设水平线时，直接调整水准仪高度，使后视线正对准设计水平线，则前视时可直接用铅笔标出视线高程的水平线。这种测法比一般在木杆上标记出视线再量高差反数的测法能提高精度 1～2 mm。

(2)由±0.000 水平线向上量高差时，所用钢尺应经过检定，尺身应竖直并使用标准拉力，还应进行尺长改正和温度改正(钢结构不加温度改正)。

(3)在高层装配式结构施工中，不但要注意每层的高差不要超限，更要注意控制各层高程，防止误差累计而使建筑物总高度的误差超限。因此，在测出各施工层高程后，应根据高差误差情况，在下一层施工时对层高进行调整，必要时还应通知构件厂调整下一阶段的柱高，尤其是钢结构工程。

(4)为保证竣工时±0.000 和各层高程的正确性，应请设计单位明确：在测设±0.000 水平线和基础施工时，应如何对待地基开挖后的回弹、建筑物在施工期间的下沉以及钢结构工程中钢柱负荷后对层高的影响。

(5)施测中要特别注意人身安全。

4. 多层和高层建筑物轴线投测

基础工程完工后，随结构的不断升高，要逐层向上投测轴线，尤其是高层结构四廓轴线和电梯井控制轴线的投测，直接影响结构和电梯的竖向精度。随着建筑物设计高度的增加，施工中对竖向偏差的控制越来越重要。常用的投测方法包括经纬仪竖向投测法和垂准线法。

(1)经纬仪竖向投测法。用经纬仪作竖向投测，根据不同的场地条件，有以下三种测法：

1)延长轴线法。当场地四周宽阔，能将高层建筑四廓轴线延长到建筑物的总高度以外或附近有多层建筑屋面上时，则可在轴线的延长线上安置经纬仪，以首层轴线为准，向上逐层投测。如图 4-41 所示。

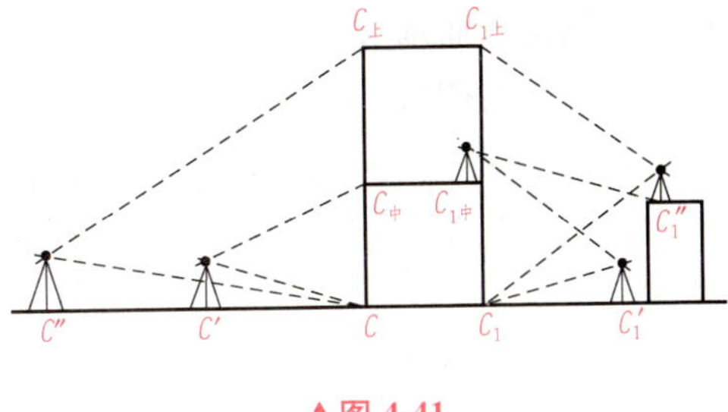

▲图 4-41

2)侧向借线法。当场地四周狭窄，建筑物四廓轴线无法延长时，可将轴线向建筑物外侧平移(俗称“借线”)，移出的尺寸视外脚手架的情况而定，尽量不超过 1.2 m。如图 4-42 所示。

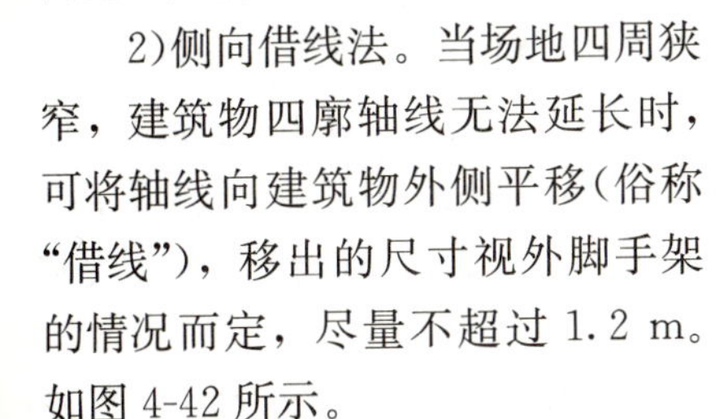

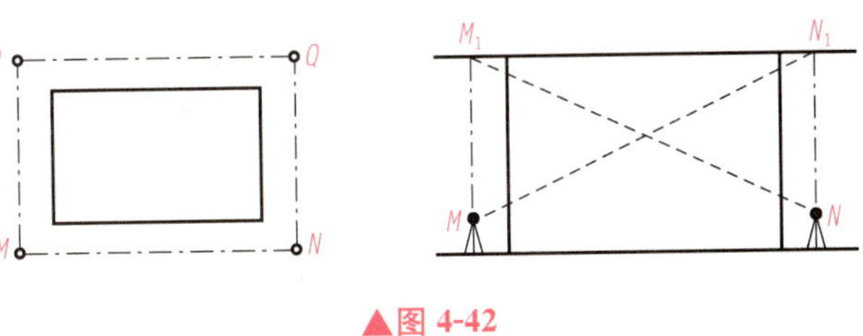

▲图 4-42

3)正倒镜挑直法。当场地内地面无法安置经纬仪向上投测时，可将经纬仪安置在施工层上，用正倒镜挑直法，直接投测出轴线位置。

为保证竖向投测精度，在操作中应特别注意：严格校正仪器(特别注意横轴垂直于竖轴的检校)，投测时严格整平，以保证竖轴铅直；尽量以首层轴线作为后视向上投测，减少误差积累；取盘左盘右向上投测的居中位置，以抵消视准轴不垂直横轴、横轴不垂直竖轴的误差影响。

(2)垂准线法。当施工场地狭窄，无法在建筑物以外安置经纬仪时，可利用铅直线原理将轴线铅直投测到施工层上，作为各层放线的依据。根据使用仪器的不同，有以下四种测法：

1)吊线坠法。用特制线坠以首层轴线标志为准，逐层向上悬吊引测轴线。

为使线坠悬吊稳定，应根据引测高度选择相应质量的线坠，见表 4-3。

▼表 4-3　线坠质量与高差的对应关系

高差/m	线坠质量/kg	钢丝直径/mm
＜10	＞1	—
10～30	＞5	—
30～60	＞10	—
60～90	＞15	0.5
＞90	＞20	0.7

为保证投测精度，操作时还应注意以下要点：

①线坠体形正、质量适中，用编织线或钢丝悬吊。

②线坠上端固定牢，线间无障碍(不抗线)。

③线坠下端左右摇动＜3 mm 时取中，两次取中之差＜2 mm 时再取中定点，投点时

视线要与结构立面垂直。

④防震、防侧风。

⑤每隔 3～4 层放一次通线，以作校核。

如南京金陵饭店主楼和北京中央彩色电视播出楼，就是采用吊线坠法进行竖向偏差检测的。

2)激光铅直仪法。在高层建筑、高烟囱、高塔架及滑模施工中，使用激光铅直仪操作简便，是保证投测精度的理想仪器。

3)经纬仪天顶法。将安装了 90°弯管目镜的经纬仪安置在首层地面的轴线控制点上，使望远镜物镜指向天顶方向(即铅直向上)，由弯管目镜观测。若仪器水平转动一周(度盘长水准器要严格整平)，视线始终指在一点上，则说明视线铅直，用以向上传递轴线和控制竖向偏差。使用此法只需配备 90°弯管目镜，投资少、精度可满足工程要求，适用于现浇混凝土工程和钢结构安装工程。但实测时要特别注意安全，防止落物击伤观测人员和仪器。

4)经纬仪天底法。将特制的经纬仪(竖轴为空心，望远镜可铅直向下照准)直接安置在施工层上，通过各层楼板的预留孔洞，铅直照准首层地面上的轴线控制点，向施工层上投测轴线位置，轴线竖向投测的允许误差见表 4-4。此法适用于现浇混凝土结构工程，仪器与操作人员均较安全。

▼表 4-4 轴线竖向投测的允许误差

项　目		允许误差/mm
每层		3
总高(H)	≤30 m	5
	30 m<H≤60 m	10
	60 m<H≤90 m	15
	90 m<H≤120 m	20
	120 m<H≤150 m	25
	H>150 m	30

任务总结

1. 民用建筑施工测量就是按照设计要求，配合施工进度，将民用建筑的平面位置和高程测设出来。主要包括建筑物定位、细部轴线放样、基础施工测量和墙体施工测量等。

2. 测设前的准备工作主要有熟悉图纸、现场踏勘、确定测设方案和准备测设数据。

3. 建筑的定位方式可根据现有建(构)筑物、场地平面控制网、红线桩或定位点和线上一点进行定位放线。

4. 多层和高层建筑物轴线投测方法有经纬仪竖向投测法和垂准线法两种。

5. 经纬仪竖向投测法有延长轴线法、侧向借线法和正倒镜挑直法三种。

6. 垂准线法有吊线坠法、激光铅直仪法、经纬仪天顶法和经纬仪天底法四种。

课后训练

1. 图 4-43 中给出了原有建筑物与新建筑物边线的相对位置关系，试述根据原有建筑物测设新建筑物边线的步骤及方法。

2. 如图 4-44 所示，已知某工业厂房两个对角点的坐标，测设时顾及基坑开挖线范围，拟将厂房控制网设置在厂房角点连线以外 5 m 处，试求厂房控制网四角点 T、U、R、S 的坐标值。

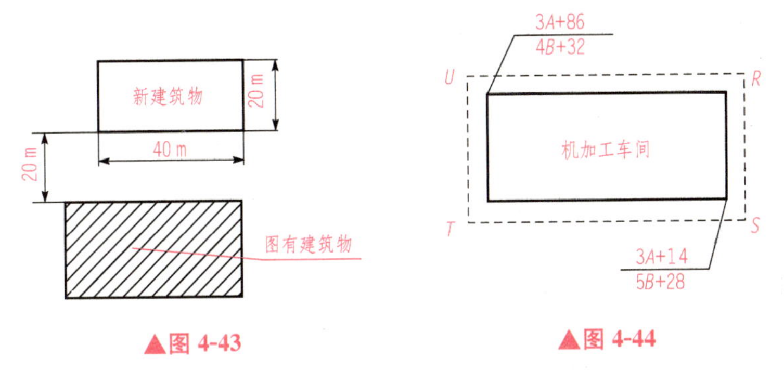

▲图 4-43　▲图 4-44

3. 设置龙门板或引桩的作用是什么？如何设置？

4. 一般民用建筑条形基础施工过程中要进行哪些测量工作？

5. 一般民用建筑主体施工过程中，如何投测轴线？如何传递标高？

6. 在高层建筑施工中，如何控制建筑物的垂直度和传递标高？

项目五

变形观测与竣工测量

学习目标

1. 掌握变形观测的目的及主要内容；
2. 了解沉降观测的内容及观测方法；
3. 掌握变形观测应遵循的原则；
4. 掌握倾斜观测的内容及观测方法；
5. 了解水平位移的观测方法；
6. 了解竣工测量的内容及竣工总平面图的编制方法。

考工要求

1. 水准点及观测点的布设要求；
2. 观测的方法与要点及观测周期；
3. 根据原始数据进行观测成果整理。

任务一　变形观测

任务描述

建筑物在施工和使用阶段，需对其进行变形观测，其主要内容包括沉降观测、倾斜观测、裂缝观测和水平位移观测。

夯实基础

在建筑物建造的过程中，由于建筑物的基础和地基所承受的荷载不断增加，从而引起基础及其四周地层变形，而建筑物本身因基础变形及外部荷载与内部应力的作用，也要发生变形，主要包括建筑物的沉降、倾斜和开裂。如果这些变形不超过一定的限度不影响建筑物的正常使用，可视为正常现象，但如果变形严重可视为异常现象，将会影响建筑物的正常使用，甚至会危及建筑物的安全。为了建筑物的安全使用，在建筑物施工各阶段及使用期间，对建筑物进行有针对性的变形观测。通过变形观测，可以分析和监视建筑物的变形情况，当发现异常变形时，可及时分析原因，采取相应的技术措施，确保建筑物的施工质量和安全使用，同时，通过变形观测，可以研究变形的原因和规律，为建筑物的设计、施工、管理和科学研究提供可靠的资料。

建筑物的变形观测宜从动工开始，经过施工期间，一直到建成之后的一定的使用阶段，如有必要还应延续到变形停止才结束。

任务实施

一、沉降观测

建筑物的沉降是指建筑物及其基础在垂直方向上的变形(也称垂直位移)。沉降观测就是测定建筑物上所设观测点(沉降点)与基准点(水准点)之间随时间变化的高差变化量。通常采用精密水准测量或液体静力水准测量的方法进行。

1. 水准点和沉降观测点的设置

作为建筑物沉降观测的水准点一定要有足够的稳定性，同时为了保证水准点高程的正确性和便于相互检核，水准点一般不得少于三个，并选择其中一个最稳定的点作为水准基点。水准点必须设置在受压、受震的范围以外，冰冻地区水准点应埋设在冻土深度线以下0.5 m。水准点和观测点之间的距离应适中，相距太远会影响观测精度，相距太近又会影响水准点的稳定性，从而影响观测结果的可靠性，通常水准点和观测点之间的距离以60～100 m为宜。

进行沉降观测的建筑物、构筑物上应埋设沉降观测点。观测点的数量和位置，应能全面反映建筑物、构筑物的沉降情况。一般观测点是均匀设置的，但在荷载有变化的部位、平面形状改变处、沉降缝的两侧、具有代表性的支柱和基础上、地质条件改变处等，应加设足够的观测点。沉降观测点的埋设如图5-1所示。

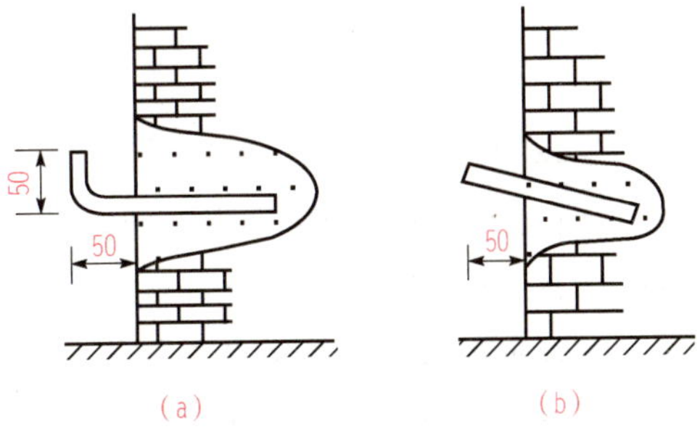

▲图 5-1

(a)ϕ20 螺纹钢筋；(b)角钢

2. 沉降观测的一般规定

(1)观测周期。一般待观测点埋设稳固后，且在建(构)筑物主体开工前，即进行第一次观测。在建筑物主体施工过程中，一般为每盖1～2层观测一次；大楼封顶或竣工后，一般每月观测一次，如果沉降速度减缓，可改为2～3个月观测一次，直到沉降量100d不超过1 mm时，观测才可停止。

(2)观测方法和仪器要求。对于多层建筑物的沉降观测，可采用S_3水准仪用普通水准测量方法进行。对于高层建筑物的沉降观测，则应采用S_1精密水准仪，用二等水准测量方法进行。为了保证水准测量的精度，观测时视线长度一般不得超过50 m，前、后视距离要尽量相等。

(3)沉降观测的工作要求。沉降观测是一项较长期的连续观测工作，为了保证观测成果的正确性，应尽可能做到“三定”：①固定观测人员；②固定的仪器；③按规定的日期、方法及既定的路线、测站进行观测。

3. 沉降观测的成果整理

每次观测结束后，应检查记录中的数据和计算是否准确，精度是否合格，然后把各次观测点的高程，列入成果表中，并计算两次观测之间的沉降量和累计沉降量，同时也要注明观测日期和荷载情况，为了更清楚地表示沉降、荷重、时间三者的关系，还要画出各观测点的沉降、荷重、时间关系曲线图(图5-2)。

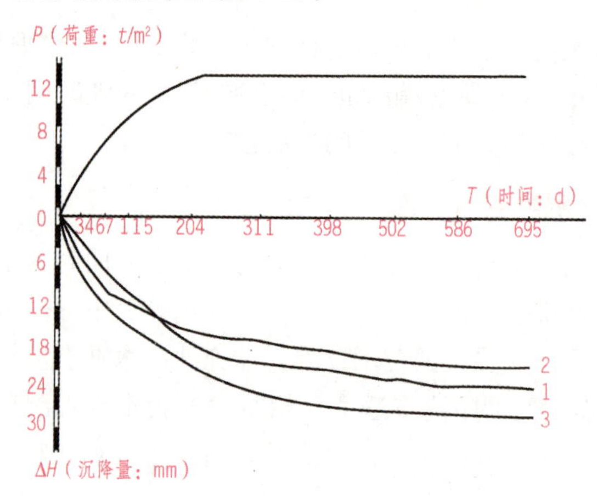

▲图5-2

4. 沉降观测中常遇到的问题及其处理

(1)曲线在首次观测后即发生回升现象。在第二次观测时即发现曲线上升，至第三次后，曲线又逐渐下降。发生这种现象，一般都是由于首次观测成果存在较大误差所引起的。此时，应将第一次观测成果作废，而采用第二次观测成果作为首测成果。

(2)曲线在中间某点突然回升。发生这种现象的原因，多半是因为水准基点或沉降观测点被碰所致，如水准基点被压低或沉降观测点被撬高，此时，应仔细检查水准基点和沉降观测点的外形有无损伤。若众多沉降观测点出现此种现象，则水准基点被压低的可能性很大，此时可改用其他水准点作为水准基点来继续观测，并再埋设新水准点，以保证水准点个数不少于三个；若只有一个沉降观测点出现此种现象，则多半是该点被撬高；若观测点被撬后已活动，则需另行埋设新点，若点位尚牢固，则可继续使用，对于该点的沉降量计算，则应进行合理处理。

(3)曲线自某点起渐渐回升。这种现象一般是由于水准基点下沉所致。此时，应根据水准点之间的高差来判断出最稳定的水准点，以此作为新水准基点，将原来下沉的水准基点废除。另外，埋在裙楼上的沉降观测点，由于受主楼的影响，有可能会出现属于正常的渐渐回升现象。

(4)曲线的波浪起伏现象。曲线在后期呈现微小波浪起伏现象，其原因是测量误差所造成的。曲线在前期波浪起伏之所以不突出，是因为下沉量大于测量误差之故；但到后期，由于建筑物下沉极微或已接近稳定，因此在曲线上就出现测量误差比较突出的现象。此时，可将波浪曲线改成为水平线，并适当地延长观测的间隔时间。

二、建筑物的倾斜观测

用测量仪器来测定建筑物的基础和主体结构倾斜变化的工作，称为倾斜观测。

1. 一般建筑物主体的倾斜观测

建筑物主体的倾斜观测，应测定建筑物顶部观测点相对于底部观测点的偏移值，再根据建筑物的高度，计算建筑物主体的倾斜度，即：

$$i=\tan\alpha=\Delta D/H$$

式中　i——建筑物主体的倾斜度；

ΔD——建筑物顶部观测点相对于底部观测点的偏移值(m)；

H——建筑物的高度(m)；

α——倾斜角(°)。

倾斜测量主要是测定建筑物主体的偏移值 ΔD。偏移值 ΔD 的测定一般采用经纬仪投影法。具体观测方法如下：

(1)如图 5-3 所示，将经纬仪安置在固定测站上，该测站到建筑物的距离为建筑物高度的 1.5 倍以上。瞄准建筑物 X 墙面上部的观测点 M，用盘左、盘右分中投点法，定出下部的观测点 N。用同样的方法，在与 X 墙面垂直的 Y 墙面上定出上观测点 P 和下观测点 Q。M、N 和 P、Q 即为所设观测标志。

(2)相隔一段时间后，在原固定测站上，安置经纬仪，分别瞄准上观测点 M 和点 P，用盘左、盘右分中投点法，得到 N' 和 Q'。如果 N 与 N'、Q 与 Q' 不重合，如图 5-3 所示，说明建筑物发生了倾斜。

(3)用尺子量出在 X、Y 墙面的偏移值 ΔA、ΔB，然后用矢量相加的方法，计算出该建筑物的总偏移值 ΔD。

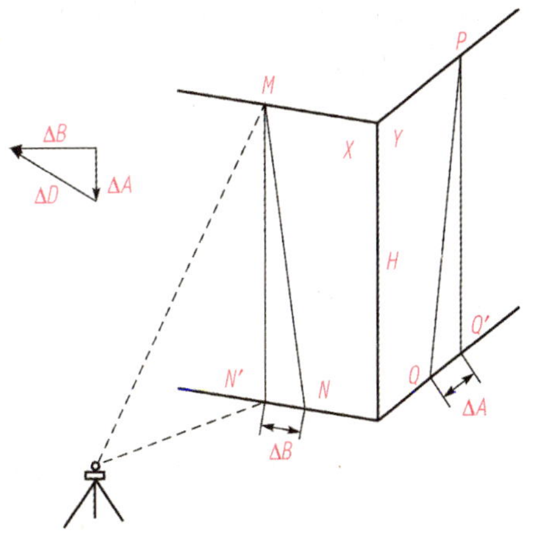

▲图 5-3

根据总偏移值 a 和建筑物的高度 H 即可计算出其倾斜度 i。

2. 圆形建(构)筑物主体的倾斜观测

对圆形建(构)筑物的倾斜观测，是在互相垂直的两个方向上，测定其顶部中心对底部中心的偏移值。具体观测方法如下：

(1)如图 5-4 所示，在烟囱底部横放一根标尺，在标尺中垂线方向上安置经纬仪，经纬仪到烟囱的距离为烟囱高度的 1.5 倍。

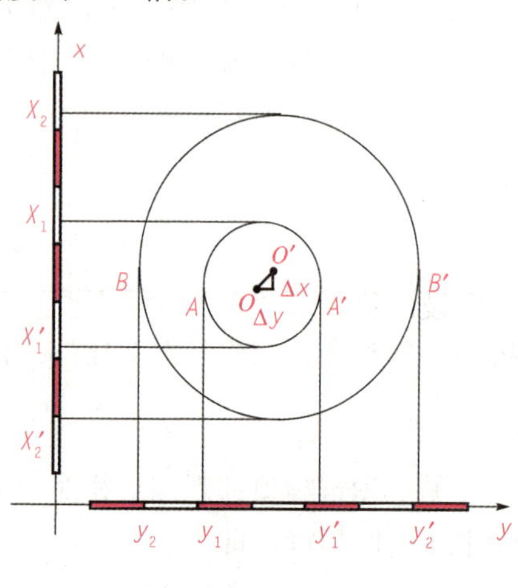

▲图 5-4

(2)用望远镜将烟囱顶部边缘两点 A、A' 及底部边缘两点 B、B' 分别投到标尺上，得读数为 y_1、y'_1 及 y_2、y'_2，如图 5-4 所示。烟囱顶部中心 O 对底部中心 O' 在 y 方向上的偏移值 Δy 为：

$$\Delta y = (y_1 + y'_1)/2 - (y_2 + y'_2)/2$$

(3)用同样的方法，可测得在 x 方向上，顶部中心 O 的偏移值 Δx 为：

$$\Delta x = (x_1 + x'_1)/2 - (x_2 + x'_2)/2$$

(4)用矢量相加的方法，计算出顶部中心 O 对底部中心 O' 的总偏移值 ΔD。

根据总偏移值 ΔD 和圆形建(构)筑物的高度 H 即可计算出其倾斜度 i。

另外，也可采用激光铅垂仪或悬吊垂球的方法，直接测定建(构)筑物的倾斜量。

3. 建筑物基础倾斜观测

建筑物的基础倾斜观测一般采用精密水准测量的方法，定期测出基础两端点的沉降量差值 Δh，如图 5-5 所示，在根据两点间的距离 L，即可计算出基础的倾斜度：

$$i = \Delta h / L$$

对整体刚度较好的建筑物的倾斜观测，也可采用基础沉降量差值，推算主体偏移值。如图 5-6 所示，用精密水准测量测定建筑物基础两端点的沉降量差值 Δh，再根据建筑物的宽度 L 和高度 H，推算出该建筑物主体的偏移值 ΔD，即

$$\Delta D = (\Delta h / L) \cdot H$$

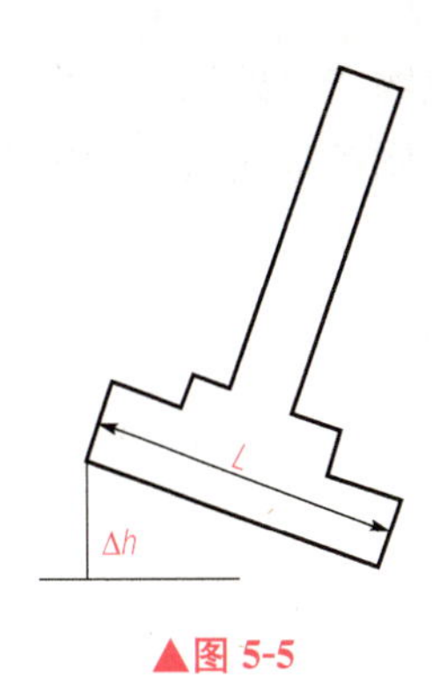

▲图 5-5

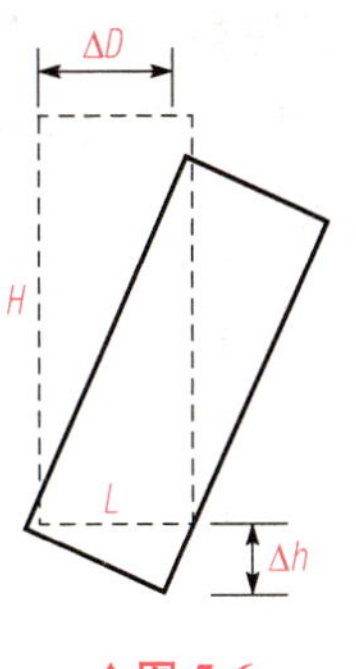

▲图 5-6

三、建筑物的裂缝观测

当建筑物出现裂缝之后，应及时进行裂缝观测。常用的裂缝观测方法有以下两种：

1. 石膏板标志

用厚 10 mm、宽 50～80 mm 的石膏板（长度视裂缝大小而定），固定在裂缝的两侧。当裂缝继续发展时，石膏板也随之开裂，从而观察裂缝继续发展的情况。

2. 白铁皮标志

(1)如图 5-7 所示，用两块白铁皮，一片取 150 mm×150 mm 的正方形，固定在裂缝的一侧。

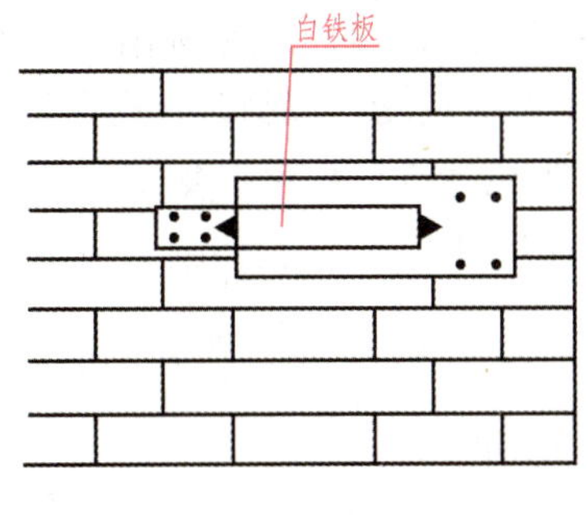

▲图 5-7

(2)另一片为 50 mm×200 mm 的矩形，固定在裂缝的另一侧，使两块白铁皮的边缘相互平行，并使其中的一部分重叠。

(3)在两块白铁皮的表面，涂上红色油漆。

(4)如果裂缝继续发展，两块白铁皮将逐渐拉开，露出在正方形上，原被覆盖没有油漆的部分，其宽度即为裂缝加大的宽度，可用尺子量出。

四、水平位移观测

建筑物在施工或者运营过程中受外力或其他因素影响，在平面上产生的位移，对此进行的观测，称为位移观测。建筑物位移也可能对建筑物产生破坏。水平位移观测的方法较多，如角度前方交会法、导线交会法、基准线法、正倒镜垂线法等。这里重点介绍角度前方交会法和基准线法。

1. 角度前方交会法

利用前方交会法对观测点进行角度观测，计算观测点的坐标，由两期之间的坐标差计算该点的水平位移。

如图 5-8 所示，A、B 点为相互通视的控制点，P 为建筑物上的位移观测点。首先，仪器架设 A、后视 B、前视 P，测得角$\angle BAP$ 的外角 $\alpha=(360°-\alpha_1)$，然后架设 B、后视 A、前视 P，测得 β，通过内业计算求得 P 点坐标。当 α、β 角值变化而 P 点坐标也随之变化，再根据公式计算其位移量。

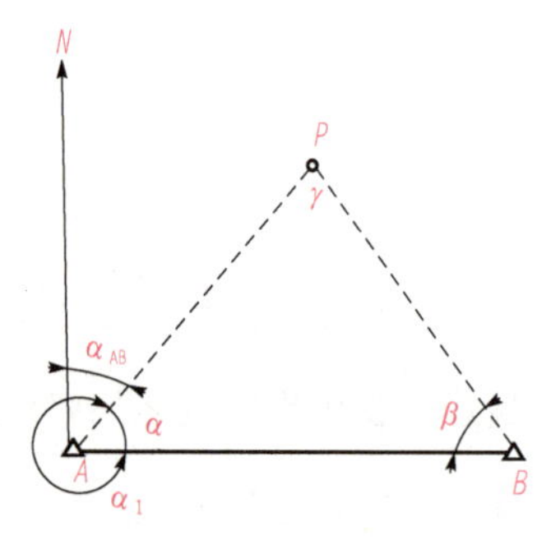

▲图 5-8

设三角点 A、B 的坐标分别为$(x_A,\ y_A)$和$(x_B,\ y_B)$，则 P 点坐标为：

$$\left.\begin{aligned} x_P&=\frac{x_A\cot\beta+x_B\cot\alpha-y_A+y_B}{\cot\alpha+\cot\beta}\\ y_P&=\frac{y_A\cot\beta+y_B\cot\alpha+x_A-x_B}{\cot\alpha+\cot\beta}\end{aligned}\right\}$$

2. 基准线法

有些建筑物只要求测定某特定方向上的位移量，如大坝在水压力方向上的位移量，这种情况可采用基准线法进行水平位移观测。观测时，先在位移方向的垂直方向上建立一条基准线，如图 5-9 所示，A、B 为控制点，P 为观测点，只要定期测量出观测点 P 与基准线 AB 的角度变化值 $\Delta\beta$，其位移量可按下式计算：

$$\delta=D_{AP}\cdot\frac{\Delta\beta''}{\rho''}$$

式中，D_{AP}为 A、P 两点间水平距离。

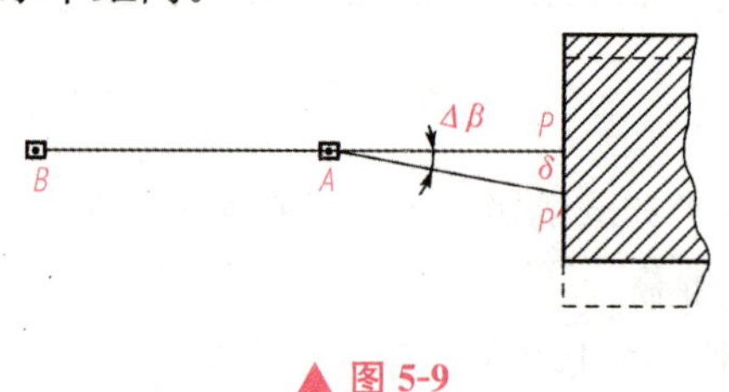

▲ 图 5-9

任务总结

1. 变形观测是为了监测建筑物的变形情况，研究变形的原因和规律，为建筑物的设计、施工、管理和科学研究提供可靠的资料。

2. 沉降观测是指建筑物及其基础在垂直方向上的变形(也称垂直位移)。通常采用精密水准测量或液体静力水准测量的方法进行。

3. 沉降观测涉及观测周期、观测方法、仪器要求和沉降观测的工作要求。

4.“三定”原则：①固定观测人员；②固定的仪器；③按规定的日期、方法及既定的路线、测站进行观测。

5. 倾斜观测是用测量仪器来测定建筑物的基础和主体结构倾斜变化的工作。主要涉及建筑物主体、圆形建(构)筑物主体、建筑物基础的倾斜观测。

6. 常用的裂缝观测方法有石膏板标志和白铁皮标志。

7. 水平位移的观测方法有角度前方交会法、导线交会法、基准线法和正倒镜垂线法等。

课后训练

1. 简述建筑物沉降观测的目的和方法。

2. 布设沉降观测点时应注意哪些问题？什么是沉降观测“三定”原则？为什么在沉降观测时要做到“三定”？

3. 如何进行建筑物的位移观测？

4. 建筑物水平位移的观测方法通常有哪些？

知识拓展

沉降观测技术方案

一、工程概况

××学校食堂建筑面积 11 425 m^2，地下一层，地上四层，框架结构。

二、技术依据

《工程测量规范》(GB 50026—2007)；

《工程测量基本术语标准》(GB/T 50228—2011)；

《建筑变形测量规范》(JGJ 8—2007)；

《国家一、二等水准测量规范》(GB/T 12897—2006)。

三、水准基点和沉降观测点的布设

1. 水准基点的布设

水准基点是进行沉降观测的起始点，基点的稳定可靠与否直接影响到观测成果的准确性。因而，水准基点位置的选择与埋设尤为重要，基点离开工地太远、太近都不合适。远了增加观测的传递次数，测量误差大了；近了受施工影响，基点本身的可靠性受到怀疑。为此，根据该地区地质情况，估计可靠的沉降范围是远离施工区域 2～3 倍的距离即可，根据一般的工作要求，需要在施工区域以外同时布设 3～4 个基准点，构成水准基点网，以检验该网自身的可靠性。因此必须和规划部门取得联系，选择在近两年内不可能进行施工的区域埋设基准点。其离开施工区域的最少距离为：

$$L=100\times\sqrt{S}$$

式中 L——水准点离开施工建筑物的最近距离(m);

S——施工建筑物的最终理论沉降量(cm)。

一般来说,基准点离开施工建筑物应保持在 60 m 左右的距离。水准基点按《国家一、二等水准测量规范》(GB/T 12897—2006)二等点要求制作并埋设。本工程考虑埋设三个基准点。

2. 沉降监测点布设原则

沉降观测点的布置,应以能全面反映建筑物地基变形特征并结合地质情况及建筑结构特点确定。点位宜选设在下列位置:

(1)建筑物的四角、大转角处及沿外墙每 10~20 m 处或每隔 2~3 根柱基上。

(2)高低层建筑物、新旧建筑物、纵横墙等交接处的两侧。

(3)建筑物裂缝两侧、基础埋深悬殊处、人工地基与天然地基接壤处、不同结构的分界处及填挖分界处。

(4)宽度大于等于 20 m 或小于 20 m 而地质复杂以及膨胀土地区的建筑物,在承重内隔墙点,在室内地面中心及四周设地面点。

(5)邻近堆置重物处、受振动有显著影响的部位及基础下的暗(沟)处。

(6)框架结构建筑物的每个或部分柱基上或沿纵横轴线设点。

(7)筏形基础、箱形基础底板或接近基础的结构部分之四角处及其中部位置。

(8)基础形式或埋深改变处以及地质条件变化处两侧。

采用经质检站认可的测量标志(与主体结构钢筋焊结)现场埋设,沉降观测点应与建筑物的主体结构可靠连接,并永久保留 2~5 年。为了保证沉降观测的顺利进行,当土建施工到 ±0 层时,埋设好沉降观测点。沉降观测点采用质检站认可的螺旋式标志,和钢柱焊接在一起,室外自然地坪以上 30~50 cm,埋设在设计预定的结构柱上,不受影响的一侧(图 5-10)。如因工程特殊情况,个别可以适当调整。各幢建筑的沉降点位布设位置见附图(略)。

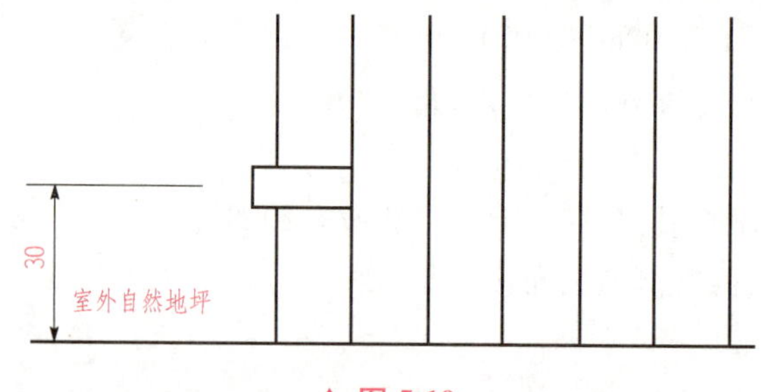

▲ 图 5-10

四、沉降监测

建筑物的沉降观测拟采用二等精密水位测量的方法进行观测。本工程将使用 Topcon AT—G2 型精密水准仪配合 2 m 铟钢尺进行施测,另外,严格按规定的工作程序进行。本项目技术依据《建筑变形测量规范》(JGJ 8—2007)以及甲方提出的具体文字要求。

1. 监测网的观测

各次沉降观测是整个工作的主体，建筑物施工到各个时期的沉降变形量就要在这一环节中反映出来，为保证每次测量的准确性，观测之前对仪器进行规范所规定的必要检测，观测按照“定仪器、定人、定观测路线”的“三定”要求进行。

监测网观测的主要技术要求如下：

路线环线闭合差$+0.5\sqrt{N}$mm　　（N为测段数）

视距长度不超过35 m，前后视差不超过3 m。

最弱点高程中误差不超过+0.5 mm。

每次观测后，及时提供各种观测点的本次沉降量和总沉降量；主体封顶时提供一份阶段成果表；在全部观测工作结束后，及时提供技术总结及其变形分析报告。

2. 观测周期与观测频率

沉降观测的周期依据施工进度及监测中变形量的大小及时调整周期。按照钢筋混凝土大楼沉降的一般要求是自第一层埋设沉降点后初测，以后每增加一层观测一次。大楼主体封顶到竣工期间每月观测一次。按市建委文件的要求，楼房竣工后应当观测1～2年。根据该工程的实际位置及地质条件，半年观测一次。如沉降量过大，继续观测。据此，计划食堂工程观测6次。

五、资料报告的提交

每次测量结束后，应及时以表格的形式反映沉降结果并交给甲方或监理一份。竣工验收前按甲方或监理通知要求及时向业主提交三份沉降观测阶段报告，大楼监测工作全部结束后向业主提交整个测量工作的总结报告每栋三份。报告应当包括以下内容：

(1)沉降观测成果表。

(2)沉降观测点分布图。

(3)建筑物沉降曲线。

(4)沉降观测分析意见。

大地测绘院

2014.9.1

任务二　竣工测量

任务描述

竣工测量是为了工程验收和以后的管理、维修、扩建、改建、事故处理提供依据。

夯实基础

任何工业企业和民用建筑都是按照设计总图进行施工的。但是，在施工过程中，可能由于设计时没有考虑到的原因，而使设计位置发生变更，同时还有施工误差和建筑物的变形等原因，使得建筑物的竣工位置往往与原设计位置不完全相符。为了确切地反映工程竣工后的现状，为工程验收和以后的管理、维修、扩建、改建、事故处理提供依据，需要进行竣工测量，并编绘竣工平面图。

任务实施

一、竣工测量的内容

在每一个单项工程完成后，必须由施工单位进行竣工测量，提出工程的竣工测量成果，作为编绘竣工总平面图的依据。竣工测量的内容包括：

(1)工业厂房及一般建筑物。各房角坐标、几何尺寸，地坪及房角标高，附注房屋结构层数、面积和竣工时间等。

(2)地下管线。测定检修井、转折点、起终点的坐标，井盖、井底、沟槽和管顶等的高程，附注管道及检修井的编号、名称、管径、管材、间距、坡度和流向。

(3)架空管线。测定转折点、结点、交叉点和支点的坐标，支架间距、基础标高等。

(4)特种构筑物。测定沉淀池、烟囱、煤气罐等及其附属构筑物的外形和四角坐标，圆形构筑物的中心坐标，基础面标高，烟囱高度和沉淀池深度等。

(5)交通线路。测定线路起终点、交叉点和转折点坐标，曲线元素，路面、人行道、绿化带界限等。

(6)室外场地。测定围墙拐角点坐标，绿化地边界等。

竣工测量与地形图测量的方法相似，不同之处主要是竣工测量要测定许多细部点的坐标和高程，因此图跟点的布设密度要大一些，细部点的测量精度要精确至厘米。

二、竣工总平面图的编绘

编绘竣工总平面图时需要掌握的资料有设计总平面图、系统工程平面图、纵横断面图及变更设计的资料，施工放样资料，施工检查测量及竣工测量资料。

编绘时，先在图纸上绘制坐标格网，再将设计总平面图上的图面内容，按设计坐标用铅笔展绘在图纸上，以此作为底图，并用红色数字在图上表示出设计数据。每项工程竣工后，根据竣工测量成果用黑色绘出该工程的实际形状，并将其坐标和高程注在图上。黑色与红色之差，即为施工与设计之差。随着施工的进展，逐步在底图上将铅笔线都绘成黑色线。经过整饰和清绘，即成为完整的竣工总平面图。

厂区地上和地下所有建筑物、构筑物如果都绘在一张竣工总平面图上，线条过于密集而不便于使用时，可以采用分类编图，如综合竣工平面图、交通运输竣工总平面图、管线竣工总平面图等。比例尺一般采用 1∶1 000。如不能清楚地表示某些特别密集的地区，也可局部采用 1∶500 的比例尺。

如果施工单位较多，多次转手，造成竣工测量资料不全，图面不完整或现场情况不符时，只好进行实地施测，再编绘竣工总平面图。

竣工总平面图的符号应与原设计图的符号一致。原设计图没有的图例符号，可使用新的图例符号，但应符合现行总平面设计的有关规定。在竣工总平面图上一般要用不同的颜色表示不同的工程对象。

竣工总平面图编绘完成后，应附必要的说明及图表，连同原始地形图、地址资料、设计图纸文件、设计变更资料、验收记录等合编成册，应经原设计及施工单位技术负责人审核、会签。

任务总结

1. 为了确切地反映工程竣工后的现状，为工程验收和以后的管理、维修、扩建、改建、事故处理提供依据，需要进行竣工测量，并编绘竣工平面图。

2. 竣工测量的内容应根据不同的要求测量相应的项目，其要测定许多细部点的坐标和高程。

3. 竣工总平面图的符号应与原设计图的符号一致。竣工总平面图编绘完成后，应附必要的说明及图表，连同原始地形图、地址资料、设计图纸文件、设计变更资料、验收记录等合编成册，应经原设计及施工单位技术负责人审核、会签。

课后训练

1. 为什么要进行竣工测量？
2. 竣工测量的内容有哪些？

项目六

地形图及其应用

学习目标

1. 了解地形图的构成要素、图式及分幅与编号的方法；
2. 掌握格网绘制、控制点展绘以及图外注记的方法；
3. 掌握经纬仪或全站仪测图的方法与步骤；
4. 掌握地形图的绘制、拼接、检查与整饰的方法；
5. 会测绘小区域大比例尺地形图；
6. 了解地形图的应用途径；
7. 掌握在地形图上求算坐标、高程、距离、方位角、坡度与面积的方法；
8. 能在地形图上求取各种测量要素；
9. 能利用地形图解决场地平整问题。

考工要求

1. 掌握大比例尺地形图的识读方法与使用方法；
2. 能应用大比例尺地形图进行有关计算。

任务一　地形图的基本知识

任务描述

地形图的基本知识包括地形图的概念、比例尺的种类、比例尺的精度、比例尺的分类、地物符号、地貌的表示方法、基本地貌的等高线等。

任务实施

一、地形图的概念

地面上自然形成或人工修建的有明显轮廓的物体称为地物，如道路、桥梁、房屋、耕地、河流、湖泊等。地面上高低起伏变化的地势称为地貌，如平原、丘陵、山头、洼地等。地物和地貌合称为地形，如图 6-1 所示。

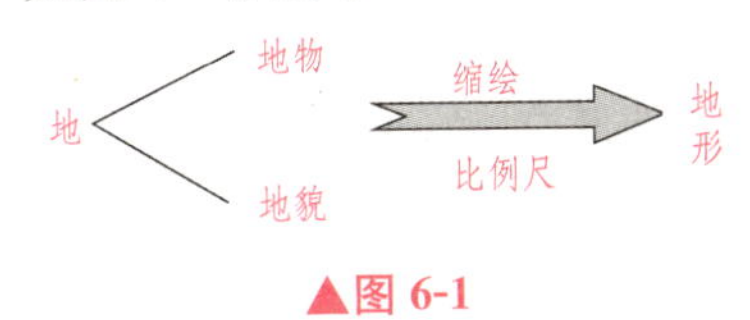

▲图 6-1

地形图是把地面上的地物和地貌形状、大小和位置，采用正射投影方法，运用特定符号、注记、等高线，按一定比例尺缩绘于平面的图形。它既表示了地物的平面位置，也表示了地貌的形态。如果图上只反映地物的平面位置，不反映地貌的形态，则称为平面图。

地形图上详细地反映了地面的真实面貌，人们可以在地形图上获得所需要的地面信息，例如，某一区域高低起伏、坡度变化、地物的相对位置、道路交通等状况，可以量算距离、方位、高程，了解地物属性。

(1)地物：房、路、桥、河、湖、……，人工形成。

(2)地貌：山岭、洼地、河谷、平原、……，高低起伏、自然形成。

(3)比例尺：图上长度与实际长度之比。

二、比例尺的种类

(1)数字比例尺。以 1∶M 的形式表示。$M=D/d$，称为比例尺分母。

(2)图示比例尺。在线段上按基本单位等间距分划，并标注“基本单位×M”的分划值，就形成直线比例尺。

基本单位可以取“1 cm 或 2 cm”。如取 2 cm 时，1∶10 000 图式比例尺，如图 6-2 所示。

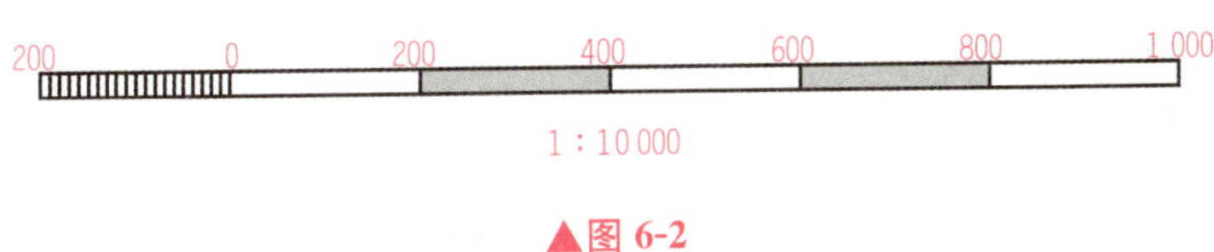

▲图 6-2

(3)坡度比例尺。一种在图上量测坡度的图式比例尺，用以度量相邻 2～6 条等高线上两点之间的直线坡度。依据“$i=h/d\times M$”关系式，表示在两相邻等高线之间坡度 i(或坡角 α)与等高线平距 D 的对应关系的图。

三、比例尺的精度

人们用肉眼在图上能分辨的最小距离为 0.1 mm，因此地形图上 0.1 mm 所代表的实地水平距离称为比例尺精度，即：

$$比例尺精度=0.1\ mm\times M \tag{6-1}$$

式中 M——比例尺分母。

比例尺大小不同，比例尺精度也不同，常用大比例尺地形图的比例尺精度见表 6-1。

▼表 6-1 大比例尺地形图的比例尺精度

比例尺	1∶500	1∶1 000	1∶2 000	1∶5 000	1∶10 000
比例尺精度/m	0.05	0.1	0.2	0.5	1

比例尺精度有两个作用：一是根据比例尺精度，确定实测距离应准确到什么程度。例如，选用 1∶5 000 比例尺测地形图时，比例尺精度为 0.1×5 000=0.5 m，测量实地距离最小为 0.5 m，小于 0.5 m 的长度，图上就无法表示出来。二是按照测图需要表示的最小长度来确定采用多大的比例尺地形图。例如，要在图上表示出 0.1 m 的实际长度，则选用的比例尺应不小于 0.1/(0.1×1 000)=1/1 000。

四、地形图分类(按比例尺)

地形图比例尺通常分为大、中、小三类。

通常把 1∶500～1∶10 000 比例尺的地形图称为大比例尺图；1∶25 000～1∶100 000 比例尺的地形图称为中比例尺图；1∶20 万～1∶100 万比例尺的地形图称为小比例尺图。

五、分幅与编号

为了便于测绘、查询、使用和保管地形图，不可能将广大区域缩绘在一张图纸上，而要分块测量，拼连使用，做到有分有合，这样就必须要按统一的规则对地形图进行分幅和编号。地形图的分幅，即将一个测区按规定的图幅大小，按一定规则进行单位划分，每一个单位为一个图幅。为了区分不同的图幅，按从左到右、从上到下的规则给每幅图一个编号，称为地形图的图幅编号。地形图的分幅方法有两种：梯形分幅法和矩形分幅法。前者用于国家基本比例尺地形图的分幅，后者则用于工程上常用的大比例尺地形图的分幅。

1. 梯形分幅与编号

(1)1∶100 万比例尺图的分幅与编号。按国际上的规定，1∶100 万的世界地图实行统一的分幅和编号。即自赤道向北或向南分别按纬差 4°分成横列，各列依次用 A、B、…、V 表示。自经度 180°开始起算，自西向东按经差 6°分成纵行，各行依次用 1、2、……、

60 表示。每一幅图的编号由其所在的“横列—纵行”的代号组成。例如，某地的经度为东经 117°54′18″，纬度为北纬 39°56′12″，则其所在的 1∶100 万比例尺图的图号为 J—50，如图 6-3 所示。

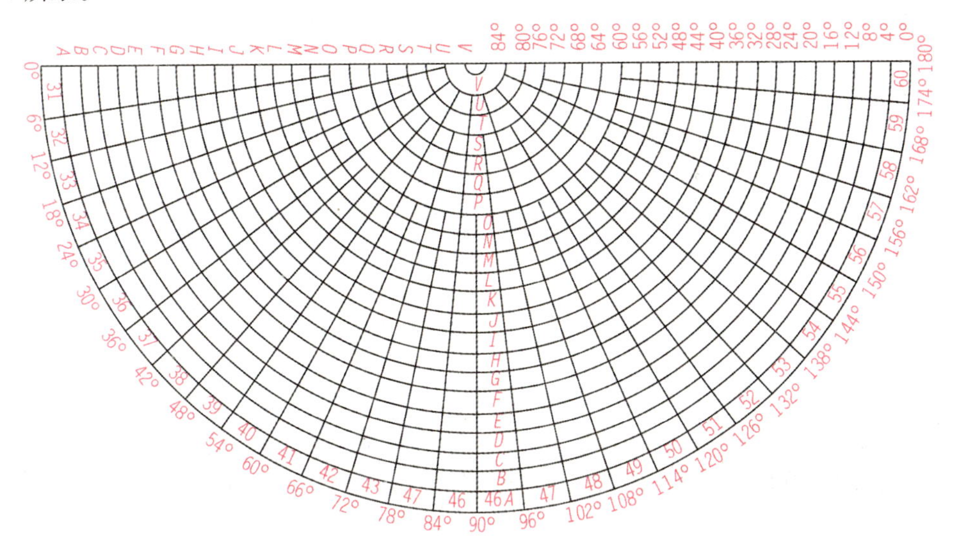

▲图 6-3

(2)1∶50 万、1∶25 万、1∶10 万比例尺图的分幅和编号。在 1∶100 万的基础上，按经差 3°、纬差 2°将一幅地形图分成四幅 1∶50 万地形图，依次用 A、B、C、D 表示 。将一幅 1∶100 万的地形图按照经差 1°30′、纬差 1°分成 16 幅 1∶25 万地形图，依次用[1]、[2]、……、[16]表示。将一幅 1∶100 万的图，按经差 30′、纬差 20′分为 144 幅 1∶10 万的图，依次用 1、2、……、144 表示。如图 6-4 所示。

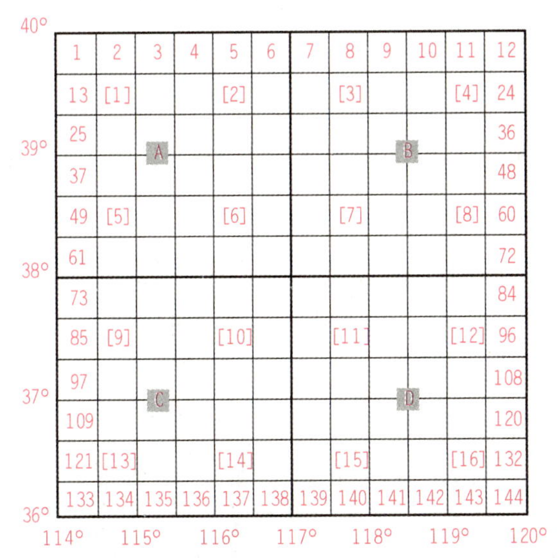

▲图 6-4

(3)1∶5 万和 1∶2.5 万比例尺图的分幅和编号。这两种比例尺图的分幅编号都是以 1∶10万比例尺图为基础的，每幅 1∶10 万的图，划分成 4 幅 1∶5 万的图，分别在 1∶10 万的图号后写上各自的代号 A、B、C、D。每幅 1∶5 万的图又可分为 4 幅 1∶2.5 万的图，分别以 1、2、3、4 编号。如图 6-5 所示。

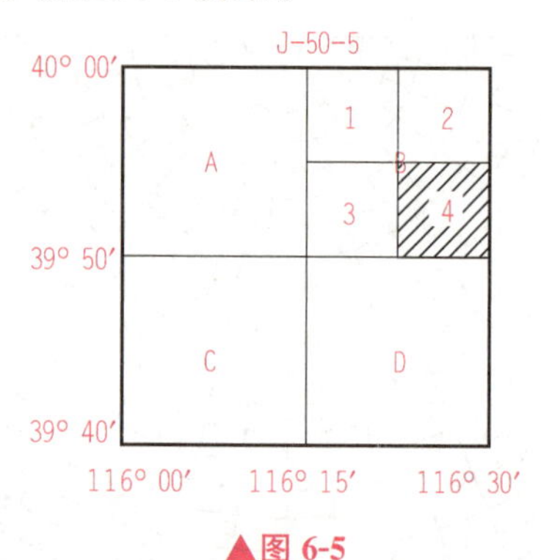

▲图 6-5

(4)1∶10 000 和 1∶5 000 比例尺图的分幅编号。1∶10 000 和 1∶5 000 比例尺图的分幅编号也是在 1∶10 万比例尺图的基础上进行的。每幅 1∶10 万的图分为 64 幅 1∶10 000 的图，分别以(1)、(2)、……、(64)表示。每幅 1∶10 000 的图分为 4 幅 1∶5 000 的图，分别在 1∶10 000 的图号后面写上各自的代号 a、b、c、d。

2. 矩形分幅与编号

大比例尺地形图大多采用矩形分幅法，它是按统一的直角坐标格网划分的。采用矩形分幅时，大比例尺地形图的编号，一般采用图幅西南角坐标公里数编号法。编号时，比例尺为 1∶500 地形图，坐标值取至 0.01 km，而 1∶1 000 、1∶2 000 地形图取至 0.1 km 。

六、地物符号

地面上的地物按国家测绘总局颁发的《国家基本比例尺地图图式》中规定的符号描绘于图上。

1. 比例符号

地物的形状和大小均按测图比例尺缩小，并用规定的符号描绘在图纸上，这种符号称为比例符号。如湖泊、稻田和房屋等，都采用比例符号绘制。

2. 非比例符号

有些地物，如导线点、水准点和消火栓等，轮廓较小，无法将其形状和大小按比例缩绘到图上，而采用相应的规定符号表示在该地物的中心位置上，这种符号称为非比例符号。非比例符号均按直立方向描绘，即与南图廓垂直。非比例符号的中心位置与该地物实地的中心位置关系，随各种不同的地物而异，在测图和用图时应注意下列几点：

(1)规则的几何图形符号，如圆形、正方形、三角形等，以图形几何中心点为实地地物的中心位置。

(2)底部为直角形的符号，如独立树、路标等，以符号的直角顶点为实地地物的中心位置。

(3)宽底符号，如烟囱、岗亭等，以符号底部中心为实地地物的中心位置。

(4)几种图形组合符号，如路灯、消火栓等，以符号下方图形的几何中心为实地地物的中心位置。

(5)下方无底线的符号，如山洞、窑洞等，以符号下方两端点连线的中心为实地地物的中心位置。

3. 半比例符号

地物的长度可按比例尺缩绘，而宽度不按比例尺缩小表示的符号称为半比例符号。用半比例符号表示的地物常常是一些带状延伸地物，如铁路、公路、通信线、管道、垣栅等。这种符号的中心线，一般表示其实地地物的中心位置，但是城墙和垣栅等，地物中心位置在其符号的底线上。

4. 地物注记

对于地物除了应用以上符号表示外，用文字、数字和特定符号对地物加以说明和补充，称为地物注记，如道路、河流、学校的名称、楼房层数、点的高程、水深、坎的比高等。

七、地貌符号

地貌是指地表面的高低起伏形态，是地形图要表示的重要信息之一，地貌的基本形态可以归纳为以下几种典型地貌：山顶、鞍部、峭壁、阶地、山脊、山谷等(典型地貌图如图 6-6 所示)。

▲图 6-6

八、等高线

1. 等高线的概念

等高线是地面上高程相等的相邻各点所连成的封闭曲线。如图 6-7 所示，用一组高差间隔(h)相同的水平面(p)与山头地面相截，其水平面与地面的截线就是等高线，按比例尺缩绘于图纸上，加上高程注记，就形成了表示地貌的等高线图。

2. 等高距和等高线平距

用等高线来表示地貌，除能表示出地貌的形态外，还能反映出某地面点的平面位置及高程和地面坡度等信息。

如图 6-7 所示，地形图上相邻等高线的高差，称为等高距，也称为等高线间隔，同一幅图中等高距相同。相邻等高线之间的水平距离 d，称为等高线平距。同一幅图中平距越小，说明地面坡度越陡；平距越大，说明地面坡度越平缓。

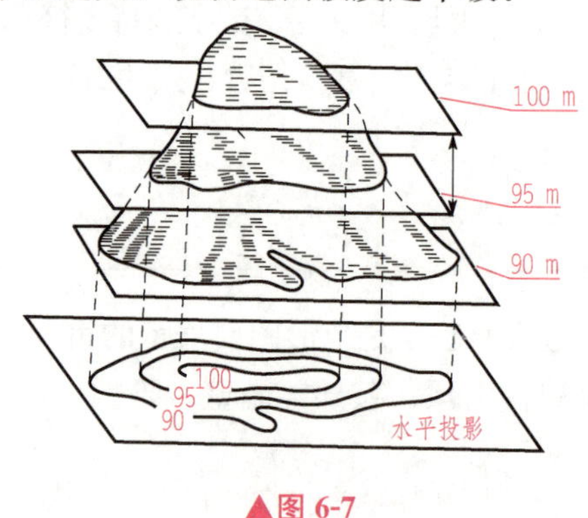

▲图 6-7

3. 等高线的分类

为了更详细的反映地貌的特征及便于读图和用图，地形图常采用以下几种等高线，如图 6-8 所示。

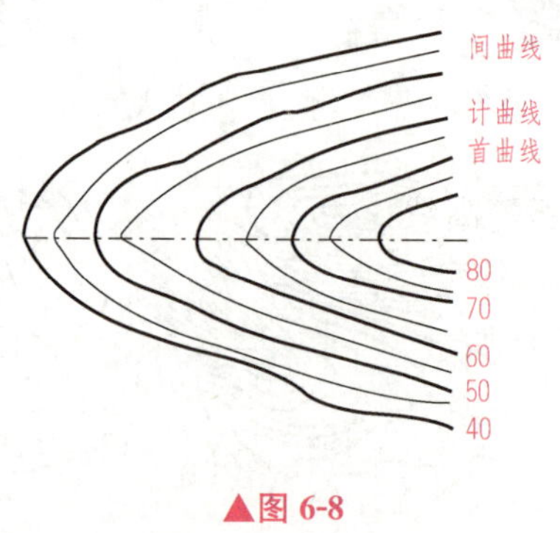

▲图 6-8

(1)基本等高线。又称首曲线，是按基本等高距绘制的等高线，用细实线表示。

(2)加粗等高线。又称计曲线，以高程基准面起算，每隔 4 根首曲线用粗实线描绘的等高线。计曲线标注高程，其高程应等于 5 倍的等高距的整倍数。

(3)半距等高线。又称间曲线，是当首曲线不能显示地貌特征时，按 1/2 等高距描绘的等高线。间曲线用长虚线描绘。

(4)辅助等高线。又称助曲线，是当首曲线和间曲线不能显示局部微小地形特征时，按 1/4 等高距加绘的等高线。助曲线用短虚线描绘。

4. 等高线的特性

掌握等高线的特性可以帮助我们测绘、阅读等高线图，综上所述，等高线有以下特性：

(1)在同一条等高线上的各点，其高程必然相等。但高程相等的点不一定都在同一条等高线上。

(2)凡等高线必定为闭合曲线，不能中断。闭合圈有大有小，若不在本幅图内闭合，则在相邻其他图幅内闭合。

(3)在同一幅图内，等高线密集表示地面的坡度陡；等高线稀疏表示地面坡度缓；等高线平距相等，表示地面坡度均匀。

(4)山脊、山谷的等高线与山脊线、山谷线呈正交。

(5)一条等高线不能分为两根，不同高程的等高线不能相交或合并为一根，在陡崖、陡坎等高线密集处用符号表示。

任务总结

1. 地形图是把地面上的地物和地貌形状、大小和位置，采用正射投影方法，运用特定符号、注记、等高线，按一定比例尺缩绘于平面的图形。它既表示了地物的平面位置，也表示了地貌的形态。

2. 比例尺包括数字比例尺、图示比例尺和坡度比例尺。

3. 比例尺精度是指地形图上 0.1 mm 所代表的实地水平距离。

4. 地形图的分幅方法有梯形分幅法和矩形分幅法两种。

5. 地物符号包括比例符号、非比例符号、半比例符号和地物注记。

6. 地貌符号通常用等高线表示，等高线是地面上高程相等的相邻各点所连成的封闭曲线。

7. 等高距是地形图上相邻等高线的高差。等高线平距是相邻等高线之间的水平距离 d。

8. 等高线分为基本等高线、加粗等高线、半距等高线和辅助等高线。

课后训练

1. 什么是地形图？有什么作用？

2. 什么是比例尺精度？

3. 地物符号有哪些?
4. 什么是等高线? 什么是等高距? 什么是等高线平距?
5. 等高线的分类有哪些? 如何表示?
6. 简述等高线的特性。

任务二　地形图的识读

任务描述

为了正确地应用地形图，首先要能看懂地形图。地形图是用各种规定的符号和注记表示地物、地貌及其他有关资料。通过对这些符号的注记的识读，可使地形图成为展现在人们面前的实地立体模型，以判断其相互关系和自然形态。这就是地形图识读的主要目的。

任务实施

一、图外注记识读

首先要了解这幅图的编号和图名、图的比例尺、图的方向以及采用什么坐标系统和高程系统，这样就可以确定图幅所在的位置、图幅所包括的面积和长宽等。

对于小于1∶10 000的地形图，一般采用国家统一规定的高斯平面直角坐标系(1980年国家坐标系)，城市地形图一般采用城市坐标系，工程项目总平面图大多采用施工坐标系。自1956年起，我国统一规定以黄海平均海水面作为高程起算面，所以绝大多数地形图都属于这个高程系统。我国自1987年启用“1985国家高程基准”，全国均以新的水准原点高程为准。但也有若干老的地形图和有关资料，使用的是其他高程系或假定高程系，如长江中下游一带，常使用吴淞高程系，为避免工程上应用的混淆，在使用地形图时应严加区别。通常，地形图所使用的坐标系统和高程系统均用文字注明于地形图的左下角。

对地形图的测绘时间和图的类别要了解清楚，地形图反映的是测绘时的现状，因此要知道图纸的测绘时间，对于未能在图纸上反映的地面上的新变化，应组织力量予以修测与补测，以免影响设计工作。

二、地物识读

要知道地形图使用的是哪一种图例，要熟悉一些常用的地物符号，了解符号和注记的确切含义。根据地物符号，了解主要地物的分布情况，如村庄名称、公路走向、河流分布、地面植被、农田、山村等。如图 6-8 所示为黄村的地形图，房屋东侧有一条公路，向南过一座小桥，桥下为双清河，河水流向是由西向东，图的西半部分有一些土坎。

三、地貌识读

要正确理解等高线的特性，根据等高线，了解图内的地貌情况，首先要知道等高距是多少，然后根据等高线的疏密判断地面坡度及地形走势。由图 6-9 中可以看出：整个地形西高东低，逐渐向东平缓，北边有一小山头，等高距为 5 m。

▲图 6-9

任务总结

1. 图外注记的识读主要是了解这幅图的编号和图名、图的比例尺、图的方向以及采用什么坐标系统和高程系统，这样就可以确定图幅所在的位置、图幅所包括的面积和长宽等。

2. 地物识读主要是根据地物符号，了解主要地物的分布情况。

3. 地貌识读主要是了解图内的地貌情况，根据等高线的疏密判断地面坡度及地形走势。

课后训练

1. 地形图的识读包括哪些内容?
2. 地物的识读包括哪些内容?

任务三　地形图的应用

任务描述

在进行工程建设规划设计时，往往要用解析法或图解法在地形图上求出任意点的坐标和高程，确定两点之间的距离、方向和坡度，利用地形图绘制断面图等，这就是地形图应用的基本内容。

任务实施

一、地形图应用的基本内容

1. 确定图上点的坐标

图 6-9 是比例尺为 1∶1 000 的地形图坐标格网的示意图，以此为例说明求图上 A 点坐标的方法。首先根据 A 的位置找出它所在的坐标方格网 $abcd$，过 A 点作坐标格网的平行线 ef 和 gh。然后用直尺在图上量得 ag=62.3 mm，ae=55.4 mm；由内、外图廓间的坐标标注知：xa=40.1 km，ya=30.2 km。则 A 点坐标为：

$$\begin{aligned} x_A &= xa + ag \cdot M = 40\ 100 + 62.3 \times 1\ 000 = 40\ 162.3(\text{m}) \\ y_A &= ya + ae \cdot M = 30\ 200 + 55.4 \times 1\ 000 = 30\ 255.4(\text{m}) \end{aligned} \tag{6-2}$$

式中　M 为比例尺分母。

如果图纸有伸缩变形，为了提高精度，可按下式计算：

$$\left.\begin{aligned} x_A &= x_a + ag \cdot M \cdot \frac{l}{ad} \\ y_A &= y_a + ae \cdot M \cdot \frac{l}{ab} \end{aligned}\right\} \tag{6-3}$$

式中　l 是方格 $abcd$ 边长的理论长度，一般为 10 cm。ad、ab 是分别用直尺量取的方格边长。

2. 确定两点间的水平距离

如图 6-10 所示，欲确定 AB 间的水平距离，可用如下两种方法求得：

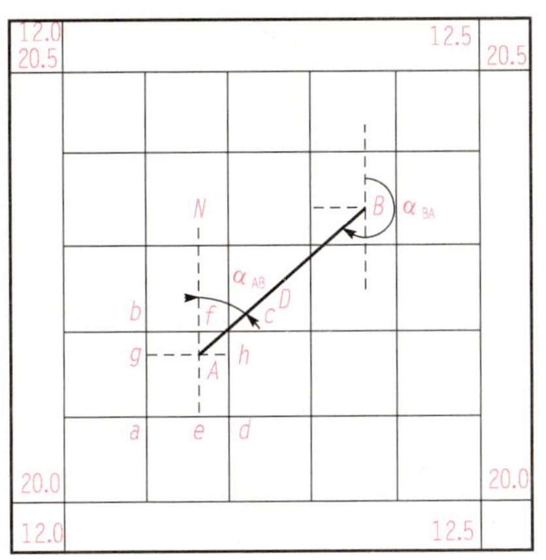

▲图 6-10

(1)图解法。用卡规在图上直接卡出线段长度，再与图示比例尺比量，即可得其水平距离。也可以用刻有毫米的直尺量取图上长度 d_{AB} 并按比例尺(M 为比例尺分母)换算为实地水平距离，即

$$D_{AB}=d_{AB}\cdot M \tag{6-4}$$

或用比例尺直接量取直线长度。

(2)解析法。按式(6-3)，先求出 A、B 两点的坐标，再根据 A、B 两点坐标由公式计算：

$$D_{AB}=\sqrt{(x_B-x_A)^2+(y_B-y_A)^2} \tag{6-5}$$

3. 确定两点间直线的坐标方位角

欲求图 6-10 上直线 AB 的坐标方位角，可用如下两种方法求得：

(1)解析法。首先确定 A、B 两点的坐标，然后按式(6-6)确定直线 A、B 的坐标方位角。

$$\tan\alpha_{AB}=\frac{\Delta y_{AB}}{\Delta x_{AB}}=\frac{y_B-y_A}{x_B-x_A} \tag{6-6}$$

(2)图解法。在图上先过 A、B 点分别作出平行于纵坐标轴的直线，然后用量角器分别度量出直线 AB 的正、反坐标方位角 α'_{AB} 和 α'_{BA}，取这两个量测值的平均值作为直线 AB 的坐标方位角，即：

$$\alpha_{AB}=\frac{1}{2}(\alpha'_{AB}+\alpha'_{BA}\pm180°) \tag{6-7}$$

式中，若 $\alpha'_{BA}>180°$，取“$-180°$”；若 $\alpha'_{BA}<180°$，取“$+180°$”。

4. 确定点的高程

利用等高线可以确定点的高程。如图 6-11 所示，A 点在 28 m 等高线上，则它的高程

为 28 m。M 点在 27 m 和 28 m 等高线之间，过 M 点作一直线基本垂直这两条等高线，得交点 P、Q，则 M 点高程为：

$$H_M = H_P + \frac{d_{PM}}{d_{PQ}} \cdot h \tag{6-8}$$

式中，H_P 为 P 点高程，h 为等高距，d_{PM}、d_{PQ} 分别为图上 PM、PQ 线段的长度。例如，设用直尺在图上量得 $d_{PM}=5$ mm、$d_{PQ}=12$ mm，已知 $H_P=27$ m，等高距 $h=1$ m，把这些数据代入式(6-8)得：

$$h_{PM}=5/12\times1=0.4\ \text{m}$$

$$H_M=27+0.4=27.4\ \text{m}$$

5. 确定两点间直线的坡度

如图 6-12 所示，A、B 两点间的高差 h_{AB} 与水平距离 D_{AB} 之比，就是 A、B 间的平均坡度 i_{AB}，即

$$i_{AB}=\frac{h_{AB}}{D_{AB}} \tag{6-9}$$

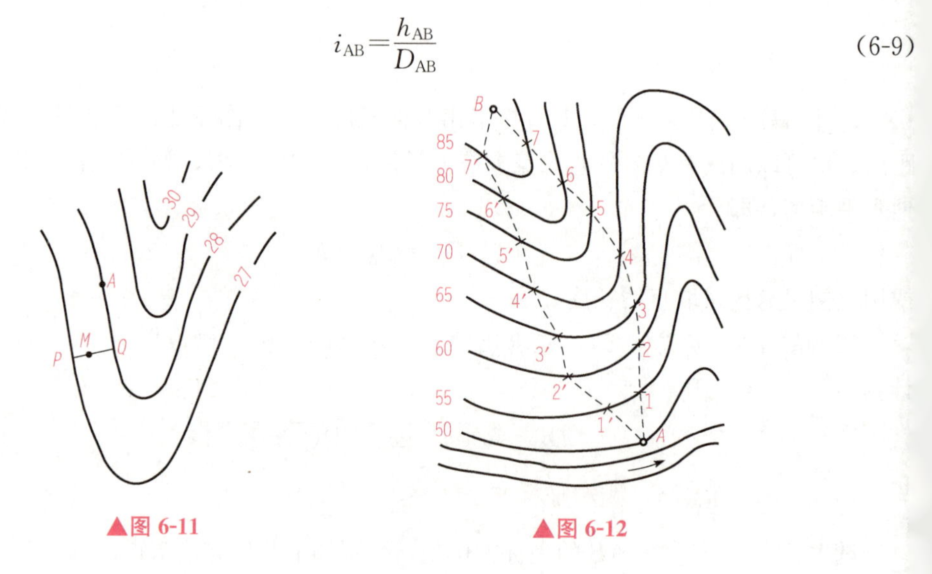

▲图 6-11　　▲图 6-12

例如：$h_{AB}=H_B-H_A=86.5-49.8=+36.7$ m，设 $D_{AB}=876$ m，则 $i_{AB}=+36.7/876=+0.04=+4\%$。坡度一般用百分数或千分数表示。$i_{AB}>0$ 表示上坡；$i_{AB}<0$ 表示下坡。若以坡度角表示，则

$$\alpha=\arctan\frac{h_{AB}}{D_{AB}} \tag{6-10}$$

应该注意到，虽然 A、B 是地面点，但 A、B 连线坡度不一定是地面坡度。

6. 按规定的坡度选定等坡路线

如图 6-12 所示，要从 A 向山顶 B 选一条公路的路线。已知等高线的基本等高距为 $h=5$ m，比例尺 1∶10 000，规定坡度 $i=5\%$，则路线通过相邻等高线的平距应该是 $D=h/i=5/5\%=100$ m。在 1∶10 000 图上平距应为 1 cm，用分规以 A 为圆心，1 cm为半径，作圆弧交 55 m 等高线于 1 或 1′。再以 1 或 1′为圆心，按同样的半径交 60 m 等高线于 2 或 2′。同法可得一系列交点，直到 B。把相邻点连接，即得两条符

合设计要求的路线。然后通过实地踏勘，综合考虑选出一条较理想的公路路线。

由图中可以看出，$A-1'-2'-3'$……线路的线形，不如 $A-1-2-3$……线路线形好。

7. 绘制已知方向纵断面图

在道路、管道设计和土方计算中常利用地形图绘制沿线方向的断面图。如图 6-13 所示，要求绘出 AB 方向的断面图。绘制方法如下：

(1)在图 6-13 中绘出直角坐标系，横轴表示水平距离，纵轴表示高程。为了绘图方便，水平距离的比例尺一般选择与地形图相同；为了较明显地反映路线方向的地面起伏，以便于在断面图上作竖向布置，取高程比例尺是水平距离比例尺的 10 倍或 20 倍。

(2)在图 6-13 中设直线 AB 与等高线的交点分别为 1、2、3、4……，以线段 A1、A2、A3、……、AB 为半径，在图 6-14 的横轴上以 A 为起点，截得对应 1、2、3、……、B 点，即两图中同名线段一样长。

(3)把图 6-13 中 A、1、2、……、B 点的高程作为图 6-14 中横轴上同名点的纵坐标值，这样就做出断面上的地面点，把这些点依次平滑地连接起来，就形成断面图。

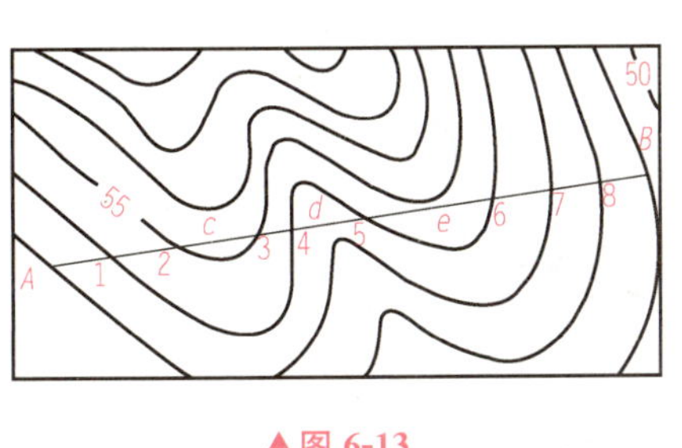

▲图 6-13

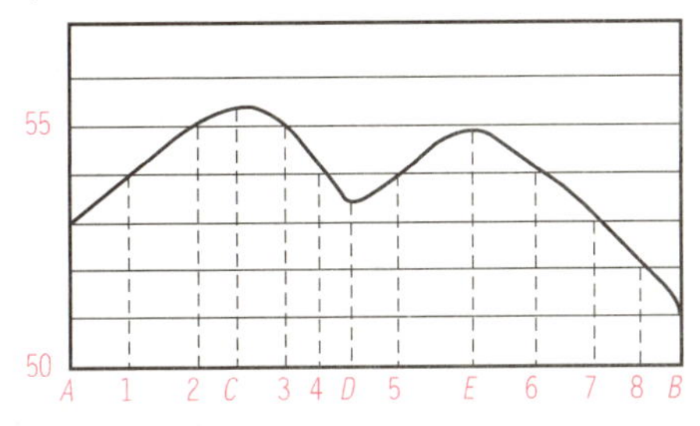

▲图 6-14

为了较合理地反映断面的起伏，应根据相邻等高线 55 m 和 56 m 内插出 2、3 点之间的 C 点高程。同法内插出 D、E 点。此外应注意，在纵轴注记的起始高程 50 m 应比 AB 断面上最低点 B 的高程略小一些。这样绘出的断面线完全在横轴的上部。

8. 确定汇水面积的边界线

当在山谷或河流修建大坝、架设桥梁或敷设涵洞时，都要知道有多大面积的雨水汇集在这里，这个面积称为汇水面积。

汇水面积的边界是根据等高线的分水线(山脊线)来确定的。如图 6-15 所示，通过山谷，在 MN 处要修建水库的水坝，须确定该处的汇水面积，即由图中分水线(点画线)AB、BC、CD、DE、EF 与 FA 线段所围成的面积；再根据该地区的降雨量就可确定流经 MN 处的水流量。这是设计桥梁、涵洞或水坝容量的重要数据。

▲图 6-15

二、地形图上面积的量算

在规划设计中，往往需要测定某一地区或某一图形的面积。例如，林场面积、农田水利灌溉面积调查，土地面积规划，工业厂区面积计算等。

设图上面积为 $P_{圈}$，则 $P_{实}=P_{圈}\times M^2$，式中 $P_{实}$ 为实地面积，M 为比例尺分母。设图上面积为 10 mm²，比例尺为 1∶2 000，则实地面积 $P_{实}=10\times 2\,000^2\div 10^6=40(\text{m}^2)$。求算图上某区域的面积 $P_{圈}$，一般有以下几种方法。

1. 用图解法量测面积

(1)几何图形计算法。如图 6-16 是一个不规则的图形，可将平面图上描绘的区域分成三角形、梯形或平行四边形等最简单规则的图形，用直尺量出面积计算的元素，根据三角形、梯形等图形面积计算公式计算其面积，则各图形面积之和就是所要求的面积。

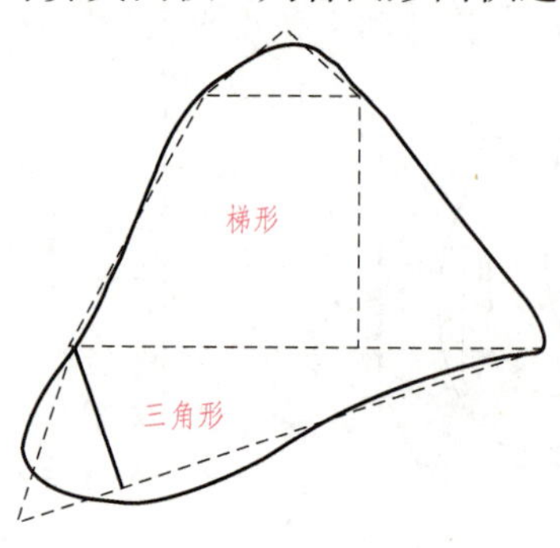

▲图 6-16

计算面积的一切数据都是用图解法取自图上，因受图解精度的限制，此法测定面积的相对误差大约为 1/100。

(2)透明方格纸法。将透明方格纸覆盖在图形上，然后数出该图形包含的整方格数和不完整的方格数。先计算出每一个小方格的面积，这样就可以很快算出整个图形的面积。

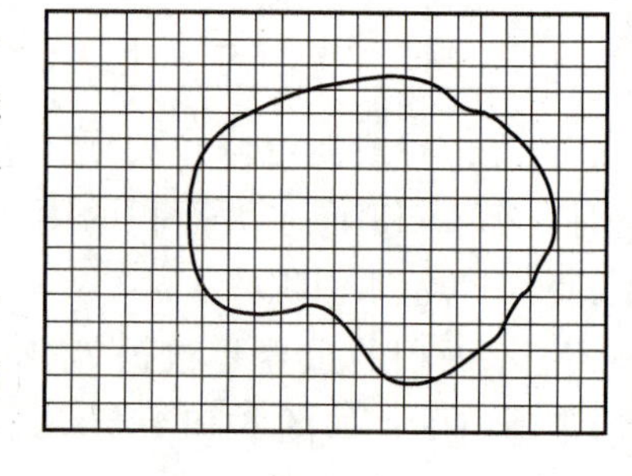

▲图 6-17

如图 6-17 所示，先数整格数 n_1，再数不完整的方格数 n_2，则总方格数约为 $n_1+n_2/2$，然后计算其总面积 P。则

$$P=(n_1+\frac{1}{2}n_2)\cdot S \qquad (6\text{-}11)$$

式中 S——一个小方格的面积。

(3)平行线法。先在透明纸上画出间隔相等的平行线，如图 6-18 所示。为了计算方便，间隔距离取整数为好。将绘有平行线的透明纸覆盖在图形上，旋转平行线，使两条平行线与图形边缘相切，则相邻两平行线间截割的图形面积可全部看成是梯形，梯形的高为

平行线间距 h，图形截割各平行线的长度为 l_1、l_2、……、l_n，则各梯形面积分别为：

$$P_1=1/2\times h\times(0+l_1)$$
$$P_2=1/2\times h\times(l_1+l_2)$$
$$\vdots$$
$$P_n=1/2\times h\times(l_{n-1}+l_n)$$
$$P_{n+1}=1/2\times h\times(l_n+0)$$

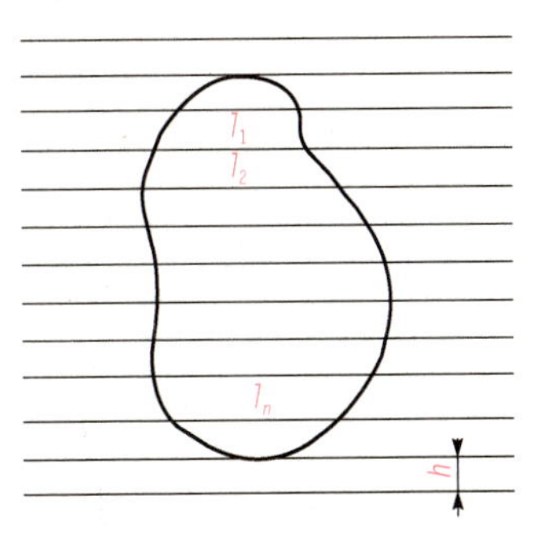

▲图 6-18

则总面积 P 为：

$$P=P_1+P_2+\cdots+P_n+P_{n+1}=h\cdot\sum_{n=1}^{n}l_n \quad (6\text{-}12)$$

2. 用坐标解析法计算面积

若待测图形为多边形，可根据多边形顶点的坐标计算面积。

由图 6-19 可知：多边形 1234 的面积等于梯形 $144'1'$ 面积 $P_{144'1'}$ 加梯形 $433'4'$ 面积 $P_{433'4'}$ 减梯形 $233'2'$ 面积 $P_{233'2'}$ 减梯形 $122'1'$ 面积 $P_{122'1'}$，即：

$$P_{1234}=P_{144'1'}+P_{433'4'}-P_{233'2'}-P_{122'1'}$$

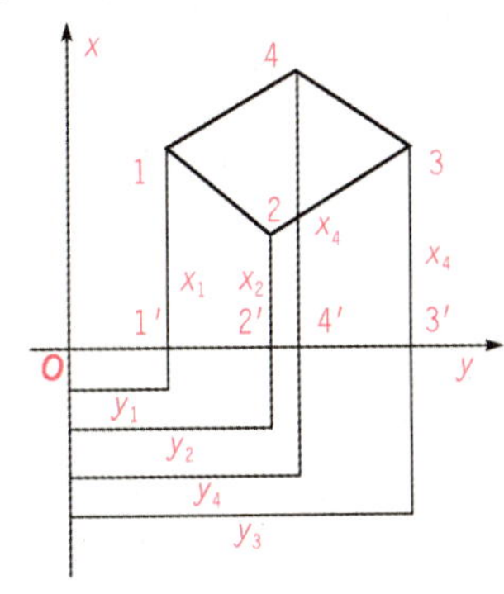

▲图 6-19

设多边形顶点 1、2、3、4 的坐标分别为 (x_1, y_1)、(x_2, y_2)、(x_3, y_3)、(x_4, y_4)。将上式中各梯形面积用坐标值表示，即：

$$A=\frac{1}{2}(x_4+x_1)(y_4-y_1)+\frac{1}{2}(x_3+x_4)(y_3-y_4)-\frac{1}{2}(x_3+x_2)(y_3-y_2)-\frac{1}{2}(x_2+x_1)(y_2-y_1)$$
$$=\frac{1}{2}x_1(y_4-y_2)+\frac{1}{2}x_2(y_1-y_3)+\frac{1}{2}x_3(y_2-y_4)+\frac{1}{2}x_4(y_3-y_1)$$

即：
$$P=\frac{1}{2}\sum_{i=1}^{4}x_i(y_{i-1}-y_{i+1})$$

同理，可推导出 n 边形面积的坐标解析法计算公式为

$$P=\frac{1}{2}\sum_{i=1}^{n}x_i(y_{i-1}-y_{i+1}) \quad (6\text{-}13)$$

或
$$P=\frac{1}{2}\sum_{i=1}^{n}y_i(x_{i+1}-x_{i-1}) \tag{6-14}$$

注意式中当 $i=1$ 时，令 $i-1=n$；当 $i=n$ 时，令 $i+1=1$。

利用式(6-13)、式(6-14)计算同一图形面积，可检核计算的正确性。采用以上两式计算多边形面积时，顶点 1、2、3、……、n 是按逆时针方向编号。若把顶点依顺时针编号，按上两式计算，其结果都与原结果绝对值相等，符号相反。

3. 求积仪法量测面积

求积仪是一种测定图形面积的仪器，它的优点是量测速度快，操作简便，能测定任意形状的图形面积，故得到广泛的应用。

任务总结

1. 地形图应用的基本内容包括确定图上点的坐标、确定两点间的水平距离、确定两点间直线的坐标方位角、确定点的高程、确定两点间直线的坡度、按规定的坡度选定等坡路线等。

2. 地形图上内容确定的方法有图解法和解析法两种。

3. 地形图上面积的量算有用图解法、坐标解析法和求积仪法三种。

4. 图解法有几何图形计算法、透明方格纸法和平行线法三种。

课后训练

1. 地形图的应用有哪些内容？

2. 简述图解法确定地形图上所需面积的步骤。

任务四　地形图的测绘

任务描述

地形图的测绘主要包括测图前的准备工作、碎步点的选择、地形测图及地形图的检查和整饰工作。

夯实基础

使用测绘仪器测绘地形图的工作称为地形测图。测绘地形图实际上是根据所展绘的控制点，测定其临近的地物、地貌点的平面位置与高程，并将它们表示在图上。

成图方法
- 大比例尺地形图——平板仪、经纬仪或全站仪在野外直接测图，也可用航空摄影测量或数字测图
- 中比例尺地形图——航空摄影测量或根据大比例尺地形图编绘成图
- 小比例尺地形图——根据大中比例尺地形图和其他资料编绘成图

一、测图的准备工作

1. 图纸准备

通常使用厚度为 0.07～0.1 mm，伸缩率小于 0.2%的聚酯薄膜测图。

2. 绘制坐标格网

通常采用绘有坐标格网(10 cm×10 cm)的聚酯薄膜图纸，一般不再需要人工绘制坐标方格网。如果需要手工绘制坐标格网，可采用对角线法和坐标格网尺法。

3. 展绘控制点

根据地形图的分幅及编号，先在图上注明格网线坐标，然后根据控制点坐标值将控制点展绘在图上。然后检查精度合格(在图上不超过 0.3 mm)后，在其右侧标上点号与高程。如 2 号点注成：$\frac{2}{47.70}$。如图 6-20 所示。

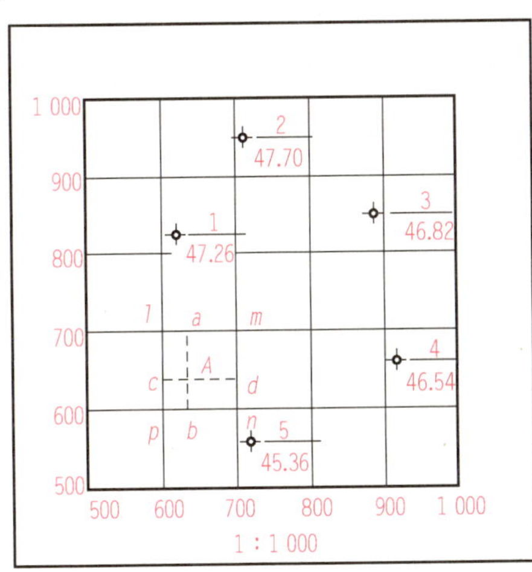

▲图 6-20

二、碎部点的选择

地物、地貌的特征点称为碎部点，也称为地形点。测定地物、地貌的特征点的工作称为碎部测量。

(1)地物点的选择。选择能反映地物平面形状的特征点，如房屋的墙角点、道路的交

叉口与转折点、河流的转弯处以及独立地物的中心点等。

当建(构)筑物轮廓凹凸部分在 1∶500 比例尺图上小于 1 mm 或其他比例尺图上小于 0.5 mm 时，可以直线连接。

对于一排电杆，可只测出起点、终点的中心位置，其他电杆的位置可按所量间距在连线上插绘。

道路可只测路的一边，另一边按量得的宽度绘出，或测出路的中心线再按路宽绘出两边线。

独立地物的测绘，能按比例尺表示的，应实测外廓，填绘符号；不能按比例尺表示的，应准确表示其定位点或定位线。

管线转角部分，均应实测。线路密集可选主干线测绘，支线可适当取舍。当多种线路在同一杆柱上时，应选择其主要表示。

交通及附属设施，应按实际形状测绘，并测注轨道面高程。涵洞应测注洞底高程。

水系及附属设施按实际形状测绘，并按规定测注高程。当河沟、水渠在图上的宽度小于 1 mm 时，可用单线表示。

植被应按其经济价值和面积大小适当取舍。测绘其边界线(地类线)，并配置相应的符号。地类线与线状符号重合时，只绘制线状地物符号。

(2)地貌点的选择。对地貌，应选择山顶、鞍部、山脊、山谷、山脚等坡度及方向变化处的地貌特征点作为碎部点。地貌用等高线表示。并在实测的碎部点注上高程。

(3)地形点的最大点位间距。平坦地区也应按一定的间隔(如 1∶500 为图上 30 mm，实地 15 m)测绘一地形点，每块平地应注明代表性高程。

任务实施

大比例尺地形测图，可用平板仪测图、全站仪测图和 GPS—RTK 测图等方法。

一、平板仪测图

1. 经纬仪配合量角器测绘法

将经纬仪安置在测站上，图板放置在一旁。用经纬仪测出碎部点方向与起始方向的夹角，并按视距测量方法测出测站到碎部点的距离及高差，绘图员根据水平角值及距离，用量角器和比例尺在图上定出碎部点的位置，并注上高程。如图 6-21 所示。

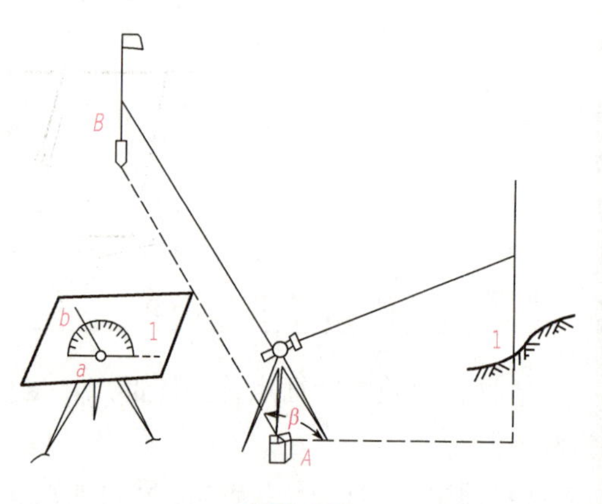

▲图 6-21

2. 小平板仪配合经纬仪测图法

(1)小平板仪的构造。小平板仪由照准器、图板和三脚架、对点器、水准器及长盒罗盘组成，如图 6-22 所示。

(2)平板仪的安置。用平板仪测图时，必须将图板安置在测站上，其安置工作包括对点、整平和定向三个步骤。

1)对点。目的是为了使图上的控制点与地面控制点处在同一铅垂线上，如图 6-23 所示。

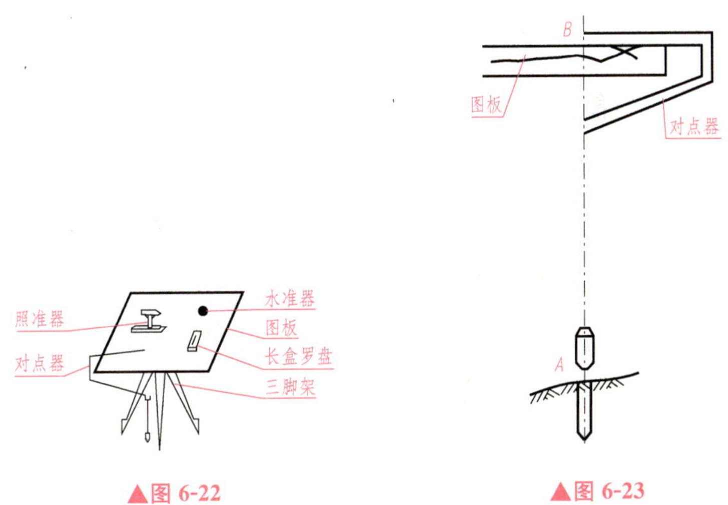

▲图 6-22　　▲图 6-23

对点的容许误差为 0.05M mm，M 为测图比例尺分母。一般 1∶500 和 1∶1 000 比例尺采用对点器对点，1∶2 000、1∶5 000 采用目估对点。

2)整平。目的是使图板处于水平状态。使用附件水准器或附在照准器下端直尺上的水准器整平。

3)定向。目的是使地图的方向与地面实地一致。即图上的已知方向与地面上相应的方向一致或平行，如图 6-24 所示。

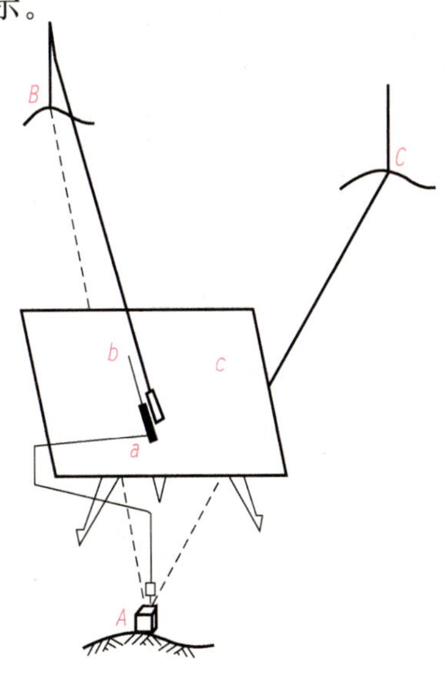

▲图 6-24

①根据已知边定向。

②长盒罗盘定向。对点、整平和定向会相互影响，操作时可先目估定向后再进行对点，然后精确定向和整平。

(3)测图步骤。采用小平板仪配合经纬仪测图法的测图，将平板仪安置在测站上，经纬仪安置在通视条件较好的一旁(约 2 m 处)，如图 6-25 所示。

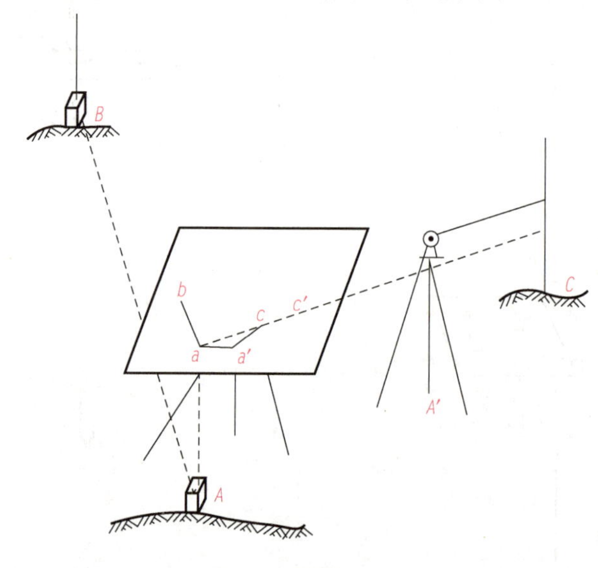

▲图 6-25

基本步骤如下：

1)选定经纬仪的位置并安置仪器(通视条件较好，距测站约 2 m 处)。

2)测出经纬仪的仪器高程($H_i = H_A + 10$)。

3)在测站上安置平板仪(对点、整平和定向)。

4)确定经纬仪在图上的位置(照准器照准经纬仪的垂线，得方向线，量其距离后确定位置)。

5)选定碎部点，由经纬仪进行视距测量，得出经纬仪至碎部点的距离及碎部点的高程。

$$D = kn\cos^2\alpha, \quad H = H_i + \frac{1}{2}kn\sin 2\alpha - l_{中}$$

6)由平板仪观测员照准目标，绘出方向线。

7)按比例尺用交会的方法定出碎部点的图上位置，注上高程(字头朝北)。

测图时应注意相关联点及时用规定的线划连接或用规定的符号表示。

(4)平板仪测图的最大视距长度。用视距测量方法来测定水平距离及高差时，视距越长精度越低，所以必须对视距长度加以限制。

3. 全站仪测图

原理与经纬仪测绘法相同，不同的是用全站仪进行测距、测水平角和高差。全站仪也可换算后直接显示坐标增量，用直角坐标法展绘碎步点。

4. GPS—RTK 测图

GPS—RTK 由参考站与流动站组成。

参考站设在控制点上，流动站为各碎部点的位置。

其基本原理是：参考站实时地将测量的载波相位观测值、伪距观测值、参考站坐标等用无线电台实时传送给流动站，流动站将载波相位观测值进行差分处理，即得到参考站和流动站间的基线向量(ΔX、ΔY、ΔZ)；基线向量加上参考站坐标即为 WGS—84 坐标系的坐标值，经坐标转换得出流动站在地方坐标系的坐标和高程值。

二、等高线的勾绘

1. 解析法

图 6-26 中，若 h=1 m，则有 43 m、44 m、45 m、46 m、47 m、48 m 等高线在之间通过。

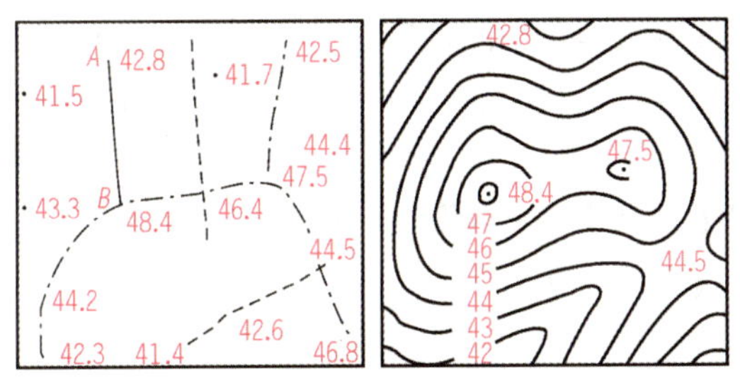

▲图 6-26

计算高差：48.4—42.8=5.6(m)

量出图上距离=16.8(mm)

计算等高线平距 d=16.8/5.6=3.0(mm)

A 点第一条 43 m 等高线距 A 点的距离为：0.2×3.0=0.6(mm)，定出 43 m 位，然后量 3 mm 分别定出 44 m、45 m、46 m、47 m、48 m 等高线位置。

2. 目估法

先目估等高线平距，确定出首尾等高线位置，再等分内插其他等高线位置。即“取头定尾，等分中间”。

三、地形图的拼接、检查和整饰

1. 地形图的拼接

有多幅图时，每幅图应多测图廓外 5 mm，便于拼接，如图 6-27 所示。

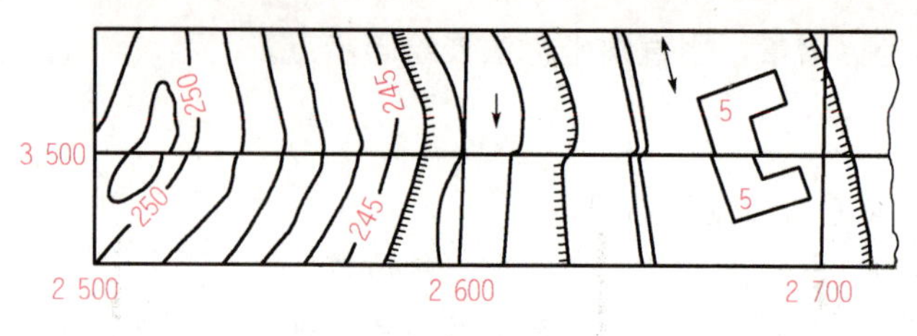

▲图 6-27

2. 地形图的检查

地形图的检查分为室内检查和室外检查。

3. 地形图的整饰

对图内地形要素进行修饰，图外注上整饰要素。清绘后制印，也可采用蓝晒法或静电复印法复制地形图。

任务总结

1. 地形图测图前的准备工作包括图纸准备、绘制坐标格网和展绘控制点。

2. 地物、地貌的特征点称为碎部点，也称为地形点。测定地物、地貌的特征点的工作称为碎部测量。

3. 大比例尺地形测图，可用平板仪测图、全站仪测图和 GPS－RTK 测图等方法。

4. 地形图的拼接、检查和整饰。

课后训练

1. 地形图测绘的主要内容有哪些？

2. 地形图测图前的准备工作是什么？

3. 地形图的边界、检查和整饰涉及的内容有哪些？

附录　教学实践表格

▼附表 1　光学经纬仪的认识与使用

时　间__________　　仪器型号__________　　观测者__________　　记录者__________

测站	目标	竖盘位置	水平度盘读数 ° ′ ″	半测回角值 ° ′ ″	一测回角值 ° ′ ″	备　注
O （示范）	A	左	0 01 12	74 14 12	74 14 18	
	B		74 15 24			
	A	右	180 01 36	74 14 24		
	B		254 16 00			

▼附表 2　测回法观测水平角记录表

时　间________　仪器型号________　观测者________　记录者________

测回测站	盘位	目标	水平度盘读数 ° ′ ″	半测回角值 ° ′ ″	一测回平均角值 ° ′ ″	备　注
O（示范）	左	A	0 01 12	74 14 12	74 14 18	
		B	74 15 24			
	右	A	180 01 36	74 14 24		
		B	254 16 00			
注：角度的计算取位至1″。						

附表3 方向观测法观测水平角记录手簿

时 间__________ 仪器型号__________ 观测者__________ 记录者__________

<table>
<tr><th rowspan="3">测站</th><th rowspan="3">测回</th><th rowspan="3">目标</th><th colspan="2">水平度盘读数</th><th rowspan="2">2C</th><th rowspan="2">平均读数</th><th rowspan="2">一测回归零方向值</th><th rowspan="2">水平角值</th></tr>
<tr><th>盘左</th><th>盘右</th></tr>
<tr><th>° ′ ″</th><th>° ′ ″</th><th>″</th><th>° ′ ″</th><th>° ′ ″</th><th></th></tr>
<tr><td rowspan="5">O
（示范）</td><td rowspan="5">1</td><td>A</td><td>0 01 12</td><td>180 01 12</td><td>0</td><td>(0 01 08)
0 01 00</td><td>0 00 00</td><td>51 55 51</td></tr>
<tr><td>B</td><td>51 57 00</td><td>231 57 06</td><td>−6</td><td>51 57 03</td><td>51 55 55</td><td>38 35 55</td></tr>
<tr><td>C</td><td>90 32 54</td><td>270 33 00</td><td>−6</td><td>90 32 57</td><td>90 31 49</td><td rowspan="2">54 49 44</td></tr>
<tr><td>D</td><td>145 22 42</td><td>325 22 48</td><td>−6</td><td>145 22 45</td><td>145 21 37</td></tr>
<tr><td>A</td><td>0 01 18</td><td>180 01 12</td><td>+6</td><td>0 01 15</td><td></td><td></td></tr>
<tr><td rowspan="5"></td><td rowspan="5"></td><td></td><td></td><td></td><td></td><td></td><td></td><td></td></tr>
<tr><td></td><td></td><td></td><td></td><td></td><td></td><td></td></tr>
<tr><td></td><td></td><td></td><td></td><td></td><td></td><td></td></tr>
<tr><td></td><td></td><td></td><td></td><td></td><td></td><td></td></tr>
<tr><td></td><td></td><td></td><td></td><td></td><td></td><td></td></tr>
<tr><td rowspan="5"></td><td rowspan="5"></td><td></td><td></td><td></td><td></td><td></td><td></td><td></td></tr>
<tr><td></td><td></td><td></td><td></td><td></td><td></td><td></td></tr>
<tr><td></td><td></td><td></td><td></td><td></td><td></td><td></td></tr>
<tr><td></td><td></td><td></td><td></td><td></td><td></td><td></td></tr>
<tr><td></td><td></td><td></td><td></td><td></td><td></td><td></td></tr>
</table>

附表 4　竖直角观测记录手簿

时　间__________　仪器型号__________　观测者__________　记录者__________

测站	目标	竖盘位置	竖盘读数 ° ′ ″	半测回角值 ° ′ ″	指标差 ″	一测回角值 ° ′ ″	备　注
O（示范）	A	左	70 12 36	19 47 24	−12	19 47 12	
		右	289 47 00	19 47 00			

附表5　视距测量记录手簿

时　间________　仪器型号________　观测者________　记录者________

测站	目标	观测顺序	标尺读数			仪器高	竖盘读数（顺时针）	视距差	竖直角	水平距离	高差	水平距离平均值	高差平均值
			上丝	下丝	中丝								
A（示范）	B	往测	1.863	1.537	1.700	1.472	89°29′12″	0.326	+00°30′48″	32.6	0.064	32.65	0.047
		返测	1.600	1.273	1.338	1.480	90°11′48″	0.327	−00°11′48″	32.7	0.030		

▼附表 6　导线测量记录手簿

时　间________　仪器型号________　观测者________　记录者________

测回 测站	盘位	目标	水平度盘读数 ° ′ ″	半测回角值 ° ′ ″	一测回平均角值 ° ′ ″	边　长	备　注
O （示范）	左	*A*	0 01 12	74 14 12	74 14 18	D_{OA}=25.124 m	
		B	74 15 24				
	右	*A*	180 01 36	74 14 24		D_{OB}=34.951 m	
		B	254 16 00				
注：角度的计算取位至1″。							

附表7 导线测量成果计算表

时　间________ 仪器型号________ 观测者________ 记录者________

点号	观测角 ° ′ ″	角度改正数/″	改正后角度值 ° ′ ″	坐标方位角 ° ′ ″	距离 /m	坐标增量 Δx			坐标增量 Δy			纵坐标 x/m	横坐标 y/m
						计算值 /m	改正值 /mm	改正后的值 /m	计算值 /m	改正值 /mm	改正后的值/m		
辅助计算	$f_\beta=\sum\beta_{测}-360°=$		$f_x=\sum\Delta x=$				$f_y=\sum\Delta y=$						
	$f_{\beta允}=\pm 24\sqrt{n}=$		$f=\sqrt{f_x^2+f_y^2}=$			$k=\frac{f}{\sum D}=$	$k_{允}=$						

注：角度及改正数的计算取位至1″，距离、坐标及相关改正数的计算取位至1 mm。

▼附表 8　全站仪坐标测量记录表

时　间＿＿＿＿＿　仪器型号＿＿＿＿＿　观测者＿＿＿＿＿　记录者＿＿＿＿＿

点　名		X/m	Y/m	备　注
A		500.000	500.000	已知点
B		459.154	347.825	
C	盘左	534.467	521.245	待定点
	盘右	534.468	521.246	
	平均	534.468	521.246	
				已知点
	盘左			待定点
	盘右			
	平均			
	盘左			待定点
	盘右			
	平均			
	盘左			待定点
	盘右			
	平均			

附表 9　水准仪的认识与使用

时　间＿＿＿＿＿　仪器型号＿＿＿＿＿　观测者＿＿＿＿＿　记录者＿＿＿＿＿

测站	测点	水准尺读数/m		高差/m		高程/m	备　注
		后视读数	前视读数	+	−		
1	2	3	4	5	6	7	
1	BM_A	2.142		+0.884		123.446	
	TP_1		1.258				
计算检核							

附表10 闭合水准路线测量记录表(变动仪器高法)

时 间__________ 仪器型号__________ 观测者__________ 记录者__________

测站	测点	水准尺读数		高差/m	改正数/mm	改正后高差/m	高程/m
		后视读数/m	前视读数/m				
Ⅰ	A						500.000
	1						
Ⅱ	1						
	2						
Ⅲ	2						
	3						
Ⅳ	3						
	4						
Ⅴ	4						
	A						
$\sum$							
计算检核							

▼附表 11　四等水准测量外业观测记录表

时　间__________　仪器型号__________　观测者__________　记录者__________

测站编号	点号	后尺 上丝	前尺 上丝	方向及尺号	中丝读数/m		黑+K−红/mm	平均高差/m	备注
		后尺 下丝	前尺 下丝		黑面	红面			
		后视距/m	前视距/m						
		视距差/m	累积差/m						
1	1C—2C	1 587	0 755	后 视	1 400	6 187	0	+0.832	
		1 213	0 379	前 视	0 567	5 255	−1		
		37.4	37.6	后—前	+0 833	+0 932	+1		
		−0.2	−0.2						
				后 视					
				前 视					
				后—前					
				后 视					1＃标尺的常数 $K=$
				前 视					
				后—前					
									2＃标尺的常数 $K=$
				后 视					
				前 视					
				后—前					
				后 视					
				前 视					
				后—前					
				后 视					
				前 视					
				后—前					

▼表 12　水准测量成果计算表

时　间________　　仪器型号________　　观测者________　　记录者________

点 号	路线长度/km	实测高差/m	改正数/mm	改正后高差/m	高程/m	备注
						已知点
辅助计算						

参 考 文 献

[1] 胡伍生．土木工程测量[M]. 南京：东南大学出版社，2017.
[2] 苗景荣．建筑工程测量[M]. 北京：中国建筑工业出版社，2016.
[3] 卢满堂．建筑工程测量[M]. 北京：中国水利水电出版社，2017.
[4] 李明庚．建筑工程测量[M]. 北京：机械工业出版社，2016.
[5] 张敬伟．建筑工程测量[M]. 北京：北京大学出版社，2018.
[6] 南方测绘．NTS－310R 系列使用说明书．广州：南方测绘仪器有限公司，2007. 11.
[7] 中华人民共和国国家标准．GB 50026－2016 工程测量规范[S]. 北京：中国计划出版社，2008.
[8] 中华人民共和国行业标准．JGJ 8－2007 建筑变形测量规范[S]. 北京：中国建筑工业出版社，2007.
[9] 建筑部人事教育司．测量放线工[M]. 北京：中国建筑工业出版社，2015.
[10] 吴洪强，陈武新．测量学[M]. 哈尔滨：哈尔滨地图出版社，2004.
[11] 李生平．建筑工程测量[M]. 北京：高等教育出版社，2016.
[12] 刘玉珠．土木工程测量[M]. 广州：华南理工大学出版社，2017.
[13] 中华人民共和国国家标准．GB/T 13989－2012 国家基本比例尺地形图分幅和编号[S]. 北京：中国标准出版社，2012.
[14] 顾孝烈，等．测量学[M]. 4 版．上海：同济大学出版社，2011.
[15] 李青岳，陈永奇．工程测量学[M]. 北京：测绘出版社，2017.